普通高等院校土木专业"十三五"规划教材

混凝土结构设计原理

主　编　伍川生

U0259557

天津大学出版社

TIANJIN UNIVERSITY PRESS

内 容 提 要

本书根据全国高等院校土木工程专业指导委员会对土木工程专业学生的基本要求和审定的教学大纲并参照《混凝土结构设计规范》(GB 50010—2010)编写而成。全书分为 10 章,内容包括:绪论,混凝土结构材料的物理和力学性能,混凝土结构设计基本原则,受弯构件、受压构件、受拉构件、受扭构件和预应力混凝土构件的受力性能、承载力计算方法及构造措施。每章有学习要求、本章小结、思考题和习题等内容,全书文字通俗易懂,论述由浅入深,循序渐进,便于自学理解。

本书可作为高等院校土木工程专业的教材,也可供相关专业的结构设计、施工和科研人员参考。

图书在版编目(CIP)数据

混凝土结构设计原理／伍川生主编. — 天津:天津大学出版社,2018.6 (2023.8 重印)
普通高等院校土木专业"十三五"规划教材
ISBN 978-7-5618-6156-1

Ⅰ. ①混… Ⅱ. ①伍… Ⅲ. ①混凝土结构 – 结构设计 – 高等学校 – 教材 Ⅳ. ①TU370.4

中国版本图书馆 CIP 数据核字(2018)第 134775 号

出版发行	天津大学出版社
地　　址	天津市卫津路 92 号天津大学内(邮编:300072)
电　　话	发行部:022-27403647
网　　址	publish. tju. edu. cn
印　　刷	北京虎彩文化传播有限公司
经　　销	全国各地新华书店
开　　本	185mm×260mm
印　　张	18
字　　数	449 千
版　　次	2018 年 6 月第 1 版
印　　次	2023 年 8 月第 3 次
定　　价	43.00 元

前　言

为了适应 21 世纪国家建设对建筑类专业人才的需求,满足高等学校土木工程专业教学改革对教材建设的需要,根据全国高等学校土木工程学科专业指导委员会审定通过的教学大纲编写了本教材。

《混凝土结构设计原理》主要讲述混凝土结构基本构件的受力性能和设计计算方法,是土木工程专业重要的专业基础课。本教材内容主要包括混凝土结构材料的物理力学性能、混凝土结构设计方法以及基本构件(受弯构件、受压构件、受扭构件、受拉构件)的受力性能分析、设计计算和构造措施,正常使用阶段变形和裂缝的验算,预应力混凝土构件的原理与设计。通过本课程的学习,可使学生掌握混凝土结构的基本理论和基本设计方法,为学习后续专业课程、毕业设计以及毕业后从事土木工程领域相关工作打下坚实的基础。

同学们从力学课程转到混凝土结构课程的学习,开始会感到"内容多、概念多、公式多、符号多、构造条文多",部分同学还会出现概念不清、公式理解不透、计算步骤掌握不到位的情况。因此,本教材在叙述方法上,由浅入深,循序渐进,力求对基本概念论述清楚,使读者能较容易地掌握结构构件的力学性能及理论分析方法;突出应用,有明确的计算方法和实用设计步骤。教材中有很多计算例题,有助于学生理解和掌握设计原理。为了便于自学,每章均有学习要求、本章小结、思考题和习题等内容。

本书由长期担任"混凝土结构设计原理"课程教学工作的教师共同编写。参加编写的人员有:重庆交通大学伍川生(第 1 章、第 3 章、第 6 章、第 7 章)、安康学院牛洪涛(第 4 章、第 5 章、第 8 章)、东南大学吴京(第 10 章)、大连大学纪晓东(第 9 章)、石家庄经济学院曹秀玲(第 2 章)。全书由伍川生任主编,牛洪涛任副主编。

鉴于编者水平有限,书中难免有错误及不妥之处,敬请读者批评指正。

编者

2018 年 7 月

目　　录

第 1 章　绪　论

1.1　概念

混凝土结构是指以混凝土为主要材料制成的结构,包括素混凝土结构、钢筋混凝土结构、预应力混凝土结构、型钢混凝土结构、钢管混凝土结构和纤维混凝土结构等。混凝土结构广泛应用于建筑、桥梁、隧道、矿井以及水利、港口等工程中,其中钢筋混凝土和预应力混凝土结构在工程中应用最多。

素混凝土结构是指不配置任何钢材的混凝土结构。混凝土材料的抗压强度较高,但抗拉强度却很低。因此,素混凝土结构的应用受到很大限制。素混凝土结构常用于路面和一些非承重结构。钢筋混凝土结构是由配置普通钢筋、钢筋网或钢筋骨架的混凝土制成的结构。钢筋主要配置于混凝土结构的受拉区,用于承受拉应力;混凝土则主要用来承受压应力。这样,可以很好地解决混凝土抗拉强度低的问题。与素混凝土结构相比,钢筋混凝土结构不仅可以大大提高承载力,还可以有效地改善混凝土的工作性能。型钢混凝土结构是指以型钢作为钢骨架的混凝土结构。钢管混凝土结构是指在钢管内浇筑混凝土的结构。预应力混凝土结构是指在制作结构或构件时,在某些部位预先施加应力的混凝土结构。预应力混凝土结构有效地改善了钢筋混凝土结构的抗裂性能,并且可以充分利用高强度材料。

钢筋和混凝土是两种物理和力学性质完全不同的材料,钢筋的抗拉和抗压强度都很高,但混凝土的抗压强度较高而抗拉强度却很低。为了充分利用这两种材料的性能,把钢筋和混凝土按照合理的方式结合在一起共同工作,使钢筋主要承受拉力,混凝土主要承受压力,以满足工程结构的使用要求。

图 1-1 所示为两根截面尺寸、跨度、混凝土强度等级完全相同的简支梁,图 1-1(a)为素混凝土梁,图 1-1(b)中的梁在受拉区配有适当数量的钢筋。素混凝土梁由于混凝土抗拉强度很低,当荷载很小时,梁下部受拉区边缘的混凝土就会出现裂缝,而受拉区混凝土一旦开裂,梁在瞬间就会脆断而破坏,所以素混凝土梁的承载力很低。对于受拉区配置适量钢筋的梁,当受拉区混凝土开裂后,受拉区的拉应力主要由钢筋承受,中和轴以上受压区的压应力仍由混凝土承受。此时,荷载还可以继续增加,直到受拉区的钢筋达到屈服强度,随后荷载

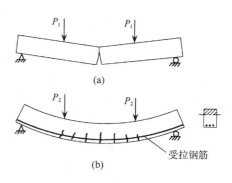

图 1-1　素混凝土梁和钢筋混凝土梁

(a)素混凝土梁　(b)钢筋混凝土梁

略有上升,受压区混凝土被压碎,梁即告破坏。试验表明,钢筋混凝土梁比素混凝土梁的承载力提高很多。由此可见,混凝土的抗压能力和钢筋的抗拉能力都得到了充分利用,而且在梁破坏前,有明显的破坏预兆,结构的受力特性得到显著改善。

钢筋和混凝土这两种物理和力学性能差别很大的材料,之所以能够有机地结合在一起共同工作,主要基于以下三个条件。

① 钢筋和混凝土之间有黏结力:混凝土硬化后与钢筋之间产生了良好的黏结力,使两者可靠地结合在一起,从而保证在外荷载的作用下,钢筋与混凝土能够协调变形。黏结力是使这两种不同性质的材料结合在一起共同工作的基础。

② 相近的温度线膨胀系数:混凝土的温度线膨胀系数为$(1.0 \sim 1.5) \times 10^{-5}$,钢筋为$1.2 \times 10^{-5}$。因此,当温度变化时,不会产生较大的相对变形而破坏两者的黏结力。

③ 混凝土对钢筋的保护作用:暴露在空气介质中的钢材,很容易锈蚀,而混凝土呈弱碱性,能够起到保护钢筋免遭锈蚀的作用,从而保证结构具有良好的耐久性,使钢筋和混凝土长期可靠地共同工作。

1.2　特点

1. 混凝土结构的主要优点

① 就地取材:混凝土结构中的主要材料,如砂和石均可就地取材。在工业废料(例如矿渣、粉煤灰等)比较多的地方,可以利用工业废料作为人造骨料。

② 节约钢材:以钢筋混凝土为例,钢筋混凝土结构合理地利用了材料的性能,发挥了钢筋与混凝土各自的优势,与钢结构相比节约钢材并降低造价。

③ 整体性好:现浇或装配整体式混凝土结构具有良好的整体性。由于刚度大、整体性好,能较好地抗击地震作用或强烈爆炸时冲击波的作用。

④ 可模性好:混凝土结构可以根据需要制成任意形状和尺寸的结构,有利于建筑造型,便于工程开孔、留洞。

⑤ 耐久性好:以钢筋混凝土为例,钢筋埋放在混凝土中,受混凝土保护不易发生锈蚀,所以钢筋混凝土的耐久性是很好的,不像钢结构那样需要经常保养和维修。处于侵蚀性环境下的混凝土结构,经过合理设计及采取有效措施后,也可以满足工程需要。

⑥ 耐火性好:混凝土为不良导热体,当火灾发生时,混凝土不会像木结构那样易燃烧,也不会像钢结构那样很快软化而致破坏。与钢、木结构相比,混凝土结构的耐火性能更好。

2. 混凝土结构的主要缺点

① 自重大:在承受同样荷重的情况下,混凝土构件的自重比钢结构构件大很多,这样它所能负担的有效荷载相对较小。这对大跨度结构、高层建筑结构十分不利。另外,自重大会使结构地震力加大,故对结构抗震也不利。

② 抗裂性差:由于混凝土的抗拉强度非常低,所以普通钢筋混凝土结构经常带裂缝工作。如果裂缝过宽,则会影响结构的耐久性和应用范围,还会使使用者产生不安全感。

③ 模板用量大:混凝土结构的制作需要大量模板。如果采用木模板,会增加工程造价。

此外,混凝土结构施工工序复杂,工期较长,且受气候和季节的影响大。新旧混凝土不易连接,增加了补强、修复的困难。混凝土的隔热、隔声性能也比较差。

综上所述不难看出,混凝土结构的优点远多于其缺点。因此,它已经在工程中得到广泛应用。而且,随着科学技术的不断发展,人们已经研究出许多克服其缺点的有效措施。如采用轻质、高强混凝土及预应力混凝土,可减小结构自身重力并提高其抗裂性;采用装配式预制构件,改用可重复使用的钢模板或工具式模板;采用顶升或提升等施工技术,可以改善混凝土结构的制作条件,并能提高工程质量及加快施工进度等。

1.3　发展概况与工程应用

混凝土结构应用于土木工程已有 150 多年的历史。与砖石结构、钢木结构相比,混凝土结构的历史并不长,但由于钢筋和混凝土作为建筑材料具有诸多突出的优点,混凝土结构在建筑、桥梁、水利、港口、隧道等各个领域得到了广泛的应用,已成为土木工程结构中最主要的结构类型。混凝土结构的应用和发展大致可以分为四个阶段。

第一阶段:从钢筋混凝土的发明至 20 世纪初。这一时期由于钢筋和混凝土的强度都很低,仅能建造一些小型的梁、板、柱、拱和基础等构件,在设计计算方面,尚未建立钢筋混凝土结构本身的计算理论,结构内力计算和构件的截面计算采用容许应力设计方法。混凝土结构在建筑工程中的应用发展较慢。

第二阶段:从 20 世纪 20 年代到第二次世界大战前后。这一时期钢筋和混凝土的强度有所提高,已建成各种空间结构。1928 年法国土木工程师 E. Freyssinet 成功发明了预应力混凝土,为钢筋混凝土结构向大跨度、高层发展提供了可能。在计算理论上已开始按破坏阶段计算构件截面强度,对某些结构也开始考虑塑性变形引起的内力重分布。第二次世界大战后,由于钢材短缺,混凝土结构得到大规模的应用。

第三阶段:第二次世界大战后到 20 世纪 70 年代末。由于材料强度的提高,加上工业化施工方法的较快发展,混凝土结构的应用范围进一步扩大。世界上相继建造了一大批超高层建筑、大跨度桥梁、特长跨海隧道、高耸结构等大型工程,混凝土高层建筑的高度已达 262 m。在设计计算理论方面,发展了以概率理论为基础的极限状态设计法,并被普遍采用。

第四阶段:从 20 世纪 80 年代到现在。钢筋混凝土结构工业化体系在世界范围内获得发展。计算机辅助设计和绘图的程序化,提高了设计质量和设计速度,大大减轻了设计工作量。半概率极限状态设计法已经逐步被近似概率设计法所取代,非线性有限元分析方法的广泛应用,推动了对混凝土强度理论和本构关系的深入研究。混凝土材料的制作技术已进入高科技时代,高性能混凝土在国外已得到较快发展,并在工程中应用,使混凝土结构更适于向大跨度、超高层发展。各种特殊用途的混凝土不断研制成功并获得应用,如钢纤维混凝土和聚合物混凝土,防射线、耐热、耐火、耐磨、耐腐蚀、防渗透、保温等有特殊要求的混凝土。钢材的发展以提高其屈服强度和综合性能为主,使钢筋具有更高的强度、更好的耐腐蚀性、较高的延性和较好的防火性能。这些都极大地推进了混凝土结构的应用。

从目前世界各国的情况来看,钢筋混凝土结构已经发展成为建筑结构中最主要的结构体系,广泛应用于工业建筑、民用建筑、城建及交通、水利水电、国防工程、海洋工程等各个方面,几乎在所有的基本建设工程领域中,都可以应用到它。

在工业建筑中,特别是中小型厂房的屋架、屋面梁、屋面板、吊车梁、柱、基础等,特种结构的烟囱、水池、水塔、冷却塔、筒仓、栈桥、贮罐、电视塔以及原子能发电站的压力容器等,普遍采用钢筋混凝土结构或预应力混凝土结构。在大跨度的公共建筑和工业建筑中,常采用钢筋混凝土桁架、门式刚架、拱、薄壳等结构形式。

在民用建筑中,不论单层、多层、高层民用房屋结构,还是特种民用建筑(如火车站候车厅,运动场看台,大跨度会堂、影剧院等)都广泛采用了钢筋混凝土结构。

混凝土结构在城建交通工程中的应用也极为广泛。用钢筋混凝土建造的港口、码头、船坞、道路、桥梁、电杆、输电线塔、给排水管网、隧道、涵洞、轨枕等星罗棋布。在桥梁工程中,中小跨度的桥梁绝大部分采用钢筋混凝土结构建造,相当多的大跨度桥梁也采用混凝土结构建造。如 1991 年建成的挪威斯堪桑德预应力斜拉桥,主孔跨度达 530 m,是当时跨径最大的混凝土斜拉桥。1995 年我国建成的重庆长江二桥为双塔双索面预应力混凝土斜拉桥,其主孔跨度达到 444 m。1997 年建成的四川万县长江大桥全长 856.12 m,主拱圈为钢管混凝土劲性骨架箱形混凝土结构,主跨 420 m,桥面宽 24 m,为双向四车道,是当时世界最大跨径的混凝土拱桥。1995 年建成的汕头海湾大桥,全长 2 500 m,主跨 452 m,是当时我国第一座大型预应力混凝土悬索桥……

水利水电工程中的水电站、挡水坝、引水渡槽、污水排灌管等也都采用钢筋混凝土结构。我国的龙滩电站是一个碾压混凝土重力坝,最大坝高 216.5 m,坝顶长 849.44 m,坝体混凝土 660 万立方米;我国黄河小浪底水利枢纽中小浪底大坝最大坝高 160 m,其主体工程中混凝土用量达 269 万立方米;我国的三峡水利枢纽中的西陵峡水电站主坝,坝高 185 m,设计装机容量 1 820 万千瓦,是世界最大的水电站。

国防工程中的防御工事、防空设施、防放射线结构物、卫星火箭发射场等大都采用混凝土结构。海洋工程中的海上近海采油平台、水下贮油罐等工程也多是用钢筋混凝土结构建造,如 1989 年建成的挪威北海混凝土近海采油平台。

1.4　本课程的主要内容及学习方法

1.4.1　课程主要内容

混凝土结构课程包括混凝土结构设计原理和混凝土结构设计两大部分。

混凝土结构设计原理是一门理论与应用并重的专业基础课,是土木工程和土木类专业的必修课,也是学习混凝土结构设计的基础。混凝土结构设计原理主要介绍混凝土和钢筋的力学性能,结构设计的基本方法,各类基本构件的受力性能、计算理论、计算方法、配筋构造以及预应力混凝土的基本原理和构件计算。

混凝土结构是由各种基本构件组成的。构件按其在结构中的受力形态可分为梁、板、柱、墙等;按其受力特点分为受弯构件、受压构件、受拉构件、受扭构件等几类基本构件。构件截面的基本受力形态有正截面受弯、受压、受拉,斜截面受剪和受弯,扭曲截面受扭,而基本构件的受力往往是这些基本受力形态的组合。以下是按受力特点划分的几种基本构件。

① 受弯构件,如梁、板、雨篷、阳台和楼梯等。截面内力以弯矩为主,故称为受弯构件,同时构件截面上也有剪力存在。

② 受压构件,如柱、墙、桁架的受压腹杆等。截面内力以压力为主,当压力沿构件纵轴作用在构件截面形心上时,则为轴心受压构件;如果在截面上同时有压力和弯矩作用,则为偏心受压构件。受压构件中通常还有剪力同时作用,当剪力较大时在计算中应考虑其影响。

③ 受拉构件,如屋架下弦杆、拉杆拱中的拉杆等。当忽略自重时,通常按轴心受拉构件考虑;另外,圆形水池的池壁也可以按轴心受拉构件计算。如果截面上同时有拉力和弯矩作用,则为偏心受拉构件。受拉构件中也会有剪力作用。

④ 受扭构件,如框架结构的边梁、雨篷梁及厂房中的吊车梁等。这类构件的截面上除产生弯矩和剪力外,还会产生扭矩。因此,对这类结构构件应考虑扭矩作用的影响。

1.4.2　课程特点及学习方法

在学习混凝土结构设计原理课程时,应该注意以下几点。

1. 注意与材料力学的联系和区别

钢筋混凝土结构基本原理和材料力学一样,都是研究构件受力时强度和变形规律的学科,但材料力学研究的对象是由单一、匀质、连续、弹性材料组成的构件,而钢筋混凝土构件是由两种材料组成的,且混凝土是非匀质、非连续、非弹性的材料。由于材料本身力学性能的复杂性,导致构件受力性能的差异和复杂,因此材料力学的公式一般不能直接用来计算钢筋混凝土构件的承载力和变形,但材料力学分析问题的基本思路,即由材料的物理关系、变形的几何关系和受力的平衡关系建立的理论分析方法,同样适用于混凝土构件,只是在具体应用时应考虑钢筋混凝土本身的特性。学习本课程时应注意与材料力学对比学习,找出它们之间的差异和共同点。

2. 两种材料应合理搭配

钢筋混凝土构件由两种材料组成,因此这两种材料在数量和强度上存在一个合理搭配的问题。钢筋与混凝土数量和强度的配合比值的大小不仅影响构件截面的承载能力,还影响构件的受力性能和破坏形态,这也直接导致构件截面承载力计算方法的不同。几乎所有钢筋混凝土构件的基本受力形态都存在配比界限,这些在学习中应给予重视。

3. 重视试验研究

由于材料的复杂性,在研究钢筋混凝土构件破坏机理和受力性能,建立其计算理论和计算方法时都离不开大量的试验和对试验结果的分析。结构构件计算的很多公式都是在理论分析的基础上结合试验研究结果提出的。因此,所建立的计算公式会有一定的限制条件和适用范围。学习时一定要重视试验研究,深刻理解构件的破坏机理和受力性能,应用公式时应特别注意其适用条件。由于在计算方法中包含了很多试验研究的内容,并且为了简化计算公式的表达形式以及反映多种物理概念,混凝土结构计算中还有很多经验系数,这些也都是与数学和力学类课程很不相同的地方,学习中应通过理解其物理含义来加以记忆。

4. 重视构造措施

进行混凝土结构设计时离不开计算,但是现行规范的计算方法一般只考虑荷载效应,工程中一些难以计算但影响不大,或者数值较小但计算复杂的问题往往通过经验和构造措施来解决,如混凝土收缩、温度影响以及地基不均匀沉降等,都难以用计算公式来表达。构造措施是长期工程实践经验的积累,是试验研究与理论分析的成果。在本课程中,有很多内容是介绍规范规定的构造要求的。学习时,对于各种构造措施必须给予足够的重视,要避免重计算、轻构造的倾向。

5. 了解结构设计的综合性

混凝土结构设计包括确定方案、选择材料,确定构件的截面形式、配筋计算以及构造措施保证等多个方面。在此之前的基础课学习中,同学们习惯于在一定的已知条件下只能得到唯一的解答,而钢筋混凝土结构构件设计问题的解答却往往是多样的。对同一问题可以有多种解决办法,应结合具体情况确定最佳方案,以获得良好的技术经济效果。所以在学习过程中,应学会考虑多因素综合分析的合理设计方法。

6. 熟悉、理解和学习运用设计规范

本课程的内容主要与《混凝土结构设计规范》(GB 50010—2010)、《建筑结构可靠度设计统一标准》(GB 50068—2001)和《建筑结构荷载规范》(GB 50009—2012)等有关。规范是国家颁布的具有法律约束力的文件,是进行结构设计的技术规定和标准。应用规范的目的是贯彻国家的技术经济政策,保证设计质量,达到设计方法的统一性。在结构设计中,一方面必须遵循规范的规定;另一方面只有深刻理解规范的理论依据,才能更好地应用规范标准,充分发挥设计者的主动性和创造性。由于科学技术水平和生产实践经验不断发展,所以规范也需要不断地修订和补充,以吸收最新科学技术成果,不断完善和提高规范的内容和质量。

【本章小结】

① 以混凝土材料为主,在其中配置钢筋、预应力钢筋、型钢、钢管等,作为主要承重材料的结构,称为混凝土结构。如素混凝土结构、钢筋混凝土结构、预应力混凝土结构、型钢混凝土结构、钢管混凝土结构和纤维混凝土结构等,其中以钢筋混凝土和预应力混凝土结构在工程中应用最多。

② 钢筋和混凝土是两种物理和力学性质完全不同的材料,将其按照合理的方式结合在一起,使钢筋主要承受拉力,混凝土主要承受压力,充分利用了两种材料的性能。配置钢筋后,不仅使构件的承载力大大提高,而且构件的受力性能也得到显著改善。二者共同工作主要基于三个条件:钢筋和混凝土之间存在黏结力、钢筋和混凝土的温度线膨胀系数相近、混凝土对钢筋具有保护作用。

③ 混凝土结构具有就地取材、节约钢材、整体性好、可模性好、耐久性和耐火性好等很多优点,因此广泛应用于建筑、桥梁、隧道、矿井及水利、港口等工程中。但是也存在一些问题,自重大和抗裂性差是其突出的缺点。不过,随着科学技术的不断发展,人们已经研究出

许多克服其缺点的有效措施。

④ 本课程主要介绍混凝土和钢筋的力学性能,结构设计的基本方法,各类基本构件(受弯构件、受压构件、受拉构件、受扭构件)的受力性能、计算理论、计算方法、配筋构造以及预应力混凝土的基本原理和构件计算。

⑤ 学习本课程时,应注意与材料力学的联系和区别,注意两种材料的配比界限,对于试验研究和有关构造措施应给予足够的重视,认识到结构设计的综合性和创造性,在学习基本原理的同时,逐渐熟悉、理解和学习运用设计规范。

【思考题】

1-1 简要说明什么是混凝土结构,什么是素混凝土结构、钢筋混凝土结构和预应力混凝土结构。

1-2 在受拉区配置钢筋的梁与素混凝土梁在承载力和受力性能方面有什么不同?

1-3 钢筋混凝土结构中配置一定形式和数量的钢筋有什么作用?

1-4 钢筋和混凝土是两种物理和力学性能很不相同的材料,它们为什么能结合在一起共同工作?

1-5 混凝土结构有哪些优点和缺点? 其缺点可以用什么办法加以克服?

1-6 学习本课程应注意哪些问题?

第 2 章　混凝土结构材料的物理和力学性能

【学习要求】

① 熟悉钢筋的种类、级别、形式及其性能,掌握有明显屈服点钢筋和无明显屈服点钢筋的应力-应变曲线的特点和设计时强度的取值标准,熟悉土木工程对钢筋性能的要求及钢筋的选用原则。

② 掌握混凝土在各种受力状态下的强度与变形性能,了解影响混凝土强度与变形的因素,熟悉混凝土的选用原则。

③ 了解钢筋与混凝土共同工作的原理及钢筋与混凝土之间产生黏结力的原因与影响因素,熟悉保证钢筋和混凝土共同工作的构造要求。

2.1　钢筋

2.1.1　钢材成分

混凝土结构中使用的钢筋,按化学成分可以分为碳素钢及普通低合金钢两大类。碳素钢除含有铁元素外,还含有少量的碳、硅、锰、硫、磷等元素。根据含碳量的多少,碳素钢又可以分为低碳钢(含碳量少于 0.25%)、中碳钢(含碳量为 0.25%~0.6%)和高碳钢(含碳量为 0.6%~1.4%),含碳量越高强度越高,但是塑性和可焊性会降低。

普通低合金钢除碳素钢中已有的成分外,还有少量的硅、锰、钛、钒、铬等合金元素,可以有效地提高钢材的强度和改善钢材的其他性能。目前,我国普通低合金钢按加入的元素种类分为以下几种体系:锰系(如 20MnSi、25MnSi)、硅钒系(如 40Si2MnV、45SiMnV)、硅钛系(如 45Si2MnTi)、硅锰系(如 40Si2Mn、48Si2Mn)、硅铬系(如 45Si2Cr)等。

2.1.2　钢筋的品种和级别

建筑所用钢筋分为热轧钢筋、消除应力钢丝(包括光面钢丝、螺旋肋钢丝和刻痕钢丝)、钢绞线、热处理钢筋等四种。

1.热轧钢筋

热轧钢筋是用普通低碳钢、普通低合金钢在高温状态下轧制而成的。热轧钢筋的强度由低到高分为 HPB300、HRB335、HRB400 和 HRB500 四个级别,各级别钢筋所采用钢种、符号及直径范围见表 2-1。其中,HPB300 是光面钢筋,HRB335、HRB400 和 HRB500 钢筋是变形钢筋。通常变形钢筋的直径不小于 10 mm,光面钢筋的直径不小于 8 mm。设计时应在表 2-1 给出的直径范围内选择钢厂能提供的钢筋。直径大于 40 mm 的钢筋主要用于大体积混凝土结构中。

在实际工程设计计算书和施工图纸上,各种强度等级的热轧钢筋均以表 2-1 中的符号代表。

表 2-1 常用热轧钢筋的种类、代表符号和直径范围

种类	钢种	符号	直径
HPB300	Q300	ϕ	6 ~ 14 mm
HRB335	20MnSi	Φ	6 ~ 14 mm
HRB400	20MnSiV、20MnSiNb、20MnTi	Φ	6 ~ 50 mm
HRB500	K20MnSi	Φ^R	6 ~ 50 mm

2. 消除应力钢丝

消除应力钢丝一般指经过冷拔的钢丝。在拉拔过程中,在其内部会产生很大的内应力且有一部分会残留下来,这种应力称为残余应力。残余应力对钢丝的使用性能有较大的影响,一般要经过回火来消除,经过回火消除冷拔残余应力的钢丝称为消除应力钢丝。消除应力钢丝按生产工艺及外形不同又分为光面钢丝、螺旋肋钢丝和刻痕钢丝。

光面钢丝是指将钢筋拉拔后校直,经中温回火消除应力并进行稳定处理的钢丝。螺旋肋钢丝是以普通低碳钢或低合金钢热轧的圆盘条为母材,经冷轧减径后在其表面冷轧成两面或三面有月牙肋的钢丝。光面钢丝和螺旋肋钢丝直径为 4 ~ 9 mm。刻痕钢丝是在光面钢丝的表面进行机械刻痕处理,以增加其与混凝土的黏结力,直径为 5 mm 和 9 mm 两种。

3. 钢绞线

钢绞线是由多根高强光面钢丝捻制在一起并经过低温回火处理,清除内应力后制成的。常用的钢绞线有 3 股和 7 股两种,外接圆直径为 8.6 ~ 15.2 mm,均可盘成卷状。

4. 热处理钢筋

热处理钢筋是将特定强度的热轧钢筋通过加热、淬火和回火等调质工艺处理后加工而成的。热处理后钢筋强度能得到较大幅度的提高,而塑性降低并不多。热处理钢筋有 40Si2Mn、48Si2Mn 和 45Si2Cr 三种。

常用钢筋如光圆钢筋、螺纹钢筋、人字纹钢筋、月牙纹钢筋、刻痕钢丝、钢绞线等的表面形状如图 2-1 所示。

为了节约钢材和扩大钢筋的应用范围,常常对热轧钢筋进行冷拉、冷拔等机械加工。但钢筋经冷加工后,其延伸率降低,尤其是用于预应力混凝土时,易造成脆性断裂。由于近年来我国强度高、性能好的钢筋(钢丝、钢绞线)已能充分供应市场,故《混凝土结构设计规范》未列入冷加工钢筋,使用时应遵照专门的规程。

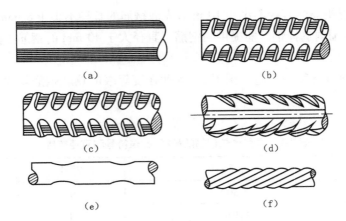

图 2-1　常用钢筋表面形式

（a）光圆钢筋　（b）螺纹钢筋　（c）人字纹钢筋　（d）月牙纹钢筋　（e）刻痕钢筋　（f）钢绞线

2.1.3　钢筋的强度与变形性能

1. 钢筋的强度

钢筋的强度可以用拉伸试验得到的应力-应变关系曲线来说明。根据钢筋单调受拉时的应力-应变关系曲线特点的不同,可分为有明显屈服点钢筋(如热轧钢筋)和无明显屈服点钢筋(如热处理钢筋)。

（1）有明显屈服点钢筋的强度

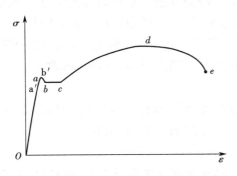

图 2-2　有明显屈服点钢筋的应力-应变关系曲线

有明显屈服点钢筋拉伸试验得到的典型应力-应变关系曲线曲线见图 2-2。从图中可以看到,在 a' 点以前,应力与应变成线性变化,即 $\sigma = E_s\varepsilon$, E_s 为钢筋的弹性模量,与 a' 点对应的应力称为比例极限;过 a' 点后,应变较应力增长快,不再与应力成比例关系,但仍为弹性变形,a 点后为非弹性变形,a 点对应的应力称为弹性极限。到达 b' 点后,钢筋应力开始出现塑性流动现象,b' 点对应的应力称为屈服上限,它与加载速度、截面形式、试件表面光洁度等因素有关,通常 b' 点是不稳定的。待应力降至屈服下限 b 点,这时应力基本不增加

而应变急剧增长,应力-应变关系接近水平线,直至 c 点,b 点到 c 点的水平距离的大小称为流幅或屈服台阶。c 点以后,随应变的增加,应力又继续上升,至 d 点应力达到最大值,该应力称为钢筋的极限强度,cd 段称为钢筋的强化阶段;d 点以后,试件薄弱处将会发生颈缩现象,截面突然缩小,变形迅速增加,应力随之下降,达到 e 点时试件被拉断。

有明显屈服点钢筋强度的基本指标有两个,即屈服强度和极限强度。屈服强度是有明显屈服点钢筋强度的设计取值依据。由于构件中钢筋的应力到达屈服点后,会产生很大的

塑性变形,使钢筋混凝土构件出现很大的变形和过宽的裂缝,以致不能使用。而屈服上限不稳定,所以对有明显流幅的钢筋,在计算时以屈服下限作为钢筋的屈服强度。

钢筋的屈服强度与极限强度的比值为屈强比,它反映了钢筋的强度储备。

由于钢筋屈服后应变急剧增加,因此在实际计算分析中,对于有明显屈服点钢筋的应力-应变关系,一般采用双线性的理想弹塑性应力-应变关系曲线,如图 2-3 所示。

当 $\varepsilon \leqslant \varepsilon_y$ 时,

$$\sigma = E_s\varepsilon \tag{2-1}$$

当 $\varepsilon > \varepsilon_y$ 时,

$$\sigma = f_y \tag{2-2}$$

钢筋的屈服应变

$$\varepsilon_y = \frac{f_y}{E_s} \tag{2-3}$$

（2）无明显屈服点钢筋的强度

《混凝土结构设计规范》中规定的预应力钢筋,如钢绞线、消除应力钢丝、热处理钢筋等均为无明显屈服点钢筋。无明显屈服点钢筋拉伸时的典型应力-应变关系曲线见图 2-4。最大应力 σ_b 称为极限抗拉强度,Oa 段应力与应变为线性关系,a 点对应的应力称为比例极限;a 点以后,应力与应变为非线性关系,有一定的塑性变形,但没有明显的屈服点,达到极限抗拉强度 σ_b 后很快被拉断,伸长率很小,破坏时呈脆性性质。

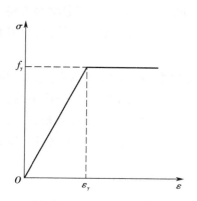

图 2-3　钢筋的理想弹塑性
应力-应变关系曲线

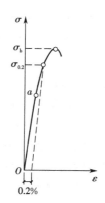

图 2-4　无明显屈服点钢筋
的应力-应变关系曲线

设计中,对无明显屈服点钢筋一般取残余应变为 0.2% 时所对应的应力 $\sigma_{0.2}$ 作为强度设计指标,$\sigma_{0.2}$ 称为条件屈服强度。对于消除应力钢丝、钢绞线和热处理钢筋,《混凝土结构设计规范》规定其条件屈服强度取 $0.85\sigma_b$。

2. 钢筋的延伸率和冷弯性能

延伸率和冷弯性能是衡量钢筋塑性性能和变形能力的两个重要指标。

（1）延伸率

钢筋的延伸率是指钢筋试件上标距为 $5d$ 或 $10d$（d 为钢筋试件直径）范围内的极限伸

长率,记为 δ_5 或 δ_{10}。按下式计算：

$$\delta_5(\text{或 } \delta_{10}) = \frac{l_1 - l_0}{l_0} \times 100\% \tag{2-4}$$

式中　l_0——试件拉伸前量测标距的长度,一般取 $5d$ 或 $10d$(d 为钢筋直径);

　　　　l_1——试件拉断时量测标距的长度,量测标距包括颈缩区。

延伸率越大,塑性越好。热轧钢筋的延伸率较大,拉断前有明显的预兆,延性较好。

(2)冷弯性能

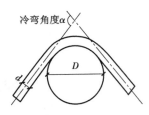

图 2-5　钢筋的冷弯试验

为了使钢筋在使用时不会脆断,加工时不致断裂,还要求钢筋具有一定的冷弯性能。冷弯是将钢筋围绕某个规定直径 D 的辊轴弯曲一定的角度,如图 2-5 所示。弯曲后的钢筋应无裂纹、鳞落或断裂现象。

钢辊直径 D 越小,弯折角度 α 越大,则钢筋的塑性性能越好。当钢筋直径 $d \leqslant 25$ mm 时,对不同类型钢筋的弯心直径 D 分别为 $1d$ 和 $3d$,冷弯角度分别为 $180°$ 和 $90°$。

3. 钢筋的弹性模量

钢筋的弹性模量 E_s 是使钢筋产生单位应变所需要的应力,各种钢筋的弹性模量基本相同,一般在 2.0×10^5 MPa 左右,见附表 1.5。

4. 钢筋的松弛

钢筋在高应力作用下,长度保持不变,其应力随时间增长而降低的现象称为松弛。在预应力混凝土结构中,预应力钢筋张拉后长度基本保持不变,钢筋会出现松弛,故而引起预应力损失。

钢筋应力松弛随时间而增长,且与初始应力、温度和钢筋种类等因素有关。试验表明,钢筋应力松弛初期发展较快,国际预应力混凝土协会(FIP)给出 100 小时的松弛约占 1 000 小时值的 55%。钢筋应力松弛与初始应力关系很大,初始应力大,应力松弛损失一般也大。冷拉热轧钢筋的松弛损失较各类钢丝和钢绞线低,钢绞线的应力松弛大于同种材料钢丝的松弛。温度增加,则松弛损失增大。

5. 钢筋的疲劳性能

许多工程结构,如吊车梁、铁路或公路桥梁、铁路轨枕、海洋采油平台等都承受着重复荷载作用。在频繁的重复荷载作用下,构件材料抵抗破坏的情况与一次受力时有着本质区别,因而需要研究和分析材料的疲劳性能。

钢筋的疲劳破坏是指钢筋在承受重复、周期动力荷载作用下,经过一定次数后,钢材发生脆性的突然断裂破坏,而不是单调加载时的塑性破坏。此时钢筋的最大应力低于静力荷载作用下钢筋的极限强度。钢筋的疲劳强度是指在某一规定应力变化幅度内,经受一定次数循环荷载后,发生疲劳破坏的最大应力值。一般认为,在外力作用下,钢筋疲劳断裂是由钢筋内部的缺陷造成的,这些缺陷一方面引起局部的应力集中,另一方面由于重复荷载的作用,使已产生的微裂纹时而压合,时而张开,使裂痕逐渐扩展,导致最终断裂。

影响钢筋疲劳强度的因素很多,如应力变化幅度、最小应力值、钢筋外表面的几何形状、钢筋直径、钢筋种类、轧制工艺和试验方法等,其中最主要的为钢筋的疲劳应力幅,即 $\sigma_{max}^f -$ $\sigma_{min}^f(\sigma_{max}^f,\sigma_{min}^f$ 分别为重复荷载作用下同一层钢筋的最大应力和最小应力)。根据我国有关单位对各类钢筋进行的疲劳试验研究结果,《混凝土结构设计规范》给出了各类钢筋在不同的疲劳应力比值 $\rho^f = \sigma_{min}^f / \sigma_{max}^f$ 时的疲劳应力幅限值 Δf_y^f(普通钢筋)和 Δf_{py}^f(预应力钢筋),见附表 1.6 和附表 1.7。这些值是以荷载循环 2×10^6 次条件下的钢筋疲劳应力幅值为依据而确定的。同时,《混凝土结构设计规范》还规定,当 $\rho^f \geq 0.9$ 时,可不作钢筋疲劳验算。

2.1.4 钢筋的选用

我国现行《混凝土结构设计规范》规定:钢筋混凝土结构中的钢筋和预应力混凝土结构中的非预应力钢筋宜优先采用 HRB335 和 HRB400 级钢筋,以节省钢筋用量,改善建筑结构的质量。除此之外,也可以采用 HPB300 级和 RRB400 级热轧钢筋。

HPB300 级钢筋强度较低,多作为现浇钢筋混凝土楼板的受力钢筋、梁和柱等的箍筋、构造钢筋等;HRB335、HRB400 和 RRB400 级钢筋强度较高,与混凝土的黏结力较好,多作为钢筋混凝土构件的受力钢筋,尺寸较大的构件也可用 HRB335 级钢筋作为箍筋。

预应力钢筋宜采用钢丝、钢绞线,也可以采用热处理钢筋。

目前,我国的钢材产量已位于世界之首,质优、价廉的钢材不断出现,为了提高混凝土结构的质量,应尽量选用强度较高、塑性较好、价格较低的钢材。

2.1.5 混凝土结构对钢筋性能的要求

为了保证钢筋和混凝土之间有足够的黏结强度,混凝土结构对钢筋的强度、塑性、可焊性和耐火性等均有一定的要求。

① 强度:有明显屈服点钢筋的强度是指钢筋的屈服强度和极限强度,屈服强度是设计计算时的主要依据之一;对无明显屈服点钢筋取条件屈服强度 $\sigma_{0.2}$ 作为设计的依据。采用高强度钢筋可以节约钢材,但要注意钢筋的屈强比的选择,屈强比过大,安全贮备不足可能会不安全;屈强比过小,可能会造成不经济,所以选择钢筋时应选择合理的屈强比,以取得较好的经济效果。

② 塑性:钢筋混凝土结构要求钢筋在断裂前有足够的变形,能出现破坏的预兆,所以要求钢筋塑性好。钢筋的延伸率和冷弯性能是检验钢筋塑性性能的重要指标。

③ 焊接性能:焊接是钢筋接头的主要方式之一。混凝土结构要求钢筋具有良好的可焊性,要求钢筋在焊接后不产生裂纹及过大的变形。

④ 黏结性:为了保证钢筋与混凝土共同工作,要求钢筋与混凝土之间必须具有足够的黏结力。

⑤ 耐久性和耐火性:细直径钢筋尤其是冷加工钢筋和预应力钢筋容易遭受腐蚀而影响其表面与混凝土的黏结性能;环氧树脂涂层钢筋或镀锌钢丝均可提高钢筋的耐久性。热轧钢筋的耐火性能最好,冷拉钢筋次之,预应力钢筋最差。设计时应注意设置必要的混凝土保护层厚度以满足对构件耐火极限的要求。

2.2　混凝土

2.2.1　混凝土的强度

1.混凝土单向受力时的强度

普通混凝土是由水泥、砂、石和水按一定比例拌和、凝结硬化后形成的人工石材。混凝土强度的大小不仅与组成材料的质量和配合比有关,而且与混凝土的养护条件、龄期、受力状态等有密切的关系。此外,测定其强度时所采用的试件形状、尺寸和试验方法,加载方式、加载龄期也是影响混凝土强度值的极为重要的因素。

（1）立方体抗压强度和强度等级

1）立方体抗压强度

混凝土的抗压强度受许多因素的影响,因此必须有一个标准的强度测定方法和相应的强度评定标准。我国《混凝土结构设计规范》规定,采用标准方法制作的边长为 150 mm 的立方体标准试件,在标准养护条件（温度在 20 ℃ ±3 ℃,相对湿度不小于 90%）下养护,在 28 天龄期,用标准试验方法测得的破坏时的平均压应力即为混凝土的立方体抗压强度。按上述方法测得的具有 95% 保证率的抗压强度即为混凝土立方体抗压强度标准值,记为 $f_{cu,k}$。

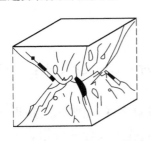

图 2-6　混凝土立方体试件的破坏情况

试件在试验机上单向受压时,纵向会缩短,横向会扩张,由于混凝土与压力机垫板弹性模量和横向变形系数不同,压力机垫板的横向变形明显小于混凝土的横向变形。当试件承压接触面上不涂润滑剂时,垫板通过接触面上的摩擦力约束混凝土试块的横向变形,就像在试件上下端各加了一个"套箍",此时试件与垫板的接触面局部混凝土处于三向受压应力状态,致使混凝土破坏时形成两个对顶的角锥形破坏面（见图 2-6）。

试验表明,混凝土的立方体抗压强度还与试块的尺寸有关,立方体尺寸越小,测得的混凝土的抗压强度越高,这个现象称为尺寸效应。当采用边长为 200 mm 或 100 mm 的立方体试块时,须将其抗压强度实测值乘以换算系数 1.05 或 0.95,转换成标准试件的立方体抗压强度值。

混凝土的立方体抗压强度还与试验时混凝土的龄期有关。随着试验龄期增长,混凝土立方体抗压强度逐渐增大,开始时强度增长速度较快,然后逐渐缓慢,这个强度增长的过程往往要延续几年,在潮湿环境中延续的增长时间更长。

2）混凝土强度等级

按照混凝土立方体抗压强度标准值,混凝土强度等级共划分为 14 级,即 C15,C20,C25,C30,C35,C40,C45,C50,C55,C60,C65,C70,C75,C80。强度等级用符号 C 表示,例如 C30 表示立方体抗压强度标准值为 30 N/mm²。其中,C50 及以下为普通混凝土,C50 以上为高强度等级混凝土,简称高强混凝土。混凝土强度等级（即立方体抗压强度标准值）是混凝土各种力学强度指标的基本代表值,混凝土的其他力学强度指标可根据试验分析与其建立起相应的换算关系。

（2）轴心抗压强度

在实际工程中,受压构件往往不是立方体,而是棱柱体,因此采用棱柱体试件比立方体试件能更好地反映混凝土的实际抗压能力。我国《普通混凝土力学性能试验方法标准》（GB/T 50081—2002）规定,采用 150 mm × 150 mm × 300 mm 的棱柱体作为标准试件,将按上述立方体试验的相同规定所得的破坏时的平均应力值作为棱柱体抗压强度。

图 2-7　混凝土棱柱体
试件的破坏情况

棱柱体试件的制作、养护和试验方法同立方体试件。试件上下表面不涂润滑剂,由于棱柱体试件的高度越大,试验机压板与试件之间的摩擦力对试件高度中部的横向变形的约束影响越小,摩擦阻力对横向变形的约束作用将仅限于试件两端的局部范围内,试件中间约 1/3 区段的横向变形不受约束,试件破坏是由于中间区段竖向裂缝的发展,导致混凝土被压酥,其破坏情况见图 2-7。对于同一混凝土,棱柱体抗压强度小于立方体抗压强度,其平均值之间的换算关系为

$$\mu_{f_c} = \alpha_{c1}\mu_{f_{cu}} \qquad (2-5)$$

式中　α_{c1}——棱柱体强度与立方体强度的比值,混凝土强度等级为 C50 及以下时取 $\alpha_{c1} = 0.76$,C80 时取 $\alpha_{c1} = 0.82$,中间按线性规律变化取值。

（3）轴心抗拉强度

抗拉强度是混凝土的基本力学指标之一,混凝土的开裂、裂缝、变形以及受剪、受扭、受冲切等承载力均与混凝土的抗拉强度有关。

混凝土的抗拉强度取决于水泥、石与骨料的黏结强度。测定混凝土抗拉强度的方法有两种,即轴拉试验和劈裂试验。

1）轴拉试验

轴拉试验也叫直接测试法,如图 2-8 所示。将 100 mm × 100 mm × 500 mm 的棱柱体试件两端埋设长度为 150 mm 的变形钢筋（$d = 16$ mm）,钢筋位于试件轴线上。试验机夹住两端伸出的钢筋使试件受拉,破坏时试件中部产生横向裂缝,其平均应力即为混凝土的轴心抗拉强度。

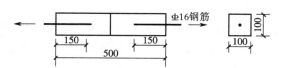

图 2-8　混凝土抗拉强度的直接测试试验

混凝土的轴心抗拉强度比轴心抗压强度小得多,一般只有抗压强度的 5% ~ 10% ,且与立方体抗压强度不成线性关系,两者平均值的换算关系为

$$\mu_{f_t} = 0.395\mu_{f_{cu}}^{0.55} \qquad (2-6)$$

式中　μ_{f_t}——混凝土轴心抗拉强度平均值;

　　　$\mu_{f_{cu}}$——混凝土立方体抗压强度平均值。

2）劈裂试验

直接测试法对中比较困难,且离散性大,故国内外多采用立方体或圆柱体试件的劈裂试

验来间接测定混凝土的抗拉强度,也叫间接测试法,如图 2-9 所示。对立方体或圆柱体上的垫条施加一条压力线荷载,这样试件中间的垂直截面除加力点附近很小的范围外,都会产生均匀的水平拉应力。当拉应力达到混凝土的抗拉强度时,试件被劈成两半。根据弹性理论,可按下式计算劈裂抗拉强度:

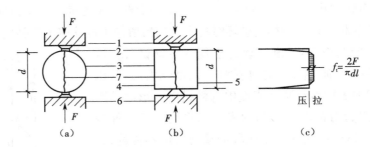

图 2-9 混凝土抗拉强度的劈裂试验

(a)用圆柱体进行劈裂试验 (b)用立方体进行劈裂试验 (c)劈裂面处水平应力分布

1—压力机上压板;2—弧形垫条;3—试件;4—浇模顶面;5—浇模底面;6—压力机下压板;7—试件破裂面

$$f_t = \frac{2F}{\pi dl} \tag{2-7}$$

式中　　F——破坏荷载;

　　　　d——圆柱体直径或立方体边长;

　　　　l——圆柱体长度或立方体边长。

对于同一混凝土,轴拉试验和劈裂试验测得的抗拉强度并不相同。根据试验结果回归统计,劈裂抗拉强度 f_t 与立方体抗压强度平均值 $\mu_{f_{cu}}$ 之间的换算关系为

$$f_t = 0.19 \mu_{f_{cu}}^{3/4} \tag{2-8}$$

2. 复合受力状态下混凝土的性能

在实际工程中,钢筋混凝土的结构构件很少处于理想的单向应力状态,而往往处于轴向力、弯矩、剪力,甚至扭矩的复合应力状态,如双向应力状态或三向应力状态。框架梁受到弯矩和剪力的作用,柱受到轴向力、弯矩和剪力的作用。节点区混凝土受力状态一般更为复杂。因此,研究复合应力状态下混凝土的强度就很有必要。

(1)双轴应力状态

混凝土在双轴应力状态(两个平面上作用着法向应力 σ_1 和 σ_2,第三个平面上的应力为零)下的强度曲线如图 2-10 所示,图中 σ_0 是单轴受力状态下的混凝土强度,应力状态所对应的点,超出包络线就意味着材料发生破坏。由图可见:混凝土双向受

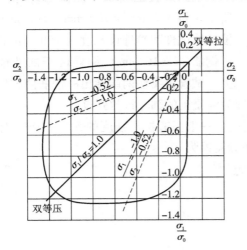

图 2-10 双轴应力状态下混凝土的强度

压强度(图中第三象限)大于单向受压强度,最大受压强度为(1.25~1.60)f_c。双向受压状态下混凝土的应力-应变关系曲线与单轴受压曲线相似,但峰值压应变超过单轴受压峰值压应变。

当一向受拉、一向受压(图中第二或第四象限)时,任意应力比情况下的压、拉强度均低于单轴受力时的强度。

双轴受拉应力状态(图中第一象限)时,任意应力比情况下,抗拉强度均与单轴抗拉强度接近。

(2)剪应力和法向应力共同作用下的复合受力情况

当混凝土受到法向应力和切向应力共同作用时,就形成了"拉剪"和"压剪"复合应力状态,如图 2-11 所示。从图中可以看出:混凝土抗剪强度随拉应力的增大而减小;随着压应力的增大而增大,但当压应力大于 0.6f_c(f_c 为抗压强度)时,由于微裂缝的发展,抗剪强度反而随压应力的增大而减小。由于剪应力的存在,混凝土的抗压强度要低于单向抗压强度。

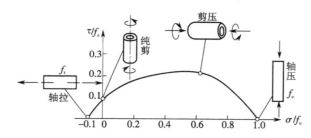

图 2-11　混凝土在法向应力与剪应力共同作用下的强度

(3)三轴应力状态

三轴应力状态有多种组合,工程中遇到较多的是三向受压状态。三向受压状态试验如图 2-12 所示,图 2-12(a)为混凝土圆柱体在等侧压条件下的纵向变压试验曲线。由于侧向压应力限制了横向变形,混凝土微裂缝的发展受到了限制,混凝土纵向抗压强度随着侧向压应力的增加而增大,如图 2-12(b)所示。此时,混凝土的变形性能接近理想的塑性状态。试验得出纵向抗压强度与侧向压应力的关系为

$$f_{c1} = f'_c + \beta\sigma_r \tag{2-9}$$

式中　f_{c1}——混凝土三轴受压时沿圆柱体纵轴的轴心抗压强度;

　　　f'_c——混凝土的圆柱体单轴抗压强度;

　　　σ_r——侧向压应力;

　　　β——系数,对普通混凝土一般取 4,对高强混凝土(C80)可取 2.8。

对混凝土的横向变形加以约束可以提高其抗压强度,在实际工程中应用很多,如螺旋箍筋柱、钢管混凝土柱等,能有效约束混凝土的侧向变形,提高混凝土的抗压强度,同时也可以提高混凝土的变形能力,如图 2-13 所示。

2.2.2　混凝土的变形

混凝土的变形分为两类:一类称为受力变形;另一类称为非受力变形,如混凝土的收缩、

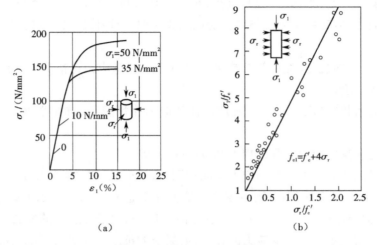

（a）　　　　　　　　　　　　　（b）

图 2-12　混凝土的三轴受压强度

（a）受液压作用的圆柱体试件　（b）三轴受压试验结果

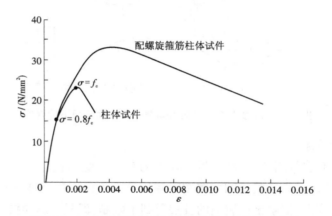

图 2-13　配螺旋箍筋柱体试件的应力-应变关系曲线

膨胀等。

1. 混凝土的受力变形

混凝土的受力变形包括一次短期荷载作用下的变形、多次重复荷载下的变形以及长期荷载作用下的变形。

（1）混凝土在一次短期荷载作用下的变形

混凝土单轴受压时的应力-应变关系曲线反映了混凝土受力全过程的重要力学特征,是混凝土构件应力分析、建立承载力和变形计算理论的基础。

图 2-14 为混凝土棱柱体单轴受压时的应力-应变曲线,从图中可以看出曲线由上升段 OC 和下降段 CF 两部分组成。

上升段 OC:在曲线的开始部分 OA 段,混凝土应力很小(对于普通混凝土 $\sigma \leqslant (0.3 \sim 0.4) f_c$,高强混凝土 $\sigma \leqslant (0.5 \sim 0.7) f_c$),应力-应变关系接近于直线,故 A 点相当于混凝土的弹性极限(比例极限)。此阶段中混凝土的变形主要取决于骨料和水泥石的弹性变形,混凝

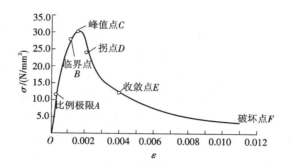

图 2-14　受压混凝土棱柱体 σ-ε 曲线

土内部的初始微裂缝没有发展。随着荷载的增加,超过 A 点后,由于水泥凝胶体的黏性流动和混凝土内部微裂缝的扩展,混凝土表现出越来越明显的塑性,应变增长开始加快,应力-应变关系曲线偏离直线,该阶段裂缝稳定扩展。

当应力到达 B 点时,内部一些微裂缝相互贯通,裂缝的发展已不稳定,试件的横向变形突然增大,体积变形开始由压缩转为膨胀,随后裂缝持续发展直至破坏,故 B 点称为临界应力点。B 点对应的应力对于普通混凝土取 $0.8f_c$,高强混凝土取 $0.95f_c$。

下降段 CF:当应力到达 C 点时,混凝土内部微裂缝进入非稳定发展阶段,变形明显加快,混凝土发挥出受压时的最大承载能力;C 点对应的应力即峰值应力为混凝土棱柱体抗压强度 f_c,对应的应变称为峰值应变 ε_0,此时混凝土内部微裂缝已延伸扩展成若干条通缝。

应力到达 D 点,试件表面出现第一条可见的平行于受力方向的纵向裂缝。从点 E 开始以后的曲线称为收敛段,这时贯通的主裂缝已很宽,E 点对应的应变为 $(2\sim3)\varepsilon_0$,应力为 $(0.4\sim0.6)f_c$。

混凝土的强度等级不同,受压 σ-ε 曲线也不同,图 2-15 是不同强度等级的混凝土受压 σ-ε 曲线。从图中可以看出:随着混凝土强度的提高,达到峰值时的应变不断增大。混凝土强度越高,下降段的坡度越陡,即应力下降相同幅度时变形越小,延性越差。

（2）混凝土在多次重复荷载下的变形

对混凝土棱柱体试件加载,使其压应力达到某一数值 σ,然后卸载至零,如此重复循环,称为多次重复荷载。

混凝土的疲劳是在荷载重复作用下产生的,混凝土在荷载重复作用下引起的破坏称为疲劳破坏。疲劳现象在工程结构中常见,如钢筋混凝土吊车梁受到重复荷载的作用,钢筋混凝土道桥受到车辆震动的影响,港口海岸的混凝土结构受到波浪冲击而损伤,都属于疲劳破坏现象。

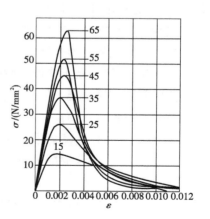

图 2-15　不同强度混凝土棱柱体受压 σ-ε 曲线

混凝土的疲劳强度用疲劳试验测定。疲劳试验采用 $100\text{ mm}\times100\text{ mm}\times300\text{ mm}$ 的棱柱体,使混凝土试件承受 200 万次或以上循环荷载而发生破坏的压应力值称为混凝土的疲劳抗压强度。

图 2-16 是混凝土棱柱体在多次重复荷载作用下的应力-应变关系曲线。从图中可以看出,对混凝土棱柱体试件,当一次加载应力 σ_1(或 σ_2)小于混凝土疲劳强度 f_c^f 时,混凝土在经过一次加载循环后,将有一部分塑性变形不能恢复。其加载应力-应变关系曲线形成了一个环状 OAB,在多次重复荷载循环过程中,其塑性变形将逐步积累,但随着循环次数的增加,每次产生的塑性变形将逐渐减少,应力-应变关系曲线环越来越密合,经过多次重复后这个曲线就密合成一条直线,此后混凝土接近于弹性工作,加载卸载几百万次混凝土也不会破坏。试验表明,其闭合直线基本上和一次加载时的应力-应变关系曲线的原点切线平行。

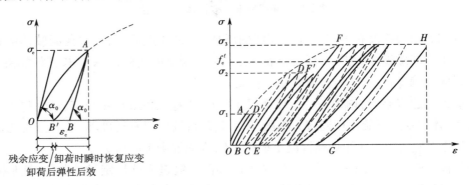

图 2-16 混凝土棱柱体在重复荷载作用下的应力-应变关系曲线

如果选择一个高于混凝土疲劳强度 f_c^f 的加载应力 σ_3,刚开始加载时混凝土应力-应变关系曲线凸向应力轴,在重复加载过程中逐渐变成直线,在经过多次重复加载卸载后,其应力-应变曲线逐渐凸向应变轴,以致加卸载不能形成封闭环,这标志着混凝土内部微裂缝的发展加剧,趋近破坏。对应于应力 σ_3 的割线斜率也随加载重复次数的增加而有所减小,荷载重复到一定次数时,混凝土试件会因为严重开裂或变形过大而导致破坏。

(3)混凝土的变形模量

在分析、计算混凝土构件的截面应力、构件变形及预应力混凝土构件中的预压应力和应力损失时需要利用混凝土的弹性模量。由于混凝土的应力-应变关系为非线性,计算应变时可采用以下三种变形模量。

① 混凝土的弹性模量:图 2-17 为混凝土棱柱体受压时的应力-应变曲线,在曲线的原点作一切线,其斜率为混凝土弹性模量,用 E_c 表示:

$$E_c = \tan \alpha_0 \tag{2-10}$$

式中 α_0——混凝土应力-应变曲线在原点处的切线与横坐标轴的夹角。

要在混凝土一次加荷应力-应变关系曲线上作原点的切线,找出 α_0 角是不容易做到的。通常测定混凝土的弹性模量 E_c 值的方法(见图 2-18)是对标准尺寸 150 mm × 150 mm × 300 mm 的棱柱体试件,先加载至 σ_c(对 C50 以下的混凝土取 $\sigma_c = 0.4f_c$,对 C50 以上的混凝土取 $\sigma_c = 0.5f_c$),然后卸载至零,再重复加载卸载 5～10 次。由于混凝土的塑性性质,每次卸载为零时,存在残余变形。但随荷载多次重复,残余变形逐渐减小,重复加荷 5～10 次后,变形趋于稳定,应力-应变关系曲线渐趋稳定并基本上趋于直线。该直线的斜率即为混凝土的弹性模量。根据对混凝土不同强度等级的弹性模量试验值的统计分析,弹性模量 E_c 和混凝土立方体抗压强度标准值 $f_{cu,k}$ 的关系为

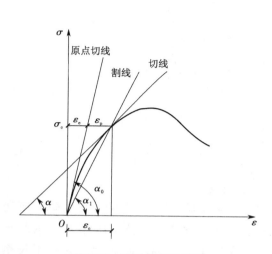

图 2-17　混凝土变形模量

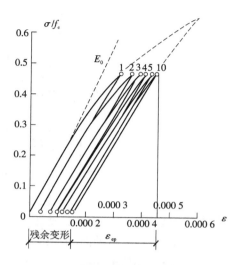

图 2-18　混凝土弹性模量的测定方法

$$E_c = \frac{10^6}{2.2 + \dfrac{24.7}{f_{cu,k}}} \tag{2-11}$$

《混凝土结构设计规范》规定的各混凝土强度等级的弹性模量见附表 1.10。

② 割线模量:图 2-17 中曲线任意一点处割线的斜率称为割线模量,即

$$E'_c = \tan \alpha_1 = \frac{\sigma_c}{\varepsilon_c} \tag{2-12}$$

可以将上式改写为

$$E'_c = \frac{\sigma_c}{\varepsilon_c} \times \frac{\varepsilon_e}{\varepsilon_e} = \frac{\varepsilon_e}{\varepsilon_c} \times \frac{\sigma_c}{\varepsilon_e} = \nu E_c$$

式中:$\nu = \dfrac{\varepsilon_e}{\varepsilon_c}$,即弹性应变与总应变的比值,称为弹性系数。弹性系数 ν 随应力的增大而减小,其值在 1~0.5 变化。混凝土的应力-应变关系可以表示为

$$\sigma_c = \nu E_c \varepsilon_c \tag{2-13}$$

③ 切线模量:图 2-17 中,在混凝土应力-应变曲线上某一点 σ_c 处作一切线,其应力增量与应变增量的比值称为相应于应力 σ_c 时混凝土的切线模量。

(4) 混凝土在长期荷载作用下的变形——徐变

在不变的应力长期持续作用下,混凝土的变形随时间而徐徐增长的现象称为混凝土的徐变。徐变会使钢筋与混凝土间产生应力重分布,使混凝土应力减小,钢筋应力相应增大;徐变使受弯构件的受压区变形加大,故而使受弯构件挠度增加,对于长细比较大的偏心受压构件,使偏压构件的附加偏心距增大而导致构件承载力降低。在预应力混凝土构件中,徐变使预应力混凝土构件产生预应力损失等,徐变对构件所引起的影响,设计中不可忽略。

　　混凝土徐变可用混凝土棱柱体试件进行试验测定,图 2-19 为由混凝土棱柱体试件测得的徐变曲线,加载应力为 $\sigma = 0.5f_c$。

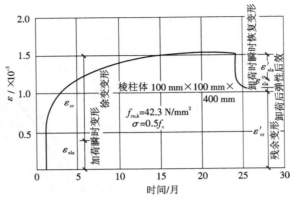

图 2-19　混凝土的徐变曲线

　　从图中可以看出,对混凝土棱柱体试件加荷至 $\sigma = 0.5f_c$ 瞬间产生的应变为瞬时应变 ε_{ela},若保持荷载不变,随着时间的增加,混凝土的应变将继续增长,这样的应变即为混凝土的徐变 ε_{cr}。徐变开始增长较快,6 个月时一般已完成徐变总量的大部分,后期徐变增长逐渐减小,一年以后趋于稳定,一般认为 3 年左右徐变基本终止。徐变应变值为瞬时应变的 2~4 倍。两年后卸载时部分应变可恢复,这部分应变称为瞬时恢复应变 ε'_{ela},其值比加载时的瞬时应变略小。长期荷载完全卸除后,混凝土处于徐变的恢复过程(约为 20 d)中,卸载后的徐变恢复变形称为弹性后效 ε''_{ela},其绝对值约为徐变变形的 1/12。还有部分应变是不可恢复的,称为残余应变 ε'_{cr}。

　　影响混凝土徐变的因素主要有如下三个方面。

　　① 应力条件:持续施加的应力的大小和加荷时混凝土的龄期是影响徐变的重要因素。随着混凝土应力的增加,徐变将发生不同的变化,图 2-20 为不同应力水平下的徐变曲线。由图可见,当应力较小($\sigma \leqslant 0.5f_c$)时,应力差相等条件下各条徐变曲线的间距几乎相等,徐变与应力成正比,这种情况称为线性徐变,徐变–时间曲线是收敛的。当施加于混凝土的应力 $\sigma > 0.5f_c$ 时,徐变的增长速度比应力的增长速度快,徐变–时间曲线仍收敛,但收敛性随应力增长而变差,这种情况称为非线性徐变。当 $\sigma > 0.8f_c$ 时,徐变是非收敛的,最终导致混凝土的破坏,实际上 $\sigma = 0.8f_c$ 即为混凝土的长期抗压强度。

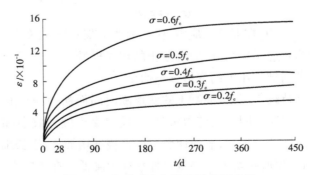

图 2-20　初始应力与徐变的关系曲线

② 内在因素:混凝土的组成和配合比是影响徐变的内在因素。骨料越坚硬,弹性模量越高,徐变就越小;骨料的相对体积越大,徐变越小;水灰比越大,徐变也越大。

③ 环境条件:养护及使用条件下的温、湿度是影响徐变的环境因素。养护时温度高、湿度大,水泥水化作用充分,徐变就小,采用蒸汽养护可使徐变减少 20% ～ 35%。受荷后构件所处环境的温度越高,湿度越低,徐变越大。

2. 混凝土的非受力变形

（1）混凝土的收缩和膨胀

混凝土在空气中结硬时体积减小的现象称为收缩。混凝土在水中或处于饱和湿度情况下凝结硬化时体积增大的现象称为膨胀。一般情况下,混凝土的收缩值比膨胀值大很多。混凝土从凝结开始就产生收缩,其收缩变形随时间的增长而增长,结硬初期收缩发展较快,以后逐渐变慢,其变化规律如图 2-21 所示。结硬初期收缩较快,1 个月大约可完成 1/2 的收缩量,3 个月后增长缓慢,一般 2 年后趋于稳定,最终收缩应变为 $(2 \sim 5) \times 10^{-4}$,一般取收缩应变值为 3×10^{-4}。

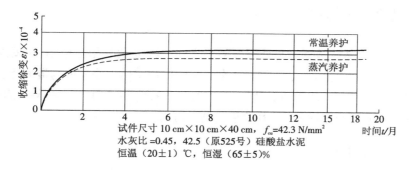

图 2-21　混凝土的收缩

水分蒸发是引起收缩的重要因素,所以构件的养护条件、使用环境的温湿度及影响混凝土水分保持的因素都对收缩有影响。使用环境的温度越高,湿度越低,收缩越大。蒸汽养护的收缩值要小于常温养护的收缩值,这是因为高温高湿可加快水化作用,减少混凝土的自由水分,加快凝结与硬化的速度。

试验还表明,水泥用量越大,水灰比越大,收缩越大;骨料的级配越好,弹性模量越大,收缩越小;构件的体积与表面积比值越大,收缩越小。收缩对钢筋混凝土的危害较大,对一般构件来说,收缩会引起初应力,甚至产生早期裂缝,因为钢筋的存在企图阻止混凝土的收缩,这样将使钢筋受压,混凝土受拉,当拉应力过大时,混凝土便出现裂缝。此外,混凝土收缩也会使预应力混凝土构件产生预应力损失。

为了减小混凝土收缩对结构引起的危害,应采取措施尽量减小混凝土收缩。常用的措施有:加强混凝土的早期养护;减小水灰比;提高水泥标号;减少水泥用量;加强混凝土密实振捣;选择弹性模量大的骨料;在构造上预留伸缩缝、设置施工后浇带、配置一定数量的构造钢筋等。

（2）混凝土的温度变形

温度变化时,混凝土的体积同样也会发生变化。混凝土的温度线膨胀系数一般为（1. 2

~1.5）×10^{-5}。当混凝土内部温度变化时,将在其内产生温度应力。在大体积混凝土中,由于混凝土表面较内部的收缩量大,再加上水泥水化热使混凝土的内部温度比表面温度高,如果把内部混凝土视为相对不变的形体,它将对试图缩小体积的表面混凝土形成约束,在表面混凝土内产生拉应力,如果内外变形差较大,将会造成表面混凝土开裂。

2.2.3　混凝土的选用

在混凝土结构中,混凝土强度等级的选用除与结构受力状态和性质有关外,还应考虑与钢筋强度等级相匹配。根据工程经验和技术经济等方面的要求,《混凝土结构设计规范》规定:钢筋混凝土结构的混凝土强度等级不应低于 C15;当采用 HRB335 级钢筋时,混凝土强度等级不宜低于 C20;当采用 HRB400 和 RRB400 级钢筋以及承受重复荷载的构件,混凝土强度等级不得低于 C20。预应力混凝土结构的混凝土强度等级不应低于 C30;当采用钢绞线、钢丝、热处理钢筋作为预应力钢筋时,混凝土强度等级不宜低于 C40。

2.3　混凝土与钢筋的黏结

钢筋与混凝土的黏结是钢筋与外围混凝土之间一种复杂的相互作用,借助这种作用来传递两者间的应力,协调变形,保证共同工作。这种作用实质上是钢筋与混凝土接触面所产生的沿钢筋纵向的剪应力,即所谓黏结应力,有时也简称为黏结力。而黏结强度则是指黏结失效(钢筋被拔出或混凝土被劈裂)时的最大黏结应力。

2.3.1　黏结力的组成

钢筋和混凝土的黏结力主要由以下三部分组成。

① 化学胶结力:钢筋与混凝土接触面的化学吸附作用力(胶结力)。这种吸附作用力来自浇筑混凝土时水泥浆体对钢筋表面氧化层的渗透以及水化过程中水泥晶体的生长和硬化。这种吸附作用力一般很小,仅在局部无滑移区域起作用,当发生相对滑移时,该力即消失。

② 摩擦力:由于混凝土凝固时收缩,对钢筋产生垂直于摩擦面的压力。接触面的粗糙程度越大,摩擦力就越大。

③ 机械咬合力:钢筋表面凹凸不平,与混凝土产生的机械咬合作用力。

光面钢筋的黏结力主要来自化学胶结力和摩擦力,变形钢筋的黏结力主要来自钢筋表面凸出的肋与混凝土的机械咬合力。

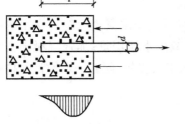

图 2-22　直接拔出试验

2.3.2　黏结应力的分布特点

黏结强度通常采用拔出试验(图 2-22)来测定。将钢筋一端埋入混凝土内,另一端施力将钢筋拔出,拉拔力到达极限时的平均黏结应力即为钢筋和混凝土之间的黏结强度。试验表明,钢筋与混凝土的黏结应力沿钢筋长度方向呈曲线分布,是不均匀的。最大的黏结应力在离端部某一距离处,越靠近钢筋尾部,黏结应力越小。钢筋埋入长度越长,拔出力越大,但埋入过长则尾部的黏结应力很小,甚至为零。由此可见,为了保证钢筋与混凝土有可靠的黏结,钢筋应有足够的锚固长度 l_a,但不必过长。

2.3.3　影响黏结强度的因素

影响钢筋与混凝土黏结强度的因素很多,主要有以下几个方面。

① 混凝土强度:黏结强度随混凝土强度的提高而提高,但并不与立方体强度成正比。在其他条件基本相同时,黏结强度与混凝土的抗拉强度成正比。

② 保护层厚度:保护层厚度也是影响黏结强度的重要因素。钢筋外围的混凝土保护层太薄,可能使外围混凝土因产生径向裂缝而使黏结强度降低。增加保护层厚度可以提高外围混凝土的抗裂能力,因而黏结强度也得以提高。

③ 钢筋的种类:不同种类的钢筋,其与混凝土之间的黏结强度不同。一般情况下,变形钢筋的黏结强度高于光圆钢筋。为保证钢筋与混凝土间有足够的黏结力,对不同等级的钢筋,要满足最小搭接长度和锚固长度的要求。

④ 横向配筋:横向钢筋(如梁中的箍筋)可以限制混凝土内部裂缝的发展,也可以限制到达构件表面的裂缝宽度,从而提高黏结强度。因此,在锚固区、搭接长度范围内设置一定数量的附加箍筋,可以防止混凝土保护层的劈裂崩落,也可以提高黏结强度。

⑤ 钢筋净间距:钢筋混凝土构件截面上有多根钢筋并列在一排时,钢筋间的净距对黏结强度有重要影响,钢筋净间距过小,外围混凝土容易发生水平劈裂,形成贯穿整个梁宽的劈裂缝,造成整个混凝土保护层剥落,黏结强度显著降低。一排钢筋的根数越多,净间距越小,黏结强度降低越多。

⑥ 侧向压应力:在支座处,如梁的简支端,钢筋的锚固区受到来自支座的横向压力,约束了混凝土的横向变形,使钢筋与混凝土间抵抗滑动的摩阻力增大,因而可以提高黏结强度。

⑦ 浇筑混凝土时钢筋的位置:对于混凝土浇筑深度超过 300 mm 的顶部水平钢筋,由于其底面的混凝土会出现沉淀收缩和离析泌水、气泡逸出,使混凝土与水平放置的钢筋之间产生强度较低的疏松空隙层,从而会削弱钢筋与混凝土的黏结作用。

2.3.4　钢筋的锚固与搭接

1. 钢筋的锚固

图 2-23 为一悬臂梁支座处锚固黏结应力的分布,其特点:在接近支座边缘处黏结应力最大,向支座内部逐渐减小直至为零。这就要求受拉钢筋必须在支座中具有足够的"锚固长度",以通过该长度上黏结应力的积累,使钢筋在靠近支座处发挥作用。钢筋的基本锚固长度取决于钢筋强度及混凝土抗拉强度,并与钢筋的外形有关,可按下式计算:

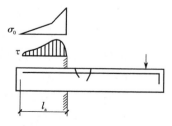

图 2-23　悬臂梁支座处黏结应力分布

$$l_a = \alpha \frac{f_y}{f_t} d \qquad (2\text{-}14)$$

式中　l_a——受拉钢筋的基本锚固长度；

　　　f_y——钢筋的抗拉强度设计值；

　　　f_t——混凝土轴心抗拉强度设计值，当混凝土强度等级高于 C40 时，按 C40 取用；

　　　d——钢筋的公称直径；

　　　α——钢筋的外形系数，按表 2-2 采用。

表 2-2　钢筋的外形系数 α

钢筋类型	光面钢筋	带肋钢筋	刻痕钢丝	螺旋肋钢丝	三股钢绞线	七股钢绞线
α	0.16	0.14	0.19	0.13	0.16	0.17

基本锚固长度 l_a 有下列情况之一者，应予修正。

① 当 HRB335、HRB400 和 RRB400 级钢筋的直径大于 25 mm 时，按式（2-14）算得的 l_a 乘以修正系数 1.1。

② HRB335、HRB400 和 RRB400 级的环氧树脂涂层钢筋，其锚固长度应乘以修正系数 1.25。

③ 当钢筋在混凝土施工过程中易受扰动（如滑模施工）时，其锚固长度应乘以修正系数 1.1。

④ HRB335、HRB400 和 RRB400 级钢筋锚固区混凝土保护层厚度大于钢筋直径的 3 倍且配有箍筋，其锚固长度可乘以修正系数 0.8。

⑤ 除构造需要的锚固长度外，当纵向受力钢筋的实际配筋面积大于其设计计算值时，锚固长度可乘以配筋余量的修正系数，其数值为设计计算面积与实际配筋面积的比值。抗震设计的结构及直接承受动力荷载的结构，不考虑上述修正。

⑥ 当采用骤然放松预应力钢筋的施工工艺时，先张法预应力钢筋的锚固长度应从距构件末端 $0.25l_{tr}$ 处开始计算，此处 l_{tr} 为预应力传递长度，详见本书第 10 章内容。

纵向受拉钢筋的锚固长度在考虑上述修正后不应小于按式（2-14）计算锚固长度 l_a 的 70%，且不小于 250 mm。

当 HRB335 和 HRB400 级钢筋末端采用图 2-24 所示的机械锚固措施（包括附加锚固端头在内）时，锚固长度应取式（2-14）计算值的 70%。

采用机械锚固措施时，在锚固长度范围内的箍筋不应少于 3 根；箍筋直径不应小于锚固钢筋直径的 1/4，间距不应大于锚固钢筋直径的 5 倍。当锚固钢筋的混凝土保护层厚度不小于钢筋公称直径或等效直径的 5 倍时，可不考虑上述箍筋配置的要求。

当计算中充分利用钢筋的受压强度时，受压钢筋的锚固长度应为受拉锚固长度 l_a 的 70%。

【例 2-1】 已知受拉钢筋采用 HRB335 级钢筋，直径为 28 mm，采用一般方法施工，混凝

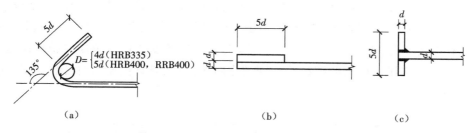

图 2-24　钢筋机械锚固的形式

（a）末端带 135°弯钩的机械锚固端　（b）末端双面焊短钢筋的机械锚固端

（c）末端与方形钢板穿孔塞焊的机械锚固端

土强度等级为 C25。

　　求：① 受拉钢筋的锚固长度是多少？

　　　　② 若钢筋受压，其锚固长度应为多少？

【解】　① 基本参数：

查附表 1.3 得 HRB335 级钢筋强度 $f_y = 300$ N/mm^2，查表 2-2 得 $\alpha = 0.14$，查附表 1.9 得混凝土强度 $f_t = 1.27$ N/mm^2。

　　② 求基本锚固长度：根据式（2-14）有

$$l_a = \alpha \frac{f_y}{f_t} d = 0.14 \times \frac{300}{1.27} \times 28 \text{ mm} = 926 \text{ mm}$$

　　③ 求受拉钢筋的锚固长度：因钢筋直径 >25 mm，故应乘修正系数 1.1。

$$l_{lm} = 1.1 \times 926 \text{ mm} = 1\,019 \text{ mm}$$

　　④ 求受压钢筋的锚固长度：

$$l_{ym} = 0.7 \times 1\,019 \text{ mm} = 713 \text{ mm}$$

2. 钢筋的搭接

当钢筋长度不够需要采用施工缝或后浇带等构造措施时，钢筋就需要接头。钢筋接头的搭接方式有焊接、机械连接、绑扎搭接（以下简称搭接）。

搭接接头是指将两根钢筋的端头在一定长度内并放，并采用适当的连接方式将一根钢筋的力传给另一根钢筋。由于钢筋通过连接接头传力总不如整体钢筋，所以钢筋搭接的原则是接头应设置在受力较小处，同一根钢筋上应尽量少接头。

由于搭接范围内钢筋与钢筋之间的内力是通过钢筋与混凝土之间的黏结应力来传递的，如图 2-25 所示，故必须有一定的"搭接长度 l_1"才能保证钢筋内力的传递和钢筋强度的充分利用。另外，搭接范围内两根钢筋贴近且同时受力，钢筋与混凝土间的黏结作用被削弱，钢筋间的混凝土易被磨碎或剪坏。如果同一截面内钢筋搭接

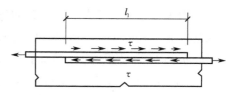

图 2-25　钢筋搭接接头范围内的黏结应力图

接头的百分率过大，锚固作用将会严重下降。所以，搭接钢筋接头应错开布置。

钢筋绑扎搭接接头连接区段的长度为 1.3 倍搭接长度,凡搭接接头中点位于该连接区段长度内的搭接接头均属于同一连接区段。同一连接区段内纵向钢筋搭接接头面积百分率为该区段内有搭接接头的纵向受力钢筋截面面积与全部纵向受力钢筋截面面积的比值,如图 2-26 所示。同一连接区段内的搭接接头钢筋为两根,当钢筋直径相同时,钢筋接头面积百分率为 50%。

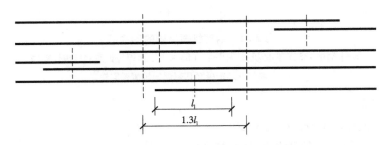

图 2-26　同一连接区段内的纵向受拉钢筋绑扎搭接接头

位于同一连接区段内的受拉钢筋接头面积百分率:对梁类、板类及墙类构件,不宜大于 25%;对柱类构件不宜大于 50%。当工程中确有必要增大受拉钢筋搭接接头面积百分率时,对梁类构件,不应大于 50%;对板类、墙类及柱类构件,可根据实际情况放宽。

纵向受拉钢筋绑扎搭接接头的搭接长度应根据位于同一连接区段内的钢筋搭接接头面积百分率按下式计算:

$$l_1 = \zeta l_a \tag{2-15}$$

式中　l_1——纵向受拉钢筋的搭接长度;

　　　l_a——纵向受拉钢筋的锚固长度;

　　　ζ——纵向受拉钢筋搭接长度修正系数,按表 2-3 采用。

表 2-3　纵向受拉钢筋搭接长度修正系数

纵向钢筋搭接接头面积百分率/%	≤25	50	100
ζ	1.2	1.4	1.6

在任何情况下,纵向受拉钢筋绑扎搭接接头的搭接长度均不应小于 300 mm。

在受力钢筋搭接长度范围内应设置箍筋,以保证搭接的可靠传力。箍筋直径不宜小于搭接钢筋较大直径的 1/4,当为受拉时,箍筋间距不应大于搭接钢筋较小直径的 5 倍,且不大于 100 mm;当为受压时,箍筋间距不应大于搭接钢筋较小直径的 10 倍,且不大于 200 mm。当受压钢筋直径大于 25 mm 时,应在搭接接头两个端面外 100 mm 范围内设置两个附加箍筋。

【例 2-2】　已知受力钢筋采用 HRB335 级钢筋,直径为 16 mm,混凝土强度等级为 C30,施工时钢筋需连接,拟采用绑扎搭接方式,同一搭接区段接头面积百分率为 50%。

求:① 钢筋处于受拉状态时的搭接长度是多少?

② 钢筋处于受压状态时的搭接长度是多少？

【解】　① 查附表 1.3 知 HRB335 级钢筋的强度 $f_y = 300$ N/mm²，查表 2-2 得 $\alpha = 0.14$，查附表 1.9 知 C30 混凝土强度 $f_t = 1.43$ N/mm²，同一搭接区段接头面积百分率为 50%，查表 2-3 得 $\zeta = 1.4$。

② 求基本锚固长度：根据式（2-14）得

$$l_a = \alpha \frac{f_y}{f_t} d = 0.14 \times \frac{300}{1.43} \times 16 \text{ mm} = 470 \text{ mm}$$

③ 求受拉钢筋的搭接长度：由式（2-15）得

$$l_{lm} = \zeta \, l_a = 1.4 \times 470 \text{ mm} = 658 \text{ mm}$$

④ 求受压钢筋的搭接长度：

$$l_{ym} = 0.7 \times 658 \text{ mm} = 461 \text{ mm}$$

【本章小结】

① 我国用于混凝土结构及预应力混凝土结构的钢筋主要有热轧钢筋（HPB300 级、HRB335 级、HRB400 级和 RRB400 级）、钢绞线、消除应力钢丝、热处理钢筋等。其中，普通钢筋混凝土构件常采用 HPB300 级、HRB335 级和 HRB400 级钢筋；预应力钢筋宜采用钢绞线、消除应力钢丝和热处理钢筋。

② 钢筋混凝土结构所用的钢筋，按其力学性能的不同可分为有明显屈服点钢筋和无明显屈服点钢筋。对有明显屈服点钢筋取屈服强度作为设计的依据；对于无明显屈服点钢筋，则取条件屈服强度 $\sigma_{0.2}$ 作为设计依据。

③ 混凝土的强度有立方体抗压强度、轴心抗压强度和抗拉强度。结构设计中要用到轴心抗压强度和抗拉强度两个强度指标。立方体抗压强度只作为材料性能的基本代表值，其他强度均可与其建立相应的换算关系。混凝土的受压破坏实质上是由垂直于压力作用方向的横向胀裂造成的，因而混凝土双轴受压和三轴受压时强度提高，而一向受压、另一向受拉时强度降低。约束混凝土（配有螺旋箍筋、普通箍筋的混凝土以及钢管混凝土等）用横向约束来提高混凝土的抗压强度和变形性能。

④ 混凝土的强度等级是根据标准试件（边长为 150 mm）在标准条件下养护 28 d 后，用标准方法加压测得的具有 95% 保证率的抗压强度作为立方体强度的标准值确定的。对于非标准试件（如边长为 200 mm 或边长为 100 mm），须将其抗压强度实测值乘以尺寸效应系数，才能得出标准试件的强度等级。

⑤ 混凝土在长期不变荷载作用下，应变随时间增长的现象称为混凝土的徐变。混凝土在空气中结硬时体积减小的现象称为收缩，收缩对结构产生不利影响。

⑥ 钢筋与混凝土之间的黏结是两种材料共同工作的基础。黏结强度一般由胶结力、摩擦力和咬合力组成，对于采用机械锚固措施（如末端带弯钩、末端焊锚板或贴焊锚筋等）的钢筋，尚应包括机械锚固力。光面钢筋的黏结破坏为钢筋被拔出的剪切破坏；对于变形钢筋，当混凝土保护层很薄且无箍筋约束时，为沿钢筋纵向的劈裂破坏，反之则为沿钢筋肋外

径滑移面的剪切破坏。

⑦ 钢筋的搭接长度是在锚固长度的基础上,考虑搭接受力状态比锚固受力状态差以及同一连接区段内的钢筋搭接接头面积百分率确定的。对相同受力状态下的同类钢筋,其搭接长度应大于锚固长度。

【思考题】

2-1　我国建筑结构用钢筋的品种有哪些? 举例说明各种钢筋的用途。

2-2　试说明有明显屈服点钢筋和无明显屈服点钢筋的应力-应变关系曲线的特点。

2-3　钢筋有哪些主要的力学性能指标? 各性能指标是如何确定的?

2-4　混凝土立方体抗压强度标准值是怎样确定的? 其保证率是多少?

2-5　我国现行《混凝土结构设计规范》中混凝土的强度等级是如何划分的?

2-6　分别说明混凝土轴心抗压强度和轴心抗拉强度是如何确定的?

2-7　什么是混凝土的变形模量? 如何应用?

2-8　什么是混凝土的弹性模量? 如何确定?

2-9　混凝土单轴受压应力-应变关系曲线有何特点?

2-10　何谓混凝土的徐变变形? 其变形的特点是什么? 产生徐变的原因有哪些? 影响混凝土徐变的主要因素有哪些? 徐变对结构有何影响?

2-11　什么是混凝土的收缩变形? 说明产生收缩变形的原因及其影响因素? 混凝土的收缩变形对结构有何影响? 减小混凝土收缩的措施有哪些? 徐变和收缩有何区别?

2-12　钢筋和混凝土的黏结力由哪几部分组成? 变形钢筋和光圆钢筋的黏结力有什么特点?

2-13　影响钢筋和混凝土间黏结强度的因素有哪些?

【习题】

2-1　已知受拉钢筋采用 HRB335 级钢筋,直径为 25 mm,采用滑模施工方法施工,混凝土强度等级为 C30。受拉钢筋的锚固长度为多少? 若钢筋受压,其锚固长度应为多少?

2-2　已知受力钢筋采用 HRB400 级钢筋,直径为 28 mm, 混凝土强度等级为 C25,施工时钢筋须采用绑扎搭接接头,同一搭接区段接头面积百分率为 25%。钢筋处于受拉状态时的搭接长度是多少? 若钢筋处于受压状态,其搭接长度又是多少?

第3章　混凝土结构设计基本原则

【学习要求】

① 掌握工程结构设计的基本概念,包括结构上的作用、结构的功能要求、设计基准期、两类极限状态等。

② 了解结构可靠度的基本原理。

③ 熟悉近似概率极限状态设计法在混凝土结构设计中的应用。

3.1　结构的功能要求及可靠度

3.1.1　结构上的作用、作用效应及结构抗力

1. 结构上的作用

结构上的作用是指使结构产生效应(结构或构件的内力、应力、位移、应变、裂缝等)的各种原因的总称。作用一般分为两类:第一类称为直接作用,以集中力或分布力的形式施加在结构上,习惯上称为荷载,如结构自重、各种设备和物品的自重、土压力、风压力、雪压力、水压力等;第二类称为间接作用,它不是以力的形式直接作用于结构,而是以引起结构振动、约束变形或外加变形的形式在结构中引起内力和变形,这类作用包括材料的收缩和膨胀变形、温度变化、基础差异沉降、地震、焊接变形等。

结构上的作用可按下列性质分类。

(1) 按随时间的变异分类

永久作用:是指在设计基准期内其量值不随时间变化,或其变化与平均值相比可以忽略不计的作用,如结构自重、土压力、预应力等。

可变作用:是指在设计基准期内其量值随时间变化,且其变化与平均值相比不可忽略的作用,如楼面活荷载、吊车荷载、风荷载、雪荷载、温度变化等。

偶然作用:是指在设计基准期内不一定出现,而一旦出现其量值很大且持续时间很短的作用,如爆炸力、撞击力、罕遇地震等。

结构上的作用按随时间的变异分类是对作用的基本分类。永久作用的特点是其统计规律与时间参数无关,而可变作用的统计规律与时间参数有关。这直接关系到对描述作用的概率模型的选择。

(2) 按空间位置的变异分类

固定作用:是指在结构上具有固定分布的作用。其特点是在结构上出现的空间位置固

定不变,但其量值可能具有随机性,如房屋建筑自重、楼面上位置固定的设备等。

自由作用:是指在结构上一定范围内可以任意分布的作用。其特点是出现的位置及量值都是随机的,如楼面上的人员荷载、吊车荷载等。

作用按空间位置的变异分类,是由于进行荷载效应组合时,必须考虑所有自由作用在结构上引起最不利效应的作用的分布位置和大小。

（3）按结构的反应特点分类

静态作用:是指使结构产生的加速度可以忽略不计的作用,如结构自重、住宅或办公楼的楼面活荷载。

动态作用:是指使结构产生的加速度不可忽略不计的作用。在结构分析时一般均应考虑其动力效应,如吊车荷载、地震作用、大型动力设备的作用、高耸结构上的风荷载等。

作用按结构的反应特点分类,是因为进行结构分析时,对某些作用须考虑其动力效应。

2. 作用效应 S

作用效应 S 是指结构上的作用在结构内产生的内力（如轴力、弯矩、剪力、扭矩等）和变形（如挠度、转角、裂缝等）。当为直接作用时,其效应也称为荷载效应。

由于结构上的作用是不确定的,所以作用效应 S 也具有随机性。

3. 结构抗力 R

结构抗力 R 是指整个结构或结构构件承受作用效应（即内力和变形）的能力,如构件的承载能力、刚度等。影响结构抗力的主要因素是材料性能（强度、变形模量等）、几何参数（构件尺寸等）及计算模式的精确性（抗力计算所采用的基本假设和计算公式不够精确等）等。由于材料性能的变异性、几何参数及计算模式精确性具有不确定性,所以由这些因素构成的结构抗力也是随机变量。

3.1.2　设计基准期和设计使用年限

由上述可见,结构上的作用,特别是可变作用,与时间有关,结构抗力也随时间变化。我国的《建筑结构可靠度设计统一标准》（GB 50068—2001）为确定可变作用及与时间有关的材料性能等取值而选用的时间参数,称为设计基准期,《建筑结构可靠度设计统一标准》取设计基准期为 50 年。

设计使用年限是指结构或结构构件不需进行大修即可按其预定目的使用的时期,也就是说房屋建筑在正常设计、正常施工、正常使用和维护下所应达到的使用年限。所谓"正常维护"包括必要的检测、防护及维修。设计使用年限是房屋建筑的地基基础工程和主体结构工程"合理使用年限"的具体化。根据《建筑结构可靠度设计统一标准》的规定,结构的设计使用年限应按表3-1采用。若建设单位提出更高要求,也可按建设单位的要求确定。

表3-1　设计使用年限分类

类别	设计使用年限/年	示　　　例
1	5	临时性结构

续表

类别	设计使用年限/年	示　　例
2	25	易于替换的结构构件
3	50	普通房屋和构筑物
4	100	纪念性建筑和特别重要的建筑结构

3.1.3　结构的功能要求

工程结构设计的基本目的:在当时的技术经济条件下,结构在规定的设计使用年限内满足设计所预期的各项功能。结构的功能要求包括以下几点。

（1）安全性

结构在正常施工和正常使用时,应能承受可能出现的各种作用,包括荷载及外加变形或约束变形。

在设计规定的偶然事件(如地震、爆炸)发生时及发生后,结构应能保持整体稳定性,不应因发生倒塌或连续破坏而造成生命财产的严重损失。

（2）适用性

结构在正常使用期间,应具有良好的工作性能,如不产生影响使用的过大的变形或振幅,不出现足以让使用者产生不安的宽度过大的裂缝等。

（3）耐久性

结构在正常使用和正常维护下,应具有足够的耐久性能。从工程概念上讲,足够的耐久性能就是指在正常维护条件下结构能够正常使用到规定的设计使用年限。

3.1.4　结构可靠度

上述对结构安全性、适用性、耐久性的要求可概括为对结构可靠性的要求。结构的可靠性指的是结构在规定的时间内,在规定的条件下,完成预定功能的能力。结构可靠度是对结构可靠性的定量描述,即结构在规定的时间内,在规定的条件下,完成预定功能的概率。

结构可靠度与结构的使用年限长短有关,《建筑结构可靠度设计统一标准》所指的结构可靠度或结构失效概率,是针对结构的设计使用年限而言的,也就是说,规定的时间指的是设计使用年限;而规定的条件则是指正常设计、正常施工、正常使用,不考虑人为过失的影响,人为过失应通过其他措施予以避免。在结构的使用年限超过设计使用年限后,结构的可靠度可能较设计预期值有所下降。

为保证建筑结构具有规定的可靠度,除应进行必要的设计计算外,还应对结构的材料性能、施工质量、使用与维护进行相应的控制。

3.1.5　结构的安全等级

《建筑结构可靠度设计统一标准》根据结构破坏造成的后果,即危及人的生命、造成经济损失、产生社会影响的严重程度将建筑物划分为三个安全等级，如表3-2所示。其中，大量的一般建筑物列入中间等级，重要的建筑物提高一级，次要的建筑物降低一级。大多数建筑物的安全等级均属于二级。

表3-2 建筑结构的安全等级

安全等级	破坏后果	建筑物类型
一 级	很严重	重要的房屋
二 级	严 重	一般的房屋
三 级	不严重	次要的房屋

同一建筑物内的各种结构构件宜与整个结构采用相同的安全等级，但允许对部分结构构件根据其重要程度和综合经济效果进行适当调整。如果提高某一结构构件的安全等级所需额外费用很少，又能减轻对整个结构的破坏，从而大大减少人员伤亡和财物损失，则可将该结构构件的安全等级提高至比整个结构的安全等级高一级；相反，如某一结构构件的破坏并不影响整个结构或其他结构构件的安全性，则可将其安全等级降低一级。

3.1.6 混凝土结构构件的设计计算方法

根据混凝土结构构件设计计算方法的发展及不同的特点，其可分为容许应力法、破坏阶段法、极限状态设计法及概率极限状态设计法。

容许应力法是建立在弹性理论基础上的设计方法。在规定的荷载标准值作用下，要求结构构件在使用阶段截面上的最大应力不超过材料的容许应力。该法的优点是计算比较简便，其缺点是未考虑结构材料的塑性性能，不能正确反映构件的截面承载能力；对荷载和材料容许应力的取值也都凭经验确定，缺乏科学依据。

20世纪40年代，出现了按破坏阶段设计的方法。该法在考虑材料塑性性能的基础上，按破坏阶段计算构件截面的承载能力，要求构件截面的承载能力（弯矩、轴力、剪力和扭矩等）不小于由外荷载产生的内力乘以安全系数。与容许应力法相比，破坏阶段法有了进步。但存在的缺点是安全系数仍须凭经验确定，并且只考虑了承载力问题，没有考虑构件在正常使用情况下的变形和裂缝问题。

由于容许应力法和破坏阶段法均采用单一安全系数，过于笼统，于是20世纪50年代又提出了多系数极限状态设计法。该法明确规定结构按三种极限状态进行设计，即承载能力极限状态、变形极限状态和裂缝极限状态。在承载能力极限状态中，对材料强度引入各自的均质系数及材料工作条件系数，对不同荷载引入各自的超载系数，对构件还引入工作条件系数；并且材料强度均质系数及某些荷载的超载系数是将材料强度和荷载作为随机变量，用数理统计方法经过调查分析而确定的。因此可以说，极限状态设计法是工程结构设计理论的重大发展。但极限状态设计法仍然没有给出结构可靠度的定义和计算可靠度的方法，此外在保证率的确定、系数取值等方面仍然带有不少主观经验的成分。我国1966年颁布的《钢筋混凝土结构设计规范》(BJG 21—1966)中就采用了多系数极限状态设计法。

概率极限状态设计法是以概率理论为基础,将作用效应和影响结构抗力(如承载能力、刚度、抗裂能力等)的主要因素视为随机变量,根据统计分析确定可靠概率(或可靠指标)来度量结构可靠性的结构设计方法。其特点是有明确的、用概率尺度表达的结构可靠度的定义,通过预先规定的可靠指标 β 值,使结构各构件间以及不同材料组成的结构之间有较为一致的可靠度水准。按发展阶段,该法可分为半概率法、近似概率法和全概率法三个水准。我国《钢筋混凝土结构设计规范》(TJ 10—1974)基本上属于半概率法,《混凝土结构设计规范》(GBJ 10—1989 和 GB 50010—2010)采用的是近似概率法。

3.2　荷载代表值、荷载标准值

结构上的荷载分为三类,它们分别是:永久荷载,如结构自重、土压力、预应力等;可变荷载,如楼面活荷载、屋面活荷载、积灰荷载、吊车荷载、风荷载、雪荷载等;偶然荷载,如爆炸力、撞击力等。以上这些荷载都不是确定的,而是在一定范围内变动。结构设计时所取用的荷载值应采用概率统计方法来确定。

3.2.1　荷载的统计特性

我国对建筑结构的各种恒载、民用房屋楼面活荷载、风荷载和雪荷载进行了大量的调查和实测工作。对所取得的资料应用概率统计方法处理后,得到了这些荷载的概率分布和统计参数。

1. 永久荷载

建筑结构中的屋面、楼面、墙体、梁柱等构件自重以及找平层、保温层、防水层等自重都是永久荷载,其值不随时间变化或变化很小。由于构件尺寸在施工制作中的允许误差以及材料组成或施工工艺对材料容重的影响,构件的实际自重是在一定范围内波动的。根据在全国范围内实测的 2 667 块大型屋面板、空心板、平板等钢筋混凝土预制构件的自重以及对 20 000 m^2 以上的找平层、保温层、防水层等约 10 000 个测点的厚度和部分容重的数理统计分析,认为永久荷载这一随机变量符合正态分布。

2. 可变荷载

民用房屋楼面活荷载一般分为持久性活荷载和临时性活荷载两种。在设计基准期内,前者是经常出现的,如家具等产生的荷载;后者是短暂出现的,如人员临时聚会的荷载等。持久性活荷载随着房屋用途、家具类型及布置方式的变化而变化,并且是时间的函数。临时性活荷载更是因人员的数量和分布而异,也是时间的函数。同样,风荷载和雪荷载也均是时间的函数。

根据对全国范围内实测资料的统计分析,民用房屋楼面活荷载、风荷载和雪荷载的概率分布均可认为是极值 I 型分布。

3.2.2　荷载代表值

荷载代表值是指按概率极限状态方法设计时所采用的荷载量值,有荷载标准值、组合值、频遇值和准永久值四种,其中标准值为荷载的基本代表值,其他代表值都可在标准值的基础上乘以相应的系数后得出。结构设计时,应根据各种极限状态的设计要求采用不同的荷载代表值。

对永久荷载应采用标准值作为代表值。对可变荷载应采用标准值、组合值、频遇值或准永久值作为代表值。对偶然荷载应根据建筑结构使用特点确定其代表值。

本节说明如何确定永久荷载和可变荷载的标准值,关于可变荷载的组合值、频遇值和准永久值在 3.5 节说明。

3.2.3　荷载标准值

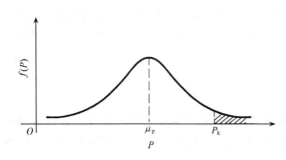

图 3-1　荷载标准值的概率定义

荷载标准值理论上应为结构在使用期间,在正常情况下,可能出现的具有一定保证率的偏大荷载值。设某荷载为图3-1 所示的正态分布,若取荷载标准值为

$$P_k = \mu_p + 1.645\sigma_p \qquad (3-1)$$

则 P_k 具有 95% 的保证率,亦即在设计基准期内超过此标准值的荷载出现的概率为5%。式中的 μ_p 是荷载平均值,σ_p 为标准差。

目前,由于对很多可变荷载未能取得充分的资料,难以给出符合实际的概率分布,若统一按95%的保证率调整荷载标准值,会使结构设计与过去相比在经济指标方面引起较大的波动。因此,我国现行《建筑结构荷载规范》(GB 50009—2012)规定的荷载标准值,基本上沿用了传统习用的数值。

1. 永久荷载标准值

永久荷载标准值可按结构设计规定的尺寸和《建筑结构荷载规范》规定的材料容重(或单位面积的自重)平均值确定,一般相当于永久荷载概率分布的平均值。对于自重变异较大的材料和构件(如现场制作的保温材料、混凝土薄壁构件等),自重的标准值应根据该荷载对结构的有利或不利,分别取其自重的下限值或上限值。

2. 可变荷载

《建筑结构荷载规范》规定,办公楼、住宅楼面均布活荷载标准值均为 $2.0\ \text{kN/m}^2$。根据统计资料,这个标准值对于办公楼相当于设计基准期最大活荷载概率分布的平均值加3.16 倍标准差,对于住宅则相当于设计基准期最大荷载概率分布的平均值加2.38 倍标准差。两者的保证率均大于95%。

风荷载标准值是由建筑物所在地的基本风压乘以风压高度变化系数、风载体型系数和风振系数确定的。其中基本风压是按50 年一遇统计确定的。

雪荷载标准值是由建筑物所在地的基本雪压乘以屋面积雪分布系数确定的,而基本雪压则是以当地一般空旷平坦地面上统计所得 50 年一遇最大雪压确定的。

在结构设计中,各类可变荷载标准值及各种材料容重(或单位面积的自重)可由《建筑结构荷载规范》查取。

3.3　材料强度标准值

3.3.1　材料强度的统计特性

材料性能的变异是造成结构抗力随机性的最主要因素。其变异主要是由材质因素以及工艺、加荷、环境、尺寸等因素引起的。在工程中,材料性能如强度,一般是采用标准试件和标准试验方法确定的。但即便如此,同一个钢厂生产的同一钢号钢筋的实测强度,或者是按同一配合比搅拌的混凝土的强度仍具有离散性。

3.3.2　材料强度标准值

钢筋和混凝土的强度标准值是钢筋混凝土结构按极限状态设计时采用的材料强度基本代表值。材料强度标准值应根据符合规定质量的材料强度的概率分布的某一分位值确定,如图 3-2 所示。由于钢筋和混凝土强度均服从正态分布,故它们的强度标准值 f_k 可统一表示为

$$f_k = \mu_f - \alpha\sigma_f \qquad (3\text{-}2)$$

式中　μ_f——材料强度平均值;

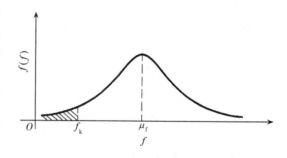

图 3-2　材料强度标准值的概率定义

σ_f——标准差。

如果取 $\alpha = 1.645$,则材料强度标准值 f_k 具有 95% 的保证率,也就是说出现低于此标准值的概率为 5%。由此可见,材料强度标准值是材料强度概率分布中具有一定保证率的偏低的材料强度值。

1. 钢筋强度标准值

为了保证钢材质量,国家有关标准规定,钢材出厂前要抽样检查,检查的标准为"废品限值"。这个废品限值约相当于钢筋强度平均值减去两倍标准差,即式(3-2)中的 $\alpha = 2$,保证率为 97.73%。《混凝土结构设计规范》规定,钢筋的强度标准值应具有不小于 95% 的保证率,故《混凝土结构设计规范》中钢筋的强度标准值即取钢材质量控制标准的废品限值。热轧钢筋取国家标准规定的屈服强度(废品限值)作为强度标准值。热处理钢筋、消除应力钢丝及钢绞线,取国家标准规定的极限抗拉强度 σ_b(废品限值)作为强度标准值。

各类钢筋、钢丝和钢绞线的强度标准值见附表 1.1 和附表 1.2。

2. 混凝土强度标准值

《混凝土结构设计规范》规定混凝土强度标准值为具有 95% 保证率的强度值,亦即式(3-2)中的 $\alpha = 1.645$。为简化起见,根据各种混凝土强度指标平均值与立方体抗压强度平均值之间的换算关系,并假定各混凝土强度指标的变异系数与立方体抗压强度的变异系数相同,便可按式(3-2)确定其他混凝土强度指标的标准值。同时,《混凝土结构设计规范》还考虑了以下两个折减系数。

① 考虑到实际结构中混凝土强度与试件混凝土强度之间的差异,对结构中混凝土强度乘以折减系数 0.88。

② 考虑到高强混凝土的脆性特征,对 C40 以上混凝土的强度乘以脆性折减系数 α_{c2},对 C40,取 $\alpha_{c2} = 1.0$;对 C80,取 $\alpha_{c2} = 0.87$,中间按线性规律变化。

(1) 立方体抗压强度标准值 $f_{cu,k}$

根据上述定义,立方体抗压强度标准值为

$$f_{cu,k} = \mu_{f_{cu}} - 1.645\sigma_{f_{cu}} = \mu_{f_{cu}}(1 - 1.645\delta_{f_{cu}}) \tag{3-3}$$

式中 $\mu_{f_{cu}}, \sigma_{f_{cu}}, \delta_{f_{cu}}$ ——立方体抗压强度的平均值、标准差和变异系数。

立方体抗压强度标准值是混凝土各种力学指标的基本代表值。

(2) 轴心抗压强度标准值 f_{ck}

根据上述定义,轴心抗压强度标准值为

$$f_{ck} = \mu_{f_c} - 1.645\sigma_{f_c} = \mu_{f_c}(1 - 1.645\delta_{f_c})$$

将式(2-5)、$\delta_{f_c} = \delta_{f_{cu}}$ 代入上式,并考虑上述两个折减系数,则得

$$f_{ck} = 0.88\alpha_{c1}\alpha_{c2}\mu_{f_{cu}}(1 - 1.645\delta_{f_{cu}})$$

将式(3-3)代入上式,可得

$$f_{ck} = 0.88\alpha_{c1}\alpha_{c2}f_{cu,k} \tag{3-4}$$

(3) 轴心抗拉强度标准值 f_{tk}

根据定义,轴心抗拉强度标准值为

$$f_{tk} = \mu_{f_t} - 1.645\sigma_{f_t} = \mu_{f_t}(1 - 1.645\delta_{f_t})$$

将式(2-6)、$\delta_{f_t} = \delta_{f_{cu}}$ 代入上式,并考虑上述两个折减系数,则得

$$f_{tk} = 0.88 \times 0.395\alpha_{c2}\mu_{f_{cu}}^{0.55}(1 - 1.645\delta_{f_{cu}})$$

将式(3-3)代入上式,可得

$$f_{tk} = 0.88 \times 0.395\alpha_{c2}f_{cu,k}^{0.55}(1 - 1.645\delta_{f_{cu}})^{0.45} \tag{3-5}$$

根据以上计算,《混凝土结构设计规范》直接列出了各级混凝土轴心抗压强度标准值 f_{ck} 和轴心抗拉强度标准值 f_{tk},见附表 1.8。

3.4 概率极限状态设计方法

3.4.1 结构功能的极限状态

整个结构或结构的一部分超过某一特定状态就不能满足设计规定的某一功能要求,此

特定状态称为该功能的极限状态。极限状态分为下列两类。

1. 承载能力极限状态

这种极限状态对应于结构或结构构件达到最大承载能力或不适于继续承载的变形。当结构或结构构件出现下列状态之一时,应认为超过了承载能力极限状态。

① 整个结构或结构的一部分作为刚体失去平衡(如倾覆等)。

② 结构构件或连接因超过材料强度而破坏(包括疲劳破坏),或者因过度变形而不适于继续承载。

③ 结构转变为机动体系。

④ 结构或结构构件丧失稳定(如压屈等)。

⑤ 地基丧失承载能力而破坏(如失稳等)。

承载能力极限状态为结构或结构构件达到允许的最大承载功能的状态。其中结构构件由于塑性变形而使其几何形状发生改变,虽未达到最大承载能力,但已丧失使用功能,也属于达到这种极限状态。对于任何承载的结构或构件,都应按承载能力极限状态进行设计。

2. 正常使用极限状态

这种极限状态对应于结构或结构构件达到正常使用或耐久性能的某项规定限值。当结构或结构构件出现下列状态之一时,应认为超过了正常使用极限状态。

① 影响正常使用或外观的变形。

② 影响正常使用或耐久性能的局部损坏(包括裂缝)。

③ 影响正常使用的振动。

④ 影响正常使用的其他特定状态。

正常使用极限状态可理解为结构或结构构件达到使用功能上允许的某个限值的状态。例如,某些构件必须控制变形、裂缝才能满足使用要求。因为过大的变形会造成房屋内粉刷层剥落、填充墙开裂等后果,还会造成用户心理上的不安全感,过大的变形也会影响某些仪器或设备的正常使用。

3.4.2　结构的设计状况

《建筑结构可靠度设计统一标准》根据结构在施工和使用中的环境条件和影响,将结构承受荷载的情况分为以下三种设计状况。

(1) 持久状况

持久状况是指在结构使用过程中一定出现,其持续时期很长的状况。持续期一般与设计使用年限为同一数量级。例如:结构承受家具和正常人员荷载的状况。

(2) 短暂状况

短暂状况是指在结构施工和使用过程中出现概率较大,而与设计使用年限相比,持续期很短的状况,例如在施工和维修时结构承受施工堆料荷载的状况。

(3) 偶然状况

偶然状况是指在结构使用过程中出现概率很小且持续期很短的状况,例如结构承受火灾、爆炸、撞击、罕遇地震等作用的状况。

对于不同的设计状况,可采用相应的结构体系、可靠度水准和设计值分别进行可靠度验算。建筑结构设计时,对不同的设计状况应分别进行下列极限状态设计。

① 对三种设计状况均应进行承载力极限状态设计。

② 对持久状况,尚应进行正常使用极限状态设计。

③ 对短暂状况,可根据需要进行正常使用极限状态设计。

3.4.3 结构的极限状态方程

结构的可靠度主要取决于两个方面:一是结构上的作用,二是结构本身的抗力。影响结构抗力的主要因素是材料性能、几何参数和计算公式的精确性等。各种作用、材料性能、几何参数等都具有随机性,它们称为基本变量,记为 $X_i(i=1,2,\cdots,n)$。

结构设计所要求满足的安全性、适用性和耐久性的功能,具体来讲,如承载能力、刚度、抗裂或裂缝宽度等,可以用包含基本变量的结构功能函数来表达,即

$$Z = g(X_1, X_2, \cdots, X_n) \tag{3-6}$$

当仅有结构抗力 R 和作用效应 S 两个基本变量时,结构功能函数为

$$Z = g(R,S) = R - S \tag{3-7}$$

结构按极限状态设计应符合下式要求:

$$Z = R - S \geqslant 0 \tag{3-8}$$

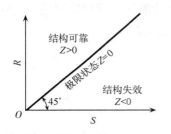

图 3-3　结构所处的状态

通过功能函数的不同取值,可以描述结构的工作状态:

当 $Z > 0$ 时,结构处于可靠状态;

当 $Z = 0$ 时,结构处于极限状态;

当 $Z < 0$ 时,结构处于不可靠状态或失效状态。

结构所处的状态也可以用图 3-3 表达。

3.4.4 结构可靠度计算

1. 失效概率

结构能够完成预定功能的概率称为可靠概率 p_s,不能完成预定功能的概率称为失效概率 p_f。结构的可靠性可以用可靠概率 p_s 来度量,也可以用失效概率 p_f 来度量,$p_s = 1 - p_f$。

(1)当仅有结构抗力 R 和作用效应 S 两个基本变量且其相互独立时

当仅有结构抗力 R 和作用效应 S 两个基本变量且其相互独立时,失效概率可以表达为

$$p_f = \int_{-\infty}^{\infty} f_S(s) \left[\int_{-\infty}^{S} f_R(r) \, dr \right] ds \tag{3-9}$$

式中 $f_S(s)$、$f_R(r)$ 分别为 S、R 的概率密度函数。由上式可以看出,即使最简单的情况,也需要对这两个变量的概率密度函数进行积分运算,而且并不是对所有的情况都能得到解析解。对于多个随机变量,计算失效概率则需要进行多重积分,当各变量相关时,还需要知道它们的联合概率密度函数并进行积分运算。

因此,虽然用失效概率 p_f 来反映结构的可靠性物理意义明确,也已为国际上所公认,但是计算 p_s 非常复杂,很难直接按上述方法进行计算。

（2）当仅有结构抗力 R 和作用效应 S 两个基本变量且均按正态分布时

当仅有结构抗力 R 和作用效应 S 两个基本变量且均按正态分布时，即 $R \sim N(\mu_R, \sigma_R)$，$S \sim N(\mu_S, \sigma_S)$，则结构的功能函数 $Z = R - S$ 也服从正态分布，且其均值和标准差分别为：

$$\mu_z = \mu_R - \mu_S \tag{3-10}$$

$$\sigma_z = \sqrt{\sigma_R^2 + \sigma_S^2} \tag{3-11}$$

这种情况下，计算失效概率 p_f 可以大为简化。图 3-4 所示为结构的功能函数 $Z = R - S$ 的概率密度函数，结构的失效概率 p_f 可直接通过 $Z < 0$ 的概率来表达（图中阴影部分的面积）。将两个基本变量的正态分布标准化后，失效概率可以表达为

$$p_f = \Phi\left(-\frac{\mu_z}{\sigma_z}\right) = 1 - \Phi\left(\frac{\mu_z}{\sigma_z}\right) \tag{3-12}$$

式中　$\Phi(\cdot)$——标准正态分布函数。

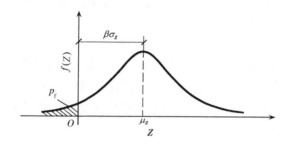

图 3-4　失效概率 p_f 及其与可靠指标 β 的关系

2. 可靠指标 β

（1）当仅有结构抗力 R 和作用效应 S 两个基本变量且均按正态分布时

当仅有结构抗力 R 和作用效应 S 两个基本变量且均按正态分布时，令

$$\beta = \frac{\mu_z}{\sigma_z} = \frac{\mu_R - \mu_S}{\sqrt{\sigma_R^2 + \sigma_S^2}} \tag{3-13}$$

代入式（3-12），则有

$$p_f = \Phi(-\beta) \tag{3-14}$$

从图 3-4 中可以看出，随着 β 值的增大，结构构件的失效概率 p_f 减小，随着 β 值的减小，结构构件的失效概率 p_f 增大，并且从式（3-14）可看出 β 值与失效概率 p_f 之间存在对应关系，可靠指标 β 与失效概率运算值 p_f 的关系见表 3-3，因此，β 可以作为衡量结构可靠性的一个指标，故称 β 为结构的"可靠指标"。

用可靠指标 β 来度量结构的可靠性比较方便，因为它只与功能函数的概率分布的均值 μ_z 和标准差 σ_z 有关。因此，《建筑结构可靠度设计统一标准》采用可靠指标 β 代替失效概率 p_f 来度量结构的可靠性。

表 3-3　可靠指标 β 与失效概率运算值 p_f 的关系

β	2.7	3.2	3.7	4.2
p_f	3.5×10^{-3}	6.9×10^{-4}	1.1×10^{-4}	1.3×10^{-5}

（2）计算可靠指标 β 的一般方法

由于多数荷载不服从正态分布,结构的抗力一般也不服从正态分布,所以实际工程中出现功能函数仅与两个正态变量有关的情况很少。此外,结构的极限状态方程也可能是多变量的、非线性的。因此,应该采用一种求解可靠指标 β 的一般方法,可应用于功能函数包含多个正态或非正态变量、极限状态方程为线性或非线性的情况。《建筑结构可靠度设计统一标准》采用的是国际结构安全度联合委员会(JCSS)推荐的"一次二阶矩法"。

3. 设计可靠指标 $[\beta]$

结构构件设计时所应达到的可靠指标称为设计可靠指标,它是根据设计所要求达到的结构可靠度而确定的,所以又称为目标可靠指标。

（1）承载能力极限状态时的设计可靠指标 $[\beta]$

《建筑结构可靠度设计统一标准》根据结构的安全等级和破坏类型,在对有代表性的结构构件进行可靠度分析的基础上,规定了按承载能力极限状态设计时采用的目标可靠指标 $[\beta]$,见表 3-4。表中数值是以结构安全等级为二级的建筑发生延性破坏时的 β 值 3.2 作为基准,其他情况相应增减 0.5。

表 3-4　结构构件承载能力极限状态的目标可靠指标 $[\beta]$

破坏类型	安　全　等　级		
	一　级	二　级	三　级
延性破坏	3.7	3.2	2.7
脆性破坏	4.2	3.7	3.2

表中延性破坏是指结构构件在破坏前有明显的变形或其他预兆,脆性破坏是指结构构件在破坏前无明显的变形或其他预兆。从表中可以看出,当结构构件发生延性破坏时,目标可靠指标 $[\beta]$ 值低于脆性破坏时的 $[\beta]$ 值。

（2）正常使用极限状态时的设计可靠指标 $[\beta]$

为保证房屋的使用性能,《建筑结构可靠度设计统一标准》对结构构件正常使用的可靠度作出了规定。对于正常使用极限状态的可靠指标,一般根据结构构件作用效应的可逆程度宜取 0～1.5。可逆程度较高的结构构件取较低值,可逆程度较低的结构构件取较高值。

不可逆极限状态指产生超越状态的作用被移去后,仍将永久保持超越状态的一种极限状态;可逆极限状态指产生超越状态的作用被移去后,将不再保持超越状态的一种极限状态。例如,一简支梁在某种荷载作用下,其挠度超过了允许值,卸去该荷载后,若梁的挠度小于允许值,则为可逆极限状态,否则为不可逆极限状态。

按照可靠指标方法设计时,实际结构构件的可靠指标 β 值应满足下式的要求:

$$\beta \geqslant [\beta] \tag{3-15}$$

采用可靠指标设计方法,能够比较充分地考虑各有关因素的客观变异性,使所设计的结构比较符合预期的可靠度要求,并在不同结构之间,设计可靠度具有相对可比性。

理论上,可以根据设计可靠指标 $[\beta]$,按上述概率极限状态法进行结构设计,但考虑到计算上的繁复和设计应用上的习惯,目前我国采用"以概率理论为基础,用分项系数表达的极限状态设计方法"。简言之,概率极限状态设计法用可靠指标 β 度量结构可靠度,用分项系数的设计表达式进行设计,其中各分项系数的取值是根据目标可靠指标及基本变量的统计参数用概率方法确定的。

3.5　极限状态设计表达式

3.5.1　承载能力极限状态设计表达式

1. 基本表达式

对于承载能力极限状态,结构构件应按荷载效应的基本组合或偶然组合,采用下列极限状态设计表达式:

$$\gamma_0 S \leqslant R \tag{3-16}$$

$$R = R(f_c, f_s, a_k, \cdots) = R\left(\frac{f_{ck}}{\gamma_c}, \frac{f_{sk}}{\gamma_s}, a_k, \cdots\right) \tag{3-17}$$

式中　γ_0　——结构重要性系数,对安全等级为一级或设计使用年限为 100 年及以上的结构构件不应小于 1.1,对安全等级为二级或设计使用年限为 50 年的结构构件不应小于 1.0,对安全等级为三级或设计使用年限为 5 年及以下的结构构件,不应小于 0.9;

　　　S　——承载能力极限状态的荷载效应组合的设计值,表示轴向力、弯矩、剪力、扭矩等的设计值;

　　　R　——结构构件的承载力设计值;

　　　$R(\cdot)$——结构构件的承载力函数;

　　　f_c, f_s　——混凝土、钢筋的强度设计值;

　　　f_{ck}, f_{sk}　——混凝土、钢筋的强度标准值;

　　　γ_c, γ_s　——混凝土、钢筋的材料分项系数;

　　　a_k　——几何参数的标准值。

2. 荷载效应组合的设计值 S

对于基本组合,荷载效应组合的设计值 S 应从下列组合值中取最不利值确定。

① 由可变荷载效应控制的组合为

$$S = \gamma_G S_{Gk} + \gamma_{Q_1} S_{Q_1k} + \sum_{i=2}^{n} \gamma_{Q_i} \psi_{c_i} S_{Q_ik} \tag{3-18}$$

② 由永久荷载效应控制的组合为

$$S = \gamma_G S_{Gk} + \sum_{i=1}^{n} \gamma_{Q_i} \psi_{c_i} S_{Q_ik} \tag{3-19}$$

式中　γ_G——永久荷载的分项系数,当其效应对结构不利时,在式(3-18)中应取1.2,在式(3-19)中应取1.35,当其效应对结构有利时,一般情况下应取1.0,对结构的倾覆、滑移或漂浮验算,应取0.9;

γ_{Q_i}——第 i 个可变荷载的分项系数,其中 γ_{Q_1} 为可变荷载 Q_1 的分项系数,一般情况下 γ_{Q_i} 应取1.4,对标准值大于 4 kN/m^2 的工业房屋楼面结构的活荷载应取1.3;

S_{Gk}——按永久荷载标准值 G_k 计算的荷载效应值;

S_{Q_ik}——按可变荷载标准值 Q_{ik} 计算的荷载效应值,其中 S_{Q_1k} 为诸可变荷载效应中起控制作用者;

ψ_{c_i}——第 i 个可变荷载 Q_i 的组合值系数;

n　——参与组合的可变荷载数。

按式(3-18)和(3-19)进行组合时,应注意以下几点。

① 基本组合中的设计值仅适用于荷载与荷载效应为线性的情况。

② 当对 S_{Q_1k} 无法明显判断时,轮次以各可变荷载效应为 S_{Q_1k},选其中最不利的荷载效应组合。

③ 当考虑以竖向的永久荷载效应控制的组合时,参与组合的可变荷载仅限于竖向荷载。

对于一般排架、框架结构,基本组合可采用简化规则,并按下列组合值中取最不利值确定。

①由可变荷载效应控制的组合

$$S = \gamma_G S_{Gk} + \gamma_{Q_1} S_{Q_1k} \tag{3-20}$$

$$S = \gamma_G S_{Gk} + 0.9 \sum_{i=1}^{n} \gamma_{Q_1} S_{Q_ik} \tag{3-21}$$

(2) 由永久荷载效应控制的组合仍按式(3-19)组合。

对于偶然组合,荷载效应组合的设计值宜按下列规定确定:偶然荷载的代表值不乘分项系数,与偶然荷载同时出现的其他荷载可根据观测资料和工程经验采用适当的代表值。各种情况荷载效应的设计值公式,可由有关规范另行规定。

3. 荷载分项系数(γ_G、γ_Q)、荷载设计值

如前所述,各类荷载标准值的保证率并不相同,如按荷载标准值设计,将造成结构可靠度的严重差异,并使某些结构的实际可靠度达不到目标可靠度的要求,所以引入荷载分项系数予以调整。考虑到荷载的统计资料尚不够完备,且为了简化计算,《建筑结构可靠度设计统一标准》暂时按永久荷载和可变荷载两大类分别给出荷载分项系数。

荷载分项系数值是根据下述原则经优选确定的:在各项荷载标准值已给定的条件下,对各类结构构件在各种常遇的荷载效应比值和荷载效应组合下,用不同的分项系数值,按极限

状态设计表达式(3-16)设计各种构件并计算其所具有的可靠指标,然后从中选取一组分项系数,使按此设计所得的各种结构构件所具有的可靠指标,与规定的设计可靠指标之间在总体上差异最小。

荷载分项系数与荷载标准值的乘积,称为荷载设计值。如永久荷载设计值为 $\gamma_G G_k$,可变荷载设计值为 $\gamma_Q Q_k$。

4. 荷载组合值系数 ψ_{c_i}、荷载组合值

当结构上作用有两种或两种以上可变荷载时,多种可变荷载同时出现不利的偏大值的可能性会小一些。这时在荷载标准值和荷载分项系数已给定的情况下,对有两种以上可变荷载同时作用的情况,引入一个小于 1 的荷载组合值系数 ψ_{c_i},对荷载效应进行折减,使按极限状态设计表达式(3-16)设计所得的各类结构构件所具有的可靠指标,与仅有一种可变荷载的可靠指标相接近。

《建筑结构荷载规范》给出了各类可变荷载的组合值系数。当按式(3-18)或式(3-19)计算荷载效应组合值时,除风荷载取 $\psi_{c_i} = 0.6$ 外,大部分可变荷载取 $\psi_{c_i} = 0.7$,个别可变荷载取 $\psi_{c_i} = 0.9 \sim 0.95$。对于一般排架、框架结构,当按式(3-21)计算时,组合值系数取 0.9。

荷载组合值系数与荷载标准值的乘积 $\psi_{c_i} Q_{ik}$ 称为可变荷载的组合值。

5. 材料分项系数(γ_c 和 γ_s)、材料强度设计值

虽然材料强度标准值已相当于具有较大保证率的偏低值,但仍不足以反映抗力的变异性。为此,再将材料强度标准值除以一个大于 1 的材料分项系数,即得材料强度设计值,见下式:

$$f_c = \frac{f_{ck}}{\gamma_c}, \quad f_s = \frac{f_{sk}}{\gamma_s} \tag{3-22}$$

通过可靠度分析,确定混凝土的材料分项系数 $\gamma_c = 1.4$;热轧钢筋(包括 HPB300、HRB335、HRB400 和 RRB400 级钢筋)的材料分项系数 $\gamma_s = 1.1$;预应力钢筋(包括钢绞线、消除应力钢丝和热处理钢筋)的材料分项系数 $\gamma_s = 1.2$。

无明显屈服点钢筋的强度标准值是按照极限抗拉强度确定的,而设计时采用条件屈服强度,$\sigma_{0.2} = 0.85\sigma_b$,在确定无明显屈服点钢筋的强度设计值时,考虑了这一因素。

钢筋及混凝土的强度设计值分别见附表 1.3、附表 1.4 和附表 1.9。

3.5.2　正常使用极限状态设计表达式

1. 设计表达式

对于正常使用极限状态,应根据不同的设计要求,采用荷载的标准组合、频遇组合或准永久组合,并应按下列设计表达式进行设计:

$$S \leq C \tag{3-23}$$

式中　S——正常使用极限状态的荷载效应组合值;

　　　C——结构或结构构件达到正常使用要求所规定的变形、裂缝宽度或应力等的限值。

(1)标准组合

对于标准组合,荷载效应组合的设计值 S 应按下式采用:

$$S = S_{Gk} + S_{Q1k} + \sum_{i=2}^{n} \psi_{ci}S_{Qik} \qquad (3\text{-}24)$$

（2）频遇组合

对于频遇组合,荷载效应组合的设计值 S 应按下式采用:

$$S = S_{Gk} + \psi_{f1}S_{Q1k} + \sum_{i=2}^{n} \psi_{qi}S_{Qik} \qquad (3\text{-}25)$$

式中 ψ_{f1}——可变荷载 Q_1 的频遇值系数;

$\quad\;\; \psi_{qi}$——可变荷载 Q_i 的准永久值系数。

（3）准永久组合

对于准永久组合,荷载效应组合的设计值 S 应按下式采用:

$$S = S_{Gk} + \sum_{i=1}^{n} \psi_{qi}S_{Qik} \qquad (3\text{-}26)$$

2. 荷载频遇值

荷载标准值是在设计基准期内最大荷载的意义上确定的,它没有反映荷载作为随机过程而具有随时间变异的特性。当结构按正常使用极限状态的要求进行设计时,例如要求控制房屋的变形、裂缝、局部损坏以及引起不舒适的振动时,就应根据不同的要求选择荷载的代表值。

在可变荷载 Q 的随机过程中,荷载超过某水平 Q_x 的表示方式,可用超过 Q_x 的总持续时间 $T_x(= \sum t_i)$ 与设计基准期 T 的比率 $\mu_x = T_x/T$ 来表示,如图3-7所示。

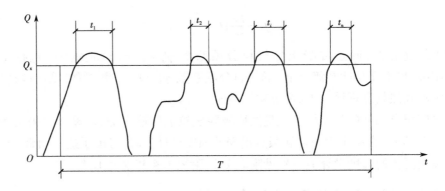

图 3-5　可变荷载的一个样本

可变荷载的频遇值是指在设计基准期内,其超越的总时间为规定的较小比率(μ_x 不大于0.1)或超越频率为规定频率的荷载值。它相当于在结构上时而出现的较大荷载值,但总小于荷载标准值。

《建筑结构荷载规范》规定了各种可变荷载的频遇值系数,频遇值系数乘以荷载标准值即为可变荷载的频遇值。

3. 荷载准永久值

可变荷载的准永久值是指在设计基准期内,其超越 Q_x 的总时间约为设计基准期一半

（即 μ_x 约等于 0.5）的荷载值，即在设计基准期内经常作用的荷载值（接近于永久荷载）。

《建筑结构荷载规范》规定了各种可变荷载的准永久值系数，准永久值系数乘以荷载标准值即为可变荷载的准永久值。

由式（3-24）～（3-26）可见，标准组合系永久荷载标准值、主导可变荷载标准值与其他可变荷载组合值的效应组合；频遇组合是永久荷载标准值、主导可变荷载的频遇值与伴随可变荷载准永久值的效应组合；准永久组合为永久荷载标准值与可变荷载准永久值的效应组合。

【例 3-1】　某钢筋混凝土简支梁，安全等级为二级，其上作用的荷载包括永久荷载、可变荷载 1 和可变荷载 2，两种可变荷载均为竖向荷载。各种荷载在跨中截面所引起的弯矩标准值以及可变荷载的组合值系数、频遇值系数和准永久值系数列于表 3-5。要求计算简支梁跨中截面弯矩的基本组合、标准组合、频遇组合及准永久组合。

表 3-5　例 3-1 数据

荷载	跨中截面弯矩标准值 /(kN·m)	组合值系数	频遇值系数	准永久值系数
永久荷载	$M_{Gk} = 43$	—	—	—
可变荷载 1	$M_{Q1k} = 35$	$\psi_{c1} = 0.7$	$\psi_{f1} = 0.5$	$\psi_{q1} = 0.4$
可变荷载 2	$M_{Q2k} = 8$	$\psi_{c2} = 0.7$	—	$\psi_{q2} = 0.2$

【解】　（1）基本组合

由可变荷载效应控制的组合：

$$M = \gamma_G M_{Gk} + \gamma_{Q1} M_{Q1k} + \sum_{i=2}^{n} \gamma_{Qi} \psi_{ci} M_{Qk} = \gamma_G M_{Gk} + \gamma_Q M_{Q1k} + \gamma_Q \psi_{c2} M_{Q2k}$$

$$= (1.2 \times 43 + 1.4 \times 35 + 1.4 \times 0.7 \times 8)\ \mathrm{kN \cdot m} = 108.44\ \mathrm{kN \cdot m}$$

由永久荷载效应控制的组合：

$$M = \gamma_G M_{Gk} + \sum_{i=1}^{n} \gamma_{Qi} \psi_{ci} M_{Qk} = \gamma_G M_{Gk} + \gamma_Q \psi_{c1} M_{Q1k} + \gamma_Q \psi_{c2} M_{Q2k}$$

$$= (1.35 \times 43 + 1.4 \times 0.7 \times 35 + 1.4 \times 0.7 \times 8)\ \mathrm{kN \cdot m} = 100.19\ \mathrm{kN \cdot m}$$

取以上两个组合值的大值，即 $M = 108.44\ \mathrm{kN \cdot m}$。

（2）标准组合、频遇组合、准永久组合

标准组合：

$$M = M_{Gk} + M_{Q1k} + \sum_{i=2}^{n} \psi_{ci} M_{Qk} = M_{Gk} + M_{Q1k} + \psi_{c2} M_{Q2k}$$

$$= (43 + 35 + 0.7 \times 8)\ \mathrm{kN \cdot m} = 83.60\ \mathrm{kN \cdot m}$$

频遇组合：

$$M = M_{Gk} + \psi_{f1} M_{Q1k} + \sum_{i=2}^{n} \psi_{qi} M_{Qk} = M_{Gk} + \psi_{f1} M_{Q1k} + \psi_{q2} M_{Q2k}$$

$$= (43 + 0.5 \times 35 + 0.2 \times 8)\ \mathrm{kN \cdot m} = 62.10\ \mathrm{kN \cdot m}$$

准永久组合：

$$M = M_{Gk} + \sum_{i=1}^{n} \psi_{q_i} M_{Q_ik} = M_{Gk} + \psi_{q1} M_{Q1k} + \psi_{q2} M_{Q2k}$$
$$= (43 + 0.4 \times 35 + 0.2 \times 8) \text{ kN} \cdot \text{m} = 58.60 \text{ kN} \cdot \text{m}$$

【本章小结】

① 结构的功能要求包括安全性、适用性和耐久性，这三者可概括为结构可靠性的要求。所谓可靠性指结构在规定的设计使用年限内，在正常设计、施工及使用的条件下，完成预定功能的能力。结构可靠度是对结构可靠性的定量描述，即在上述规定下完成预定功能的概率。

② 结构的极限状态分为两类：承载能力极限状态和正常使用极限状态。以相应于结构各种功能要求的极限状态作为结构设计依据的设计方法，称为极限状态设计法。在极限状态设计法中，以概率理论为基础，将荷载效应和影响结构抗力的主要因素视为随机变量或随机过程，根据统计分析确定可靠指标来度量结构可靠性。其特点是有明确的、用概率尺度表达的结构可靠度的定义，通过预先规定的可靠指标，使结构各构件间以及不同材料组成的结构之间有较为一致的可靠度水准。

为避免设计繁复并考虑到我国设计人员的设计习惯，采用分项系数的设计表达式进行设计，其中各分项系数的取值根据目标可靠指标及基本变量的统计参数用概率方法确定。

③ 设计基准期为确定可变作用及与时间有关的材料性能等取值而选用的时间参数，取为 50 年。设计使用年限是指房屋建筑在规定的条件下所应达到的使用年限。二者均不等同于结构的实际寿命或耐久年限。

④ 作用于建筑物上的荷载分为三类：永久荷载、可变荷载和偶然荷载，其对结构产生的内力和变形称为荷载效应。永久荷载服从正态分布，可变荷载服从极值 I 型分布。

荷载代表值是按概率极限状态方法设计时所采用的荷载量值，分为四种：荷载标准值、组合值、频遇值和准永久值。其中标准值为荷载的基本代表值，其他代表值都可在标准值的基础上乘以相应的系数后得到。对永久荷载应采用标准值作为代表值，对可变荷载应采用标准值、组合值、频遇值或准永久值作为代表值。

⑤ 钢筋和混凝土强度的概率分布属正态分布。钢筋和混凝土的强度标准值是按极限状态设计时采用的材料强度基本代表值。钢筋强度标准值具有不小于 95% 的保证率，混凝土强度标准值具有 95% 的保证率。钢筋和混凝土的强度设计值等于其强度标准值除以相应的材料分项系数。承载能力极限状态设计时，取用材料强度设计值。正常使用极限状态设计时，材料强度一般取标准值。

⑥ 对承载能力极限状态的荷载效应组合，应采用基本组合（对持久和短暂设计状况）或偶然组合（对偶然设计状况）；对正常使用极限状态的荷载效应组合，按荷载的持久性和不同的设计要求采用三种组合：标准组合、频遇组合和准永久组合。对持久状况，应进行正常使用极限状态设计；对短暂状况，可根据需要进行正常使用极限状态设计。

【思考题】

3-1　什么是结构上的作用？荷载属于哪种作用？

3-2　荷载有哪些代表值？在结构设计中，如何应用荷载代表值？

3-3　什么是结构抗力？影响结构抗力的主要因素有哪些？

3-4　什么是设计使用年限？应如何确定？它和设计基准期是否相同？

3-5　结构的安全等级如何确定？

3-6　什么是结构的预定功能？什么是结构的可靠度？可靠度如何度量和表达？

3-7　什么是结构的极限状态？极限状态分为几类？各有什么标志和限值？

3-8　结构构件出现哪些状态属于达到承载能力或正常使用极限状态？

3-9　结构的可靠指标 β 与结构的失效概率 p_f 是什么关系？

3-10　什么是概率极限状态设计法？其主要特点是什么？

3-11　什么是材料强度标准值？从概率意义来看，它们是如何取值的？

3-12　什么是混凝土的立方体抗压强度？混凝土的强度等级如何划分？共有多少级？

3-13　混凝土轴心抗压强度标准值 f_{ck} 和轴心抗拉强度标准值 f_{tk} 与混凝土立方体抗压强度标准值 $f_{cu,k}$ 各是什么关系？

3-14　混凝土轴心抗压强度设计值 f_c 和轴心抗拉强度设计值 f_t 怎样确定？

3-15　承载能力极限状态和正常使用极限状态各应进行哪些荷载效应组合？

3-16　结构重要性系数 γ_0 如何取值？

3-17　承载能力极限状态设计时，由可变荷载效应控制的组合及由永久荷载效应控制的组合中永久荷载分项系数、可变荷载分项系数各如何取值？

3-18　当考虑以竖向的永久荷载效应控制的组合时，参与组合的可变荷载有哪些？

3-19　在荷载效应的标准组合和准永久组合中，可变荷载采用哪一种代表值？

第 4 章　受弯构件正截面承载力计算

【学习要求】

　　① 熟悉受弯构件梁、板的构造要求。

　　② 掌握适筋梁正截面的三个受力阶段,掌握受弯构件正截面的三种破坏形式及其特点。

　　③ 理解受弯构件正截面承载力计算的基本假定,理解受压区混凝土等效应力图的概念,掌握界限相对受压区高度的概念、取值及意义。

　　④ 掌握最大配筋率、最小配筋率的概念及应用。

　　⑤ 熟练掌握单筋矩形截面、双筋矩形截面、T 形截面正截面承载力的计算公式,公式使用条件和设计方法。

4.1　概述

　　受弯构件是指承受弯矩和剪力作用的构件,它是土木工程中应用最为普遍的构件,梁、板是常见的受弯构件。板常见的截面形式有矩形、槽形和空心形等,梁常见的截面形式有矩形、T 形、I 字形和空心形等,图 4-1 为梁、板截面形式。

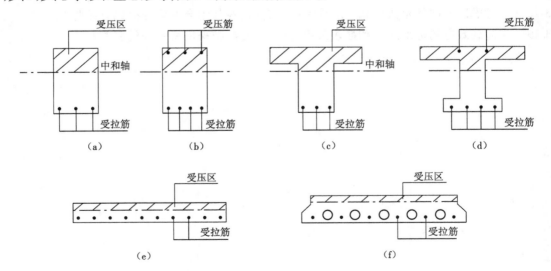

图 4-1　常用梁、板截面形式

(a)单筋矩形截面　(b)双筋矩形截面　(c)T 形截面　(d)I 字形截面　(e)矩形截面板　(f)空心板

　　受弯构件的破坏存在着受弯破坏和受剪破坏两种可能性。其中受弯破坏是由弯矩引起的,往往发生在构件弯矩最大处且与构件纵轴相垂直的正截面上。本章主要研究受弯构件正截面的受力特点、破坏形态、承载力计算方法和构造要求等。受弯构件受剪承载力将在第 5 章介绍。

为了保证受弯构件正截面有足够的受弯承载力,不产生受弯破坏,由第 3 章承载能力极限状态的设计表达式可知,应当满足 $M \leq M_u$。这里,M 为受弯构件的弯矩设计值,即荷载作用下产生的设计弯矩,也即第 3 章介绍的荷载效应组合 $\gamma_0 S$。M_u 为受弯构件正截面受弯承载力设计值,即截面抗力 R。如何建立 M_u 的计算公式,从而进行受弯构件正截面承载力的计算是本章研究的核心内容。

4.2　受弯构件的构造要求

在进行受弯构件正截面承载力分析时,首先需要了解受弯构件有关截面尺寸、截面配筋等的构造要求。

4.2.1　板的构造要求

1. 板的分类

板分单向板和双向板。钢筋混凝土板支承在两对边上,或者虽然支承在四个边上,但当其长边与短边之比大于 2 时,荷载主要沿短边方向传递,沿长边方向传递的荷载较小可忽略不计,这样的板称为单向板。当板支承在四个边上,其长边与短边之比小于或等于 2 时,荷载沿两个方向传递,这样的板称为双向板。

2. 板的厚度

板厚度的确定首先要满足刚度要求,即单跨简支板的厚度不小于 $l/35$;多跨连续板的厚度不小于 $l/40$;悬臂板的厚度不小于 $l/12$。l 为板的短边尺寸。

现浇板还应满足表 4-1 的最小厚度要求。

表 4-1　现浇钢筋混凝土板的最小厚度

板的类别		最小厚度/mm
单向板	屋面板	60
	民用建筑楼板	60
	工业建筑楼板	70
	行车道下的楼板	80
双向板		80

3. 板的受力钢筋

钢筋级别:常用级别为 HPB300 和 HRB335 级。

钢筋直径:常用直径为 6 mm、8 mm、10 mm、12 mm。为了使板内钢筋受力均匀,配置时应尽量采用小直径的钢筋。为了便于施工,避免在施工中不同直径的钢筋相互混淆,在同一块板中钢筋直径差应不少于 2 mm。

钢筋间距:为了使板内钢筋能够正常地分担内力,便于浇筑混凝土,保证钢筋周围混凝土的密实性,钢筋间距不宜太大,也不宜太小。钢筋间距一般为 70～200 mm。当板的厚度 $h \leqslant 150$ mm 时,钢筋间距不宜大于 200 mm;当 $h > 150$ mm 时,钢筋间距不宜大于 $1.5h$,且不应大于 250 mm。

4. 板的分布钢筋

当按单向板设计时,除沿受力方向(短边方向)布置受力钢筋外,尚应在垂直于受力方向(长边方向)布置分布钢筋。

分布钢筋的作用是将荷载均匀地传递给受力钢筋,承担因混凝土收缩及温度变化在板长边方向产生的拉应力,并在施工中固定受力钢筋的位置。

分布钢筋常用级别为 HPB300 级。钢筋直径常用为 6 mm、8 mm。

分布钢筋布置在受力钢筋的内侧,与受力钢筋垂直。单位长度上分布钢筋的截面面积不宜小于单位宽度上受力钢筋截面面积的 15%,且不宜小于该方向板截面面积的 0.15%。分布钢筋的间距不宜大于 250 mm,直径不宜小于 6 mm。对于集中荷载较大的情况,分布钢筋的截面面积应适当增加,其间距不宜大于 200 mm。

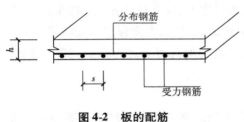

图 4-2　板的配筋

板的配筋见图 4-2,图中 h 为板厚,s 为钢筋间距。

5. 板的混凝土保护层厚度

混凝土保护层厚度指受力钢筋外边缘至混凝土表面的距离,用 c 表示。其作用是保护钢筋,防止钢筋锈蚀,满足构件耐久性和防火性的要求,保证钢筋与混凝土较好地黏结。混凝土保护层厚度与构件的环境类别(环境类别的概念见第 9 章)、构件种类、混凝土强度等级有关。

板的混凝土保护层最小厚度应符合附表 1.16 的规定。

4.2.2　梁的构造要求

1. 梁的截面尺寸

梁截面尺寸的确定首先要满足刚度要求,根据设计经验,梁截面高度 h 可参考表 4-2 选用。

表 4-2　钢筋混凝土梁截面尺寸的一般规定

梁的种类	截面高度
多跨连续主梁	$h = l/14 \sim l/10$
多跨连续次梁	$h = l/18 \sim l/14$

续表

梁的种类	截面高度
单跨简支梁	$h = l/16 \sim l/10$
悬臂梁	$h = l/8 \sim l/5$

注:l 为梁的计算跨度。

　　梁的截面宽度 b 与截面高度 h 的比值(b/h):矩形截面梁一般为 $1/2.5 \sim 1/2$,T 形截面梁一般为 $1/3 \sim 1/2.5$。

　　为了方便施工,在确定梁截面尺寸时,应统一规格尺寸,一般按下列情况采用。

　　梁宽 b 为 120 mm、150 mm、180 mm、200 mm、220 mm、250 mm、大于 250 mm 时,以 50 mm 为模数增加。梁高 h 为 250 mm、300 mm、350 mm、…、750 mm、800 mm,大于 800 mm 时,以 100 mm 为模数增加。

　　另外,在现浇钢筋混凝土结构中,主梁的截面宽度应不小于 220 mm,次梁的截面宽度应不小于 150 mm。

2. 梁内钢筋的布置和作用

　　梁内一般配置以下几种钢筋(见图 4-3)。

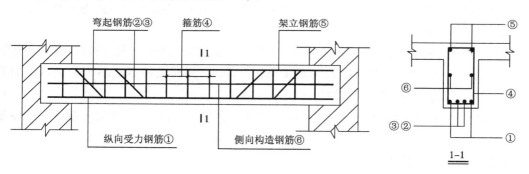

图 4-3　梁的钢筋布置

　　纵向受力钢筋:承受梁截面弯矩所引起的拉力或压力。在梁受拉区布置的钢筋称为纵向受拉钢筋,承担拉力。有时由于弯矩较大,在受压区亦布置纵筋,协助混凝土共同承担压力。

　　弯起钢筋:将纵向受拉钢筋在支座附近弯起而成,用于承受弯起区段截面的剪力。弯起后钢筋顶部的水平段可以承受支座处的负弯矩所引起的拉力。

　　架立钢筋:设置在梁受压区,与纵筋、箍筋一起形成钢筋骨架,并能承受梁内因收缩和温度变化所产生的内应力。

　　箍筋:承受梁的剪力,此外能固定纵向钢筋位置。

　　侧向构造钢筋:增加梁内钢筋骨架的刚性,增强梁的抗扭能力,并承受侧向发生的温度及收缩变形所引起的应力。

3. 纵向受力钢筋

钢筋级别：纵向受力钢筋一般采用 HRB335、HRB400 等。

钢筋直径：当梁高 $h \geqslant 300$ mm 时，钢筋直径不应小于 10 mm；当梁高 $h < 300$ mm 时，钢筋直径不应小于 8 mm。常用直径为 12 mm、14 mm、16 mm、18 mm、20 mm、22 mm、25 mm。

钢筋间距：为了便于浇筑混凝土，保证钢筋周围混凝土的密实性，纵向钢筋的净间距应满足图 4-4 所示的要求。

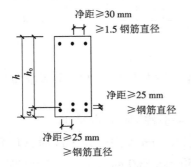

在满足钢筋净间距要求的前提下，当纵筋数量较多时，纵筋可能配置两排或多于两排。当梁的下部纵向钢筋配置多于两排时，两排以上钢筋水平方向的中距应比下面两排的中距增大一倍。钢筋应上、下对齐，不能错列，以方便混凝土的浇筑。

图 4-4 纵向受力钢筋的净距

4. 构造钢筋

（1）架立钢筋

梁内架立钢筋的直径：当梁的跨度小于 4 m 时，钢筋直径不宜小于 8 mm；当梁的跨度为 4~6 m 时，钢筋直径不宜小于 10 mm；当梁的跨度大于 6 m 时，钢筋直径不宜小于 12 mm。

（2）侧向构造钢筋

当梁的腹板高度 $h_{\mathrm{w}} \geqslant 450$ mm 时，在梁的两个侧面应沿高度配置纵向构造钢筋，每侧纵向构造钢筋（不包括梁上、下部受力钢筋及架立钢筋）的截面面积不应小于腹板截面面积 bh_{w} 的 0.1%，且其间距不宜大于 200 mm。

当腹板高度 $h_{\mathrm{w}} < 450$ mm 时：对矩形截面取截面有效高度，对 T 形截面取截面有效高度减去翼缘高度。

5. 梁的混凝土保护层厚度

梁的混凝土保护层厚度的概念、作用与板的相同。混凝土保护层厚度不应小于钢筋的直径，且应符合附表 1.16 的规定。

6. 梁截面有效高度

梁截面有效高度 h_0 是指梁纵向受拉钢筋合力重心到截面受压区外边缘的距离（见图 4-4），按下式计算

$$h_0 = h - a_{\mathrm{s}} \tag{4-1}$$

式中 a_{s}——纵向受拉钢筋合力重心至截面受拉边缘的距离。

当受拉钢筋为单排布置时，$h_0 = h - a_{\mathrm{s}} = h - \left(c + \dfrac{d}{2}\right)$。其中 c 为混凝土保护层厚度，d 为受拉钢筋的直径，一般受拉钢筋直径可按 20 mm 考虑。

4.3　正截面受弯性能试验研究

4.3.1　试验设计

通常把配筋合适、破坏形态为塑性破坏的钢筋混凝土梁称为适筋梁。图 4-5 为一适筋矩形截面试验梁,截面宽度为 b,高度为 h,截面受拉区配置了面积为 A_s 的受拉钢筋。

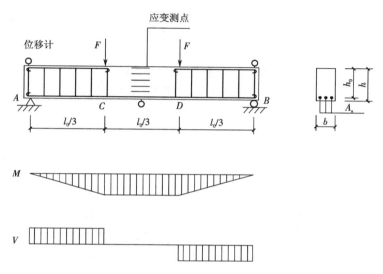

图 4-5　受弯构件正截面试验梁

试验梁采用两点对称加载,忽略梁自重的影响,在跨中两集中荷载之间的区段,即 CD 段,梁截面仅承受弯矩而无剪力,称纯弯段。为了研究试验梁正截面的受弯性能,在纯弯段沿截面高度布置若干应变片,量测混凝土的纵向应变沿截面高度的分布,在受拉钢筋上也布置应变计,量测钢筋的受拉应变,在跨中和支座处分别安装位移计,以量测跨中的挠度。因为量测变形的仪表总是有一定的标距,因而所量测的数值为在标距范围内的平均数值。

在梁的单位长度内,正截面的转角称为截面曲率,用 φ 来表示。图 4-6 为试验梁的跨中挠度 f、截面曲率 φ 随截面弯矩增加而变化的关系。

4.3.2　适筋梁正截面受力的三个阶段

试验表明,适筋梁正截面受弯全过程分为三个阶段(见图 4-7)。

(1) 第 I 阶段——弹性工作阶段

由于荷载较小,混凝土处于弹性工作阶段,正截面上各点的应力及应变均很小,应变沿梁截面高度呈直线变化,受压区和受拉区混凝土应力分布图形为三角形(见图 4-7(a))。在该阶段,由于整个截面参与受力,截面抗弯刚度较大,梁的挠度和截面曲率很小,受拉钢筋应力也很小,且与弯矩近似成正比。

当荷载继续增加时,由于混凝土抗拉能力远小于抗压能力,故受拉边缘的混凝土将开始

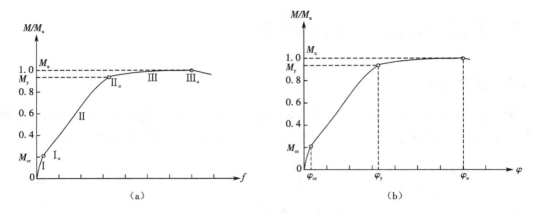

图 4-6　适筋梁受弯试验曲线

(a)弯矩—挠度关系曲线　(b)弯矩—曲率关系曲线

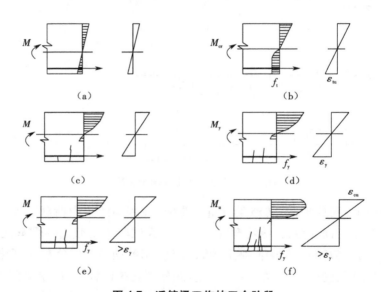

图 4-7　适筋梁工作的三个阶段

(a)第 I 阶段　(b) I$_a$ 状态　(c)第 II 阶段　(d) II$_a$ 状态　(e)第 III 阶段　(f) III$_a$ 状态

表现出塑性性质,应变增长速度加快,受拉区混凝土发生塑性变形;当构件受拉区边缘混凝土拉应力达到混凝土的抗拉强度 f_t 时,受拉区应力图形接近矩形的曲线变化,构件处于即将开裂的临界状态,为第 I 阶段末,以 I$_a$ 表示,相应的弯矩为开裂弯矩 M_{cr}。此时受压区混凝土仍处于弹性阶段工作,受压区应力图形接近三角形(见图 4-7(b))。

　　第 I 阶段结束的标志是构件受拉区边缘混凝土拉应力刚好达到混凝土的抗拉强度 f_t,为构件即将开裂的临界状态。因此,第 I 阶段末(I$_a$)是受弯构件抗裂计算的依据。

　　(2)第 II 阶段——带裂缝工作阶段

　　在第 I 阶段末的基础上,随着荷载增加,梁纯弯段最薄弱截面位置处混凝土拉应力超过混凝土的抗拉强度,首先出现第一条裂缝,梁进入第 II 阶段——带裂缝工作阶段(见图 4-7(c))。

在裂缝截面处,受拉区混凝土一开裂就退出工作,原来承担的拉力由钢筋承担,使钢筋拉应力突然增大很多,截面中和轴上移。此后,随着荷载的增加,梁受拉区不断出现一些新的裂缝,受拉区混凝土逐步退出工作,钢筋的应力、应变增长速度明显加快,截面的抗弯刚度降低。当应变的量测标距较大,跨越几条裂缝时,测得的平均应变沿截面高度的分布近似为直线,即符合平截面假定。

受压区混凝土压应力随着荷载的增加而不断增大,混凝土塑性变形有了明显的发展,压应力图形逐渐呈曲线变化。当弯矩增大到受拉钢筋应力达到钢筋的屈服强度时的应力状态为第Ⅱ阶段末,以Ⅱ$_a$ 表示。相应的弯矩为屈服弯矩 M_y(见图 4-7(d))。

第 Ⅱ 阶段结束的标志是受拉钢筋应力刚好达到钢筋的屈服强度。钢筋混凝土梁在正常使用时一般处于第Ⅱ阶段,即普通的钢筋混凝土梁通常是带裂缝工作的,因此,第 Ⅱ 阶段为受弯构件正常使用时验算变形和裂缝开展宽度的依据。

（3）第Ⅲ阶段——屈服阶段(也称破坏阶段)

钢筋应力达到屈服强度后,钢筋应变急剧增大,钢筋应力仍保持屈服强度不变。此时裂缝不断扩展且向上延伸,中和轴上移,受压区高度逐渐减小。由于受压区混凝土的总压力与钢筋的总拉力应保持平衡,受压区高度的减小将使混凝土的压应力和压应变迅速增大,混凝土受压的塑性性质充分表现,受压区应力图形更趋丰满。同时,受压区高度的减小使受拉钢筋拉力与混凝土压力合力之间的力臂增大,截面承受的弯矩比屈服弯矩略有增加(见图 4-7(e))。

当混凝土压应变达到极限压应变 ε_{cu} 时,混凝土被压碎,截面破坏时的状态为第Ⅲ阶段末,以Ⅲ$_a$ 表示,此时的弯矩为极限弯矩 M_u(见图 4-7(f))。

第Ⅲ阶段结束的标志是受压区外边缘混凝土的压应变达到极限压应变 ε_{cu},混凝土被压碎,构件破坏。因此,第Ⅲ阶段末(Ⅲ$_a$)是受弯构件正截面承载力计算的依据。

此时的第Ⅲ阶段末的应力图形(图 4-7(f))通常称为第Ⅲ阶段末的试验应力图形。

适筋梁在第Ⅲ阶段,截面曲率 φ 和梁的挠度 f 急剧增大,裂缝宽度也很大,M-f 曲线的斜率变得非常平缓,构件具有较好的变形能力,表明构件在破坏前有明显的预兆。这种破坏通常称为延性破坏。

4.3.3　正截面的破坏形态

1. 配筋率

纵向受拉钢筋的配筋率是指纵向受拉钢筋总截面面积与截面有效面积的比值。配筋率反映了构件截面上钢筋与混凝土的面积比,用 ρ 表示,简称配筋率。即

$$\rho = \frac{A_s}{bh_0} \tag{4-2}$$

式中　A_s ——纵向受拉钢筋总截面面积;

　　　b ——截面宽度;

　　　h_0 ——截面有效高度。

2. 破坏形态及特点

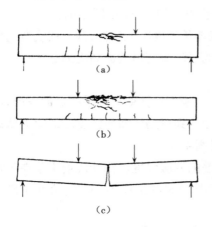

图 4-8　受弯构件正截面的破坏形态
　(a)适筋梁　(b)超筋梁　(c)少筋梁

试验研究表明,受弯构件正截面破坏形态根据纵向受拉钢筋配筋率的不同,分为适筋梁破坏、超筋梁破坏、少筋梁破坏三种形态(见图4-8)。

(1) 适筋梁破坏

当截面纵向受拉钢筋的配筋率适当时发生适筋梁破坏。

适筋梁的破坏特点是纵向受拉钢筋首先达到屈服强度,然后是受压区的混凝土被压碎。这种梁在破坏以前,由于钢筋要经历较大的塑性变形,随之引起裂缝急剧开展和挠度的激增,破坏时有明显的预兆,属于塑性破坏。破坏时受拉钢筋和混凝土两种材料性能都能得到充分的发挥,因此适筋梁破坏是设计的依据。

(2) 超筋梁破坏

当截面纵向受拉钢筋的配筋率过大时发生超筋梁破坏。

超筋梁的破坏特点是受压区混凝土首先被压碎,破坏时纵向受拉钢筋没有屈服。破坏前受拉钢筋仍处于弹性工作阶段,受拉区裂缝开展不宽,梁的挠度不大,这种破坏是在没有明显预兆的情况下由于受压区混凝土突然被压碎而引起的,故属于脆性破坏。而且由于钢筋配置过多,破坏时钢筋不能充分发挥作用,造成浪费,因此设计中应当避免。

超筋梁正截面受弯承载力取决于混凝土抗压强度。

(3) 少筋梁破坏

当截面纵向受拉钢筋的配筋率过小时发生少筋梁破坏。

少筋梁的破坏特点是受拉区混凝土达到其抗拉强度出现裂缝后,裂缝截面的混凝土退出工作,拉力全部转移给受拉钢筋;由于钢筋配置过少,受拉钢筋会立即屈服,并很快进入强化阶段,甚至拉断;梁的变形和裂缝宽度急剧增大,其破坏性质与素混凝土梁类似,属于脆性破坏,承载力很低。破坏时受压区混凝土的抗压性能没有得到充分发挥,因此设计时应当避免。

少筋梁正截面承载力取决于混凝土抗拉强度。

4.4　正截面受弯承载力分析

4.4.1　基本假定

根据受弯构件正截面受弯性能的试验研究,对正截面受弯承载力的分析采取下列四个基本假定。

① 截面应变保持平面,即平截面假定。构件正截面在梁弯曲变形后仍保持平面,即截

面上的应变沿截面高度为线性分布。试验研究表明,在截面出现裂缝以后,直至受拉钢筋达到屈服强度时,在跨过几条裂缝的标距内量测平均应变,其应变分布基本上符合平截面假定。平截面假定是简化计算的一种手段。

② 不考虑混凝土的抗拉强度,截面受拉区的拉力全部由纵向受拉钢筋承担。这是因为大部分受拉区混凝土开裂后退出工作,离中性轴较近的混凝土所承受的拉力很小,同时作用点又靠近中和轴,产生的弯矩值很小。

③ 混凝土受压的应力与应变关系曲线如图 4-9 所示,其表达式为

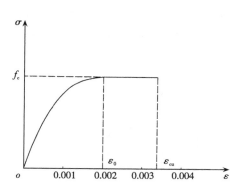

当 $\varepsilon_c \leqslant \varepsilon_0$ 时(上升段):

$$\sigma_c = f_c \left[1 - \left(1 - \frac{\varepsilon_c}{\varepsilon_0} \right)^n \right] \quad (4\text{-}3)$$

当 $\varepsilon_0 < \varepsilon_c \leqslant \varepsilon_{cu}$ 时(水平段):

$$\sigma_c = f_c \quad (4\text{-}4)$$

$$n = 2 - \frac{1}{60}(f_{cu,k} - 50) \quad (4\text{-}5)$$

$$\varepsilon_0 = 0.002 + 0.5(f_{cu,k} - 50) \times 10^{-5} \quad (4\text{-}6)$$

$$\varepsilon_{cu} = 0.0033 - (f_{cu,k} - 50) \times 10^{-5} \quad (4\text{-}7)$$

图 4-9　受压区混凝土理论应力图

式中　σ_c——混凝土压应变为 ε_c 时的混凝土压应力;

f_c——混凝土轴心抗压强度设计值;

ε_0——混凝土压应力刚达到 f_c 时的混凝土压应变,当计算的 ε_0 值小于 0.002 时,取为 0.002;

ε_{cu}——正截面的混凝土极限压应变,当处于非均匀受压时,按式(4-7)计算,如计算的 ε_{cu} 值大于 0.0033,取为 0.0033;

$f_{cu,k}$——混凝土立方体抗压强度标准值;

n——系数,当计算的 n 值大于 2.0 时,取为 2.0。

对于各强度等级的混凝土,按上述公式计算所得 n、ε_0、ε_{cu} 的结果列于表 4-3。

表 4-3　混凝土应力-应变曲线参数

混凝土强度等级	≤C50	C60	C70	C80
n	2	1.83	1.67	1.50
ε_0	0.002	0.00205	0.0021	0.00215
ε_{cu}	0.0033	0.0032	0.0031	0.0030

④ 纵向钢筋的应力值等于钢筋应变与其弹性模量的乘积,但其绝对值不应大于其相应的强度值。纵向受拉钢筋的极限拉应变取为 0.01。

4.4.2　受压区混凝土等效矩形应力图形

　　根据上述基本假定③，运用数学积分的方法，可求出受压区混凝土第Ⅲ阶段末理论应力图形的合力和合力作用点位置。实际上，在建立正截面承载力的计算公式时，只要能够确定受压区混凝土压应力合力 C 的大小及其作用点位置就足够了，无须知道压应力曲线方程。因此，为了简化计算，可取受压区混凝土等效矩形应力图形来代替受压区混凝土理论应力图形。但必须满足两点等效原则：一是要保证受压区混凝土压应力合力 C 的大小不变，二是要保证受压区混凝土压应力合力 C 的作用点位置不变。这样才能使计算结果保持不变（见图 4-10）。

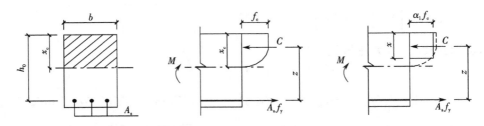

图 4-10　受压区混凝土等效应力图

　　设截面实际受压区高度为 x_c，等效矩形应力图的应力值为 $\alpha_1 f_c$，等效后的换算受压区高度为 x，则有

$$x = \beta_1 x_c \tag{4-8}$$

式中　α_1——受压区混凝土等效矩形应力图的应力值与混凝土轴心抗压强度设计值的比值；

　　　　β_1——等效矩形应力图的换算受压区高度与截面实际受压区高度的比值。

α_1、β_1 的取值见表 4-4。

表 4-4　系数 α_1、β_1 的值

混凝土强度	≤C50	C55	C60	C65	C70	C75	C80
α_1	1.0	0.99	0.98	0.97	0.96	0.95	0.94
β_1	0.8	0.79	0.78	0.77	0.76	0.75	0.74

　　当受压区混凝土应力图形采用等效矩形应力图形后，很容易求出受压区混凝土压应力合力 C 的大小及其作用点位置。受压区混凝土压应力合力 $C = \alpha_1 f_c bx$，其作用点位置在 $x/2$ 处。

4.4.3　适筋梁与超筋梁的界限条件

1. 相对界限受压区高度

（1）相对受压区高度

相对受压区高度是指截面换算受压区高度 x 与有效高度 h_0 的比值，用 ξ 表示。即

$$\xi = \frac{x}{h_0} \qquad (4\text{-}9)$$

（2）界限破坏

界限破坏是指适筋梁与超筋梁之间的界限破坏，其特点是纵向受拉钢筋屈服的同时，受压区混凝土边缘应变达到极限压应变 ε_{cu}。

（3）相对界限受压区高度

相对界限受压区高度是指截面发生界限破坏时的相对受压区高度，用 ξ_b 表示，即

$$\xi_b = \frac{x_b}{h_0}$$

式中　x_b——截面发生界限破坏时的换算受压区高度。

（4）ξ_b 的计算公式

如图 4-11 所示，设钢筋屈服时的应变为 ε_y，界限破坏时截面实际受压区高度为 x_{cb}，则有

$$\frac{x_{cb}}{h_0} = \frac{\varepsilon_{cu}}{\varepsilon_{cu} + \varepsilon_y} \qquad (4\text{-}10)$$

将 $x_b = \beta_1 x_{cb}$ 代入上式，得

$$\frac{x_b}{\beta_1 h_0} = \frac{\varepsilon_{cu}}{\varepsilon_{cu} + \varepsilon_y} \qquad (4\text{-}11)$$

将 $\xi_b = \dfrac{x_b}{h_0}$，$\varepsilon_y = \dfrac{f_y}{E_s}$ 代入上式，得

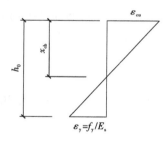

图 4-11　界限破坏时截面应变

$$\xi_b = \frac{\beta_1}{1 + \dfrac{f_y}{E_s \varepsilon_{cu}}} \qquad (4\text{-}12)$$

由式（4-12）算得的 ξ_b 值见表 4-5。

表 4-5　相对界限受压区高度 ξ_b

钢筋级别	屈服强度 f_y /（N/mm²）	ξ_b	
		≤C50	C80
HRB335	300	0.550	0.493
HRB400 RRB400	360	0.518	0.463

上表中，当混凝土强度等级介于 C50 与 C80 之间时，ξ_b 值采用线性内插求得。

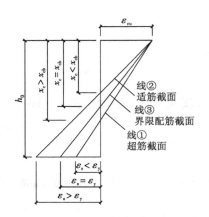

图 4-12 适筋梁、超筋梁、界限配筋梁破坏时的正截面应变图

（5）ξ_b 的意义

从图 4-12 可知,当相对受压区高度 ξ 大于相对界限受压区高度 ξ_b 时（见线①）,为受拉钢筋未达到屈服,受压区混凝土先达到极限压应变的超筋梁。

当相对受压区高度 ξ 小于相对界限受压区高度 ξ_b 时（见线②）,为受拉钢筋先达到屈服,然后受压区混凝土达到极限压应变的适筋梁。

当相对受压区高度 ξ 等于相对界限受压区高度 ξ_b 时（见线③）,为受拉钢筋达到屈服与受压区混凝土达到极限压应变同时发生的界限破坏情况。

所以,$\xi \leqslant \xi_b$ 时,不会发生超筋梁破坏;$\xi > \xi_b$ 时,为超筋梁。

2. 最大配筋率

最大配筋率是适筋梁配筋率的上限值,用 $\rho_{\max}$ 表示。当纵向受拉钢筋配筋率 ρ 大于最大配筋率 $\rho_{\max}$ 时,截面发生超筋梁破坏。

根据式（4-2）,并由图 4-10（c）建立的力平衡方程式 $\alpha_1 f_c b x = A_s f_y$ 得

$$\rho = \frac{A_s}{bh_0} = \frac{x}{h_0} \frac{\alpha_1 f_c}{f_y} = \xi \frac{\alpha_1 f_c}{f_y} \tag{4-13}$$

当 $\xi = \xi_b$ 时,与之相对应的配筋率即是最大配筋率。即

$$\rho_{\max} = \xi_b \frac{\alpha_1 f_c}{f_y} \tag{4-14}$$

在受弯承载力计算中,应满足

$$\rho = \frac{A_s}{bh_0} \leqslant \rho_{\max} = \xi_b \frac{\alpha_1 f_c}{f_y} \tag{4-15}$$

4.4.4 适筋梁与少筋梁的界限条件

最小配筋率 $\rho_{\min}$ 是适筋梁与少筋梁的界限。

最小配筋率 $\rho_{\min}$ 是根据梁破坏时所能承受的弯矩极限值 M_u 等于同截面素混凝土梁所能承受的弯矩 M_{cr}（M_{cr} 为按阶段 I_a 计算的开裂弯矩）确定的。而且在实际中又考虑了混凝土强度的离散性、混凝土收缩和温度等不利影响因素,《混凝土结构设计规范》建议受弯构件按下式计算最小配筋率（见附表 1.17）：

$$\rho_{\min} = \max\left(0.2\%, 0.45\frac{f_t}{f_y}\right) \tag{4-16}$$

为防止发生少筋梁破坏,对矩形截面,截面所配钢筋面积应满足以下要求：

$$A_s \geqslant A_{\min} = \rho_{\min} bh \tag{4-17}$$

值得注意的是,验算截面配筋是否满足最小配筋率要求时,应采用截面面积 bh,而不是有效截面面积 bh_0。

4.5　单筋矩形截面受弯承载力计算

　　矩形截面分为单筋矩形截面和双筋矩形截面两种形式。仅在截面受拉区配置受力钢筋的矩形截面称为单筋矩形截面,同时在截面受拉区和受压区配置受力钢筋的矩形截面称为双筋矩形截面。需要说明的是,由于构造方面的原因,在梁的受压区需配置架立钢筋,此截面不属于双筋截面。

4.5.1　基本计算公式及适用条件

1. 基本计算公式

单筋矩形截面受弯承载力计算简图,如图 4-13 所示。

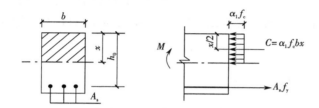

图 4-13　单筋矩形截面受弯承载力计算简图

　　由力的平衡条件可得

$$\alpha_1 f_c b x = A_s f_y \tag{4-18}$$

　　由力矩平衡条件可得

$$M \leqslant M_u = \alpha_1 f_c b x \left(h_0 - \frac{x}{2} \right) \tag{4-19}$$

或

$$M \leqslant M_u = A_s f_y \left(h_0 - \frac{x}{2} \right) \tag{4-20}$$

式中　M ——弯矩设计值;

　　　M_u——截面承载力;

　　　f_c ——混凝土轴心抗压强度设计值;

　　　f_y ——钢筋抗拉强度设计值;

　　　A_s ——纵向受拉钢筋截面面积;

　　　b ——截面宽度;

　　　x ——等效矩形应力图的换算受压区高度;

　　　h_0 ——截面有效高度;

　　　α_1 ——系数(见表 4-4)。

2. 适用条件

① 上限条件:为了防止发生超筋梁破坏,应满足

$$\xi \leqslant \xi_b \tag{4-21}$$

或
$$x \leqslant \xi_b h_0 \tag{4-22}$$

或
$$\rho = \frac{A_s}{bh_0} \leqslant \rho_{max} = \xi_b \frac{\alpha_1 f_c}{f_y} \tag{4-23}$$

以上三个公式满足其中任何一个即可。

若将 $x = \xi_b h_0$ 代入式(4-19),则得单筋矩形截面适筋梁最大承载力 $M_{u,max}$ 为

$$M_{u,max} = \alpha_1 f_c bh_0^2 \xi_b(1 - 0.5\xi_b) \tag{4-24}$$

② 下限条件:为了防止发生少筋梁破坏,应满足

$$A_s \geqslant A_{smin} = \rho_{min}bh \tag{4-25}$$

式中, ρ_{min} 按(4-16)式计算。

4.5.2 计算系数

利用基本计算公式(4-18)、(4-19)或(4-20)进行受弯构件正截面承载力计算时,需要求解一元二次方程,才能求出截面受压区高度 x,计算过程比较麻烦。实际工程设计中,采用计算系数法,以简化计算。

计算系数推导如下。

将 $x = \xi h_0$ 代入公式(4-19)可得

$$M = \alpha_1 f_c bx\left(h_0 - \frac{x}{2}\right) = \alpha_1 f_c bh_0^2 \xi(1 - 0.5\xi) = \alpha_s \alpha_1 f_c bh_0^2 \tag{4-26}$$

式中
$$\alpha_s = \xi(1 - 0.5\xi) \tag{4-27}$$

将 $x = \xi h_0$ 代入公式(4-20)可得

$$M = A_s f_y\left(h_0 - \frac{x}{2}\right) = A_s f_y h_0(1 - 0.5\xi) = \gamma_s A_s f_y h_0 \tag{4-28}$$

式中
$$\gamma_s = 1 - 0.5\xi \tag{4-29}$$

由公式(4-27)、(4-29)可知, α_s、γ_s、ξ 三者之间存在一一对应的关系,知道其中任何一个,即可求出其余两个。

当已知系数 α_s 时, ξ、γ_s 可按下式求出:

$$\xi = 1 - \sqrt{1 - 2\alpha_s} \tag{4-30}$$

$$\gamma_s = \frac{1 + \sqrt{1 - 2\alpha_s}}{2} \tag{4-31}$$

计算系数 α_s、γ_s 的物理意义: α_s 为截面弹塑性抵抗矩系数,相当于均质弹性体矩形截面梁抵抗矩 $W = \frac{1}{6}\sigma bh^2$ 中的系数 $\frac{1}{6}$, α_s 反映了受压区混凝土的弹塑性性质; γ_s 为内力臂系数,因为公式(4-28)中的 $\gamma_s h_0$ 为受拉钢筋的合力到受压区混凝土合力的力臂。

当 $\xi = \xi_b$ 时, $\alpha_s = \alpha_{sb} = \xi_b(1 - 0.5\xi_b)$, α_{sb} 为适筋梁的截面弹塑性抵抗矩系数最大值。因此在设计中,也可采用 $\alpha_s \leqslant \alpha_{sb}$ 作为计算公式的上限条件。

4.5.3 截面设计

截面设计问题,最终要求出截面所需的纵向钢筋面积 A_s 值,并选配钢筋,确定钢筋的直

径、根数(或间距)。

实际设计中,设计弯矩可根据构件作用荷载情况由结构内力分析得出,因此未知数有 b、h、f_c、f_y、A_s、x,由于基本方程只有两个,不可能通过计算求出上述所有未知量。设计人员应根据建筑类型、构件特点、施工条件、材料供应、使用要求等因素综合分析,确定一个既经济合理又安全可靠的设计方案。根据设计方案和构造要求选定截面尺寸 $b \times h$、混凝土强度等级、钢筋级别。

确定截面尺寸时首先要满足刚度要求,即按高跨比来估计截面高度,再根据构造要求确定截面宽度。材料强度或级别也应根据构造要求确定。同时要满足《混凝土结构设计规范》规定:混凝土强度等级不应低于 C15;当钢筋采用 HRB335 级时,混凝土强度等级不宜低于 C20;当钢筋采用 HRB400 级和 RRB400 级以及承受重复荷载的构件,混凝土强度等级不得低于 C20。

这样设计弯矩 M、混凝土强度等级、钢筋级别、截面尺寸 $b \times h$ 均已知,未知数只有 A_s、x,基本方程有两个,可直接求解。因此截面设计问题的解题步骤如下。

① 计算 α_s。由公式(4-26)得

$$\alpha_s = \frac{M}{\alpha_1 f_c b h_0^2} \tag{4-32}$$

② 计算 ξ 并验算上限条件。由公式(4-30)$\xi = 1 - \sqrt{1 - 2\alpha_s}$,验算 $\xi \leqslant \xi_b$.

③ 计算钢筋截面面积。由公式(4-18)有

$$A_s = \frac{\alpha_1 f_c b \xi h_0}{f_y} \tag{4-33}$$

④ 验算下限条件。应满足

$$A_s \geqslant A_{smin} = \rho_{min} bh$$

⑤ 选配钢筋,确定钢筋直径、根数(或间距)。

也可按下述步骤求解:

① 计算 α_s。由公式(4-26)有

$$\alpha_s = \frac{M}{\alpha_1 f_c b h_0^2}$$

② 根据式(4-31)计算 γ_s。

③ 计算钢筋截面面积。由公式(4-28)有

$$A_s = \frac{M}{\gamma_s f_y h_0} \tag{4-34}$$

④ 验算上限、下限条件。

上限条件　　　　　　　　　$\xi \leqslant \xi_b$

下限条件　　　　　　　$A_s \geqslant A_{smin} = \rho_{min} bh$

⑤ 选配钢筋,确定钢筋直径、根数(或间距)。

【例 4-1】　已知矩形梁截面尺寸 $b \times h = 250 \text{ mm} \times 500 \text{ mm}$,环境类别为一类,弯矩设计值 $M = 148 \text{ kN} \cdot \text{m}$,混凝土强度等级为 C25,钢筋采用 HRB335 级钢筋,$a_s = 35 \text{ mm}$,求所需的

纵向受拉钢筋截面面积。

【解】 （1）确定计算参数

查附表1.9，C25混凝土：$f_c = 11.9\ \text{N/mm}^2$，$f_t = 1.27\ \text{N/mm}^2$；

查附表1.3，HRB335级钢筋：$f_y = 300\ \text{N/mm}^2$；

查表4-4，$\alpha_1 = 1.0$；查表4-5，$\xi_b = 0.55$。

（2）梁截面有效高度

假定钢筋一排布置，$h_0 = 500 - 35 = 465\ \text{mm}$

（3）计算 α_s

$$\alpha_s = \frac{M}{\alpha_1 f_c b h_0^2} = \frac{148 \times 10^6}{1.0 \times 11.9 \times 250 \times 465^2} = 0.230$$

（4）计算 ξ 并验算上限条件

$$\xi = 1 - \sqrt{1 - 2\alpha_s} = 0.265 < \xi_b = 0.55（满足上限要求）$$

（5）计算钢筋面积

$$A_s = \frac{\alpha_1 f_c b \xi h_0}{f_y} = \frac{1.0 \times 11.9 \times 250 \times 0.265 \times 465}{300}\ \text{mm}^2 = 1\ 222.0\ \text{mm}^2$$

或者：由 α_s 求出 $\gamma_s = 0.5 \times (1 + \sqrt{1 - 2\alpha_s}) = 0.867$

$$A_s = \frac{M}{f_y \gamma_s h_0} = \frac{148 \times 10^6}{300 \times 0.867 \times 465}\ \text{mm}^2 = 1\ 223.7\ \text{mm}^2$$

（6）验算下限条件

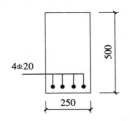

$$0.45 \frac{f_t}{f_y} = 0.45 \times \frac{1.27}{300} = 0.19\% < 0.2\%$$

$$A_{smin} = \rho_{min} bh = 0.2\% \times 250 \times 500\ \text{mm}^2 = 250\ \text{mm}^2$$

$A_s > A_{smin}$，满足要求。

（7）选钢筋

查附表1.18，钢筋选用 4 $\underline{\Phi}$ 20，$A_s = 1\ 256\ \text{mm}^2$。钢筋按一排布置能够满足图4-4的构造要求。

图4-14　例4-1截面
配筋图

截面配筋如图4-14所示。

4$\underline{\Phi}$20

500

250

4.5.4　截面复核

截面复核问题，最终要求出截面的受弯承载力 M_u，并验算是否满足 $M \leqslant M_u$，即截面是否安全。这类问题一般是在结构检验鉴定、结构改造或设计审核时进行。当不满足承载力要求时，应采取加固处理、重新确定改造方案或修改设计等措施。

进行截面承载力复核时，通常已知截面尺寸、混凝土强度等级、钢筋级别、截面配筋，求正截面受弯承载力 M_u 或在给出设计弯矩 M 的情况下验算截面是否安全。计算步骤如下。

（1）验算公式下限条件

验算是否满足

$$A_s \geqslant A_{smin} = \rho_{min} bh$$

（2）计算受压区高度

由公式(4-18)有

$$x = \frac{A_s f_y}{\alpha_1 f_c b} \tag{4-35}$$

（3）讨论 x，求出受弯承载力 M_u

① 若 $x \leqslant \xi_b h_0$，则 $M_u = \alpha_1 f_c b x \left(h_0 - \dfrac{x}{2} \right)$；

② 若 $x > \xi_b h_0$，则取 $x = \xi_b h_0$ 代入公式(4-19)，得 $M_u = \alpha_1 f_c b h_0^2 \xi_b (1 - 0.5\xi_b)$。

（4）验算截面是否安全

若满足 $M \leqslant M_u$，认为截面满足受弯承载力要求，截面安全；否则不安全。

【例 4-2】　已知梁的截面尺寸为 $b \times h = 250mm \times 500\ mm$，纵向受拉钢筋为 3 根直径 18 mm 的 HRB335 级钢筋，$A_s = 763\ \text{mm}^2$，混凝土强度等级为 C20，承受弯矩设计值 $M = 90\ \text{kN} \cdot \text{m}$，环境类别为一类，验算此梁截面是否安全。

【解】　（1）确定计算参数

查附表 1.9，C20 混凝土：$f_c = 9.6\ \text{N/mm}^2$，$f_t = 1.1\ \text{N/mm}^2$。

查附表 1.3，HRB335 级钢筋：$f_y = 300\ \text{N/mm}^2$。

查表 4-5，$\xi_b = 0.55$。

（2）计算梁截面有效高度

环境类别为一类的 C20 混凝土保护层最小厚度为 30 mm，故

$$a_s = \left(30 + \frac{18}{2} \right)\ \text{mm} = 39\ \text{mm}$$

$$h_0 = (500 - 39)\ \text{mm} = 461\ \text{mm}$$

（3）验算公式下限条件

$$0.45 \frac{f_t}{f_y} = 0.45 \times \frac{1.1}{300} = 0.165\% < 0.2\%$$

$$A_{s\min} = \rho_{\min} bh = 0.2\% \times 250 \times 500\ \text{mm}^2 = 250\ \text{mm}^2 < A_s = 763\ \text{mm}^2$$

满足下限要求。

（4）计算受压区高度

$$x = \frac{A_s f_y}{\alpha_1 f_c b} = \frac{763 \times 300}{1.0 \times 9.6 \times 250}\ \text{mm} = 95.4\ \text{mm}$$

（5）计算 M_u

$$x < \xi_b h_0 = 0.55 \times 461\ \text{mm} = 253.55\ \text{mm}$$

$$M_u = \alpha_1 f_c b x \left(h_0 - \frac{x}{2} \right) = \left[1.0 \times 9.6 \times 250 \times 95.4 \left(461 - \frac{95.4}{2} \right) \right]\ \text{kN} \cdot \text{mm}$$

$$= 94.6\ \text{kN} \cdot \text{m}$$

（6）验算截面是否安全

$M_u > M = 90\ \text{kN} \cdot \text{m}$，梁截面安全。

4.6　双筋矩形截面受弯承载力计算

4.6.1　概述

双筋截面是指同时在截面受拉区和受压区配置受力钢筋的截面。截面上压力由混凝土和受压钢筋共同承担,拉力由受拉钢筋承担。双筋截面梁可以提高构件截面的延性,并可以减小构件在荷载长期作用下的徐变变形。但一般来说,采用双筋截面即用受压钢筋来承担压力是不经济的,工程上通常在下列情况下采用双筋截面。

① 当截面所承受的弯矩较大,按单筋截面计算出现了 $\xi > \xi_b$ 的情况,且截面尺寸受到限制,混凝土强度等级又不能提高时。

② 在不同荷载作用下,构件在同一截面内会引起异号弯矩时。

③ 由于某种原因,在截面受压区已配置一定数量的受力钢筋,如连续梁的某些支座截面。

4.6.2　受压钢筋的应力

受压钢筋的强度能得到充分利用的充分条件是构件达到承载能力极限状态时,受压钢筋应有足够的应变,使其达到屈服强度。

当截面受压区边缘混凝土的极限压应变为 ε_{cu} 时,根据平截面假定,可求得受压钢筋合力点处的压应变 ε'_s,即

$$\varepsilon'_s = \left(1 - \frac{\beta_1 a'_s}{x} \right) \varepsilon_{cu} \tag{4-36}$$

式中　a'_s——受压钢筋合力点至截面受压区边缘的距离。

若取 $x = 2a'_s$,$\varepsilon_{cu} \approx 0.003\,3$,$\beta_1 = 0.8$,则受压钢筋应变为

$$\varepsilon'_s = 0.003\,3 \times \left(1 - \frac{0.8a'_s}{2a'_s} \right) \approx 0.002$$

若取钢筋 $E_s = 2 \times 10^5 \text{ N/mm}^2$

$$\sigma'_s = E'_s \varepsilon'_s = 2 \times 10^5 \times 0.002$$
$$= 400 \text{ N/mm}^2$$

此时,对于常用的 HPB300、HRB335、HRB400 和 RRB400 级钢筋,其应力均已达到强度设计值。由上述分析可知,受压钢筋应力达到屈服强度的充分条件是

$$x \geqslant 2a'_s \tag{4-37}$$

另外,当梁中配有按计算需要的纵向受压钢筋时,由于受压钢筋在纵向压力作用下,易产生压曲而导致钢筋侧向凸出,将受压区混凝土保护层崩裂,使构件过早发生破坏。为此,箍筋应做成封闭式。箍筋的间距不应大于 $15d$(d 为纵向受压钢筋的最小直径),同时不应大于 400 mm。

4.6.3　基本公式及适用条件

1. 基本公式

图 4-15 所示为双筋矩形截面受弯承载力计算简图。

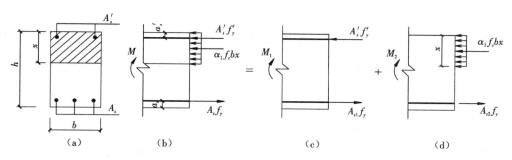

图 4-15　双筋矩形截面受弯承载力计算简图

由力的平衡条件可得

$$\alpha_1 f_c bx + A_s' f_y' = A_s f_y \tag{4-38}$$

由力矩平衡条件可得

$$M \leqslant M_u = \alpha_1 f_c bx \left(h_0 - \frac{x}{2} \right) + A_s' f_y' (h_0 - a_s') \tag{4-39}$$

引入系数 α_s 后,式(4-39)变为

$$M \leqslant M_u = \alpha_s \alpha_1 f_c b h_0^2 + A_s' f_y' (h_0 - a_s') \tag{4-40}$$

双筋截面受弯承载力可分解为两部分之和,如图 4-15(c)和(d)所示。图中,$A_s = A_{s1} + A_{s2}$,$M = M_1 + M_2$。

2. 适用条件

① 为了保证受拉钢筋在构件破坏时达到屈服强度,防止发生超筋破坏,应满足

$$\xi \leqslant \xi_b \tag{4-41}$$

或

$$x \leqslant \xi_b h_0 \tag{4-42}$$

② 为了保证受压钢筋在构件破坏时达到屈服强度,应满足

$$x \geqslant 2a_s' \tag{4-43}$$

双筋截面一般不会出现少筋情况,因此可以不验算最小配筋率。

4.6.4　截面设计

设计双筋截面时,一般是已知梁设计弯矩、截面尺寸、材料强度。计算时有下列两种情况。

情况一:求受拉钢筋面积 A_s 和受压钢筋面积 A_s'。设计步骤如下。

① 判断是否采用双筋截面。根据单筋矩形截面适筋梁最大承载力 $M_{u,max}$ 公式,当满足 $M > M_{u,max}$ 时,应采用双筋截面,否则按单筋截面设计。

② 计算钢筋面积. 式(4-38)、(4-39)中有三个未知数:x、A_s、A_s',有多组解。需补充一个

条件,即经济条件——使总用钢量$(A_s + A'_s)$最小。这样,必须充分利用混凝土的抗压能力。

设$x = \xi_b h_0$,由式(4-39)得

$$A'_s = \frac{M - \alpha_1 f_c b h_0^2 \xi_b (1 - 0.5\xi_b)}{f'_y (h_0 - a'_s)} \tag{4-44}$$

由式(4-38)得

$$A_s = \frac{1}{f_y}(\alpha_1 f_c b \xi_b h_0 + A'_s f'_y) \tag{4-45}$$

【例4-3】 已知梁的截面尺寸$b \times h = 200 \text{ mm} \times 500 \text{ mm}$,混凝土强度等级为C40,钢筋采用HRB335,弯矩设计值$M = 380 \text{ kN} \cdot \text{m}$,环境类别为一类,$a_s = 60 \text{ mm}$,$a'_s = 35 \text{ mm}$,求截面所需配置的纵向受力钢筋。

【解】 (1)确定计算参数

查附表1.9,C40混凝土,$f_c = 19.1 \text{ N/mm}^2$;查附表1.3,HRB335级钢筋,$f_y = 300 \text{ N/mm}^2$,$f'_y = 300 \text{ N/mm}^2$;查表4-4,$\alpha_1 = 1.0$;查表4-5,$\xi_b = 0.55$。

(2)判断是否采用双筋截面

$$M_{u,max} = \alpha_1 f_c b h_0^2 \xi_b (1 - 0.5\xi_b)$$
$$= [1.0 \times 19.1 \times 200 \times 440^2 \times 0.55(1 - 0.5 \times 0.55)] \text{ kN} \cdot \text{mm}$$
$$= 294.9 \text{ kN} \cdot \text{m} < M = 380 \text{ kN} \cdot \text{m}$$

此时,如果按单筋矩形截面设计,将会出现$x > \xi_b h_0$的超筋情况。在不加大截面尺寸,不提高混凝土强度等级的情况下,应按双筋矩形截面进行设计。

(3)计算钢筋面积

取$x = \xi_b h_0$,则

$$A'_s = \frac{M - \alpha_1 f_c b h_0^2 \xi_b (1 - 0.5\xi_b)}{f'_y (h_0 - a'_s)}$$
$$= \frac{380 \times 10^6 - 1.0 \times 19.1 \times 200 \times 440^2 \times 0.55(1 - 0.5 \times 0.55)}{300 \times (440 - 35)} \text{ mm}^2$$
$$= 700.44 \text{ mm}^2$$

$$A_s = \frac{\alpha_1 f_c b h_0 \xi_b}{f_y} + A'_s \frac{f'_y}{f_y}$$
$$= \left(\frac{1.0 \times 19.1 \times 200 \times 440 \times 0.55}{300} + 700.44 \times \frac{300}{300}\right) \text{ mm}^2 = 3781.91 \text{ mm}^2$$

(4)选筋

受拉钢筋选用8 ⊈ 25的钢筋,$A_s = 3927 \text{ mm}^2$;受压钢筋选用3 ⊈ 18的钢筋,$A'_s = 763 \text{ mm}^2$。

情况二:已知受压区配置的受压钢筋面积A'_s,求受拉钢筋面积A_s。设计步骤如下。

未知数有两个:x和A_s,可用基本公式(4-38)、(4-40)求解。

① 计算受压区高度x。由公式(4-40)得

$$\alpha_s = \frac{M - A'_s f'_y (h_0 - a'_s)}{\alpha_1 f_c b h_0^2} \tag{4-46}$$

$$\xi = 1 - \sqrt{1 - 2\alpha_s}$$
$$x = \xi h_0$$

② 计算受拉钢筋截面面积 A_s。

若 $2a_s' \leqslant x \leqslant \xi_b h_0$，则满足基本公式 (4-38)、(4-39) 的适用条件，用基本公式求解 A_s：

$$A_s = \frac{\alpha_1 f_c bx + A_s' f_y'}{f_y} \tag{4-47}$$

若 $x < 2a_s'$，则表明受压钢筋在破坏时不能达到屈服强度，此时不能用基本公式求解 A_s。按以下近似方法计算：取 $x = 2a_s'$，即近似认为混凝土压应力合力作用点通过受压钢筋合力作用点，这样计算误差小。对混凝土压应力合力作用点取矩，得

$$M \leqslant M_u = A_s f_y (h_0 - a_s') \tag{4-48}$$

$$A_s = \frac{M}{f_y (h_0 - a_s')} \tag{4-49}$$

若 $x > \xi_b h_0$，则表明给定的受压钢筋不足，仍会出现超筋截面，此时按 A_s' 未知的情况一进行计算。

【例 4-4】　已知条件同例 4-3，但在受压区已配置 3 ⊈ 20 钢筋，$A_s' = 941 \text{ mm}^2$，求受拉钢筋面积 A_s。

【解】　（1）求受压区高度 x

$$h_0 = h - a_s = (500 - 60) \text{ mm} = 440 \text{ mm}$$

$$\alpha_s = \frac{M - A_s' f_y' (h_0 - a_s')}{\alpha_1 f_c b h_0^2} = \frac{380 \times 10^6 - 941 \times 300 \times (440 - 35)}{1 \times 19.1 \times 200 \times 440^2} = 0.359$$

$$\xi = 1 - \sqrt{1 - 2\alpha_s} = 1 - \sqrt{1 - 2 \times 0.359} = 0.469$$

$$x = \xi h_0 = 0.469 \times 440 \text{ mm} = 206.4 \text{ mm}$$

（2）求受拉钢筋面积 A_s

$$2a_s' = 2 \times 35 \text{ mm} = 70 \text{ mm} < x < \xi_b h_0 = 0.55 \times 440 \text{ mm} = 242 \text{ mm}$$

$$A_s = \frac{1}{f_y}(\alpha_1 f_c bx + A_s' f_y') = \frac{1}{300}(1.0 \times 19.1 \times 200 \times 206.4 + 941 \times 300) \text{ mm}^2$$

$$= 3\,569.16 \text{ mm}^2$$

选用 6 ⊈ 28 mm 的钢筋，$A_s = 3\,695 \text{ mm}^2$。

【例 4-5】　已知梁的截面尺寸为 $b \times h = 250 \text{ mm} \times 500 \text{ mm}$，混凝土强度等级为 C20，钢筋采用 HRB335，$\xi_b = 0.55$，弯矩设计值 $M = 150 \text{ kN} \cdot \text{m}$，环境类别为一类，$a_s = a_s' = 40 \text{ mm}$，在截面受压区已配置 2 ⊈ 20 钢筋，$A_s' = 628 \text{ mm}^2$，求受拉钢筋面积 A_s。

【解】　（1）确定计算参数

查附表 1.9，C20 混凝土：$f_c = 9.6 \text{ N/mm}^2$；

查附表 1.3，HRB335 级钢筋：$f_y' = 300 \text{ N/mm}^2$。

（2）求受压区高度 x

$$\alpha_s = \frac{M - A_s' f_y' (h_0 - a_s')}{\alpha_1 f_c b h_0^2} = \frac{150 \times 10^6 - 628 \times 300 \times (460 - 40)}{1 \times 9.6 \times 250 \times 460^2} = 0.140$$

$$\xi = 1 - \sqrt{1 - 2\alpha_s} = 1 - \sqrt{1 - 2 \times 0.140} = 0.151$$

$$x = \xi h_0 = 0.151 \times 460 \text{ mm} = 69.46 \text{ mm}$$

（3）求受拉钢筋面积 A_s

$$x = 69.46 \text{ mm} < 2\alpha_s' = 2 \times 40 \text{ mm} = 80 \text{ mm}$$

$$A_s = \frac{M}{f_y(h_0 - a_s')} = \frac{150 \times 10^6}{300 \times (460 - 40)} \text{ mm}^2 = 1\ 190.48 \text{ mm}^2$$

选用 3 ⾲ 22 的钢筋, $A_s = 1\ 140 \text{ mm}^2$。

4.6.5　截面复核

截面复核问题,通常已知截面尺寸 $b \times h$、混凝土强度等级、钢筋级别、设计弯矩 M、截面配筋面积 A_s 和 A_s',求双筋截面受弯承载力 M_u 或在给出设计弯矩 M 的情况下验算截面是否安全。步骤如下。

① 求受压区高度 x。由基本公式(4-38)得

$$x = \frac{f_y A_s - f_y' A_s'}{\alpha_1 f_c b} \tag{4-50}$$

② 讨论 x,求截面承载力 M_u。

若 $2a_s' \leqslant x \leqslant \xi_b h_0$,用基本公式(4-39)求解 M_u。

若 $x < 2a_s'$,用基本公式(4-48)求解 M_u。

若 $x > \xi_b h_0$,则应取 $x = \xi_b h_0$,用公式(4-39)求出 M_u:

$$M_u = \alpha_1 f_c b h_0^2 \xi_b (1 - 0.5\xi_b) + A_s' f_y' (h_0 - a_s') \tag{4-51}$$

【例 4-6】　已知梁截面尺寸 200 mm × 400 mm,受拉钢筋采用 3 ⾲ 22 的钢筋, $A_s = 1\ 140$ mm²,受压钢筋采用 2 ⾲ 14 的钢筋, $A_s' = 308$ mm²,混凝土强度等级 C30,钢筋采用 HRB400,环境类别为一类,要求承受的弯矩设计值 $M = 110$ kN · m,验算此截面是否安全。

【解】　（1）确定计算参数

查附表 1.9,C30 混凝土: $f_c = 14.3$ N/mm²;查附表 1.3,HRB400 级: $f_y = 360$ N/mm,

$f_y' = 360$ N/mm²;查表 4-5, $\xi_b = 0.518$。

（2）确定截面有效高度

环境类别为一类的 C30 混凝土保护层最小厚度为 25 mm,故

$$a_s = \left(25 + \frac{22}{2}\right) \text{ mm} = 36 \text{ mm}, a_s' = \left(25 + \frac{14}{2}\right) \text{ mm} = 32 \text{ mm},$$

$$h_0 = 400 - 36 = 364 \text{ mm}$$

（3）计算受压区高度 x

$$x = \frac{f_y A_s - f_y' A_s'}{\alpha_1 f_c b} = \frac{360 \times 1\ 140 - 360 \times 308}{1.0 \times 14.3 \times 200} \text{ mm} = 104.7 \text{ mm}$$

（4）求截面承载力

$$x < \xi_b h_0 = 0.518 \times 364 \text{ mm} = 188.6 \text{ mm}$$

且

$$x > 2a_s' = 2 \times 32 \text{ mm} = 64 \text{ mm}$$

$$M_u = \alpha_1 f_c bx\left(h_0 - \frac{x}{2}\right) + A_s' f_y'(h_0 - a_s')$$

$$= 1.0 \times 14.3 \times 200 \times 104.7 \times \left(364 - \frac{104.7}{2}\right) + 308 \times 360 \times (364 - 32)$$

$$= 130.13 \text{ kN} \cdot \text{m}$$

（5）$M_u > M = 110$ kN · m

故截面安全。

4.7　T 形截面受弯承载力计算

4.7.1　T 形截面梁的应用

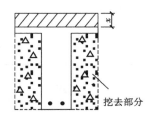

图 4-16　T 形截面的形成

在矩形截面受弯构件承载力计算中,受拉区混凝土开裂后退出工作,如果把受拉区两侧的混凝土挖去一部分,余下的部分只要能够布置受拉钢筋以及抵抗截面的剪力就可以了,这样就成为 T 形截面。它和原来的矩形截面相比,其受弯承载力计算完全相同,而且节省了混凝土用量,减轻了自重(见图 4-16)。

T 形截面梁在工程中应用广泛,如在现浇整体式肋梁楼盖中,梁和楼板浇筑在一起,梁的截面为 T 形截面。另外,吊车梁、大型屋面板、空心板、槽形板都可按 T 形截面来设计。

对于翼缘位于受拉区的倒 T 形截面梁,当受拉区开裂以后,翼缘对承载力的计算就不起作用了,因此按 $b \times h$ 的矩形截面梁计算,其结果不受影响(见图 4-17)。

T 形截面尺寸符号表示,如图 4-18 所示。

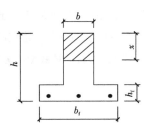

图 4-17　倒 T 形截面

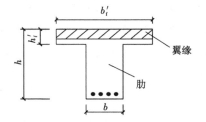

图 4-18　T 形截面尺寸符号表示

4.7.2　T 形截面翼缘的计算宽度

试验和理论分析表明,T 形截面受弯构件受压翼缘的纵向压应力沿宽度方向的分布是不均匀的,离截面肋部越远,压应力越小,有时远离肋的部分翼缘还会因发生压屈失稳而退出工作,因此 T 形截面的翼缘宽度在计算中应有所限制。在设计时取其一定范围内的翼缘宽度作为翼缘计算宽度 b_f',即认为 b_f' 范围内压应力为均匀分布,b_f' 范围以外部分的翼缘不考虑(见图 4-19)。b_f' 的确定主要与翼缘高度 h_f'、梁的跨度 l_0、受力条件(独立梁、肋形梁)有关。

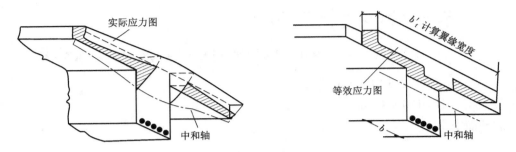

图 4-19　T 形截面梁受压区实际应力图和计算应力图

《混凝土结构设计规范》对翼缘计算宽度 b_f' 的取值规定见表 4-6,计算时应取表中有关各项中的较小值。

表 4-6　T 形、I 形及倒 L 形截面受弯构件翼缘计算宽度取值

考虑情况		T 形、I 形截面		倒 L 形截面
		肋形梁(板)	独立梁	肋形梁(板)
1	按计算跨度 l_0 考虑	$\dfrac{1}{3}l_0$	$\dfrac{1}{3}l_0$	$\dfrac{1}{6}l_0$
2	按梁(肋)净距 s_n 考虑	$b+s_n$	—	$b+\dfrac{1}{2}s_n$
3	按翼缘高度 h_f' 考虑 　 $h_f'/h_0 \geqslant 0.1$	—	$b+12h_f'$	—
	$0.1 > h_f'/h_0 \geqslant 0.05$	$b+12h_f'$	$b+6h_f'$	$b+5h_f'$
	$h_f'/h_0 < 0.05$	$b+12h_f'$	b	$b+5h_f'$

注:① 表中 b 为梁的腹板宽度。

② 肋形梁在梁跨度内设有间距小于纵肋间距的横肋时,则可不遵守表列情况 3 的规定。

③ 对有加腋的 T 形和倒 L 形截面,当受压区加腋的高度 h_h 不小于 h_f' 且加腋的宽度 b_h 不大于 $3h_h$ 时,则其翼缘计算宽度可按表列第 3 种情况规定分别增加 $2b_h$(T 形 I 形截面)和 b_h(倒 L 形截面)。

④ 独立梁受压区的翼缘板在荷载作用下经验算沿纵肋方向可能产生裂缝时,其计算翼缘宽度应取腹板宽度 b。

4.7.3　T 形截面的分类及判别条件

1. T 形截面的分类

T 形截面受弯构件按中和轴所在位置的不同,可分为两种类型。

① 第一类 T 形截面:中和轴在翼缘内,即 $x \leqslant h_f'$,受压区为矩形。

② 第二类 T 形截面:中和轴在梁肋内,即 $x > h_f'$,受压区为 T 形。

2. T 形截面的判别条件

两类 T 形截面的界限情况是 $x = h_f'$,根据 $x = h_f'$ 的受力图形(见图 4-20)来建立两类 T 形截面的判别条件。

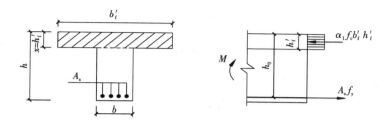

图 4-20　$x = h_f'$ 时 T 形截面受力图形

由平衡条件得出

$$\alpha_1 f_c b_f' h_f' = A_s f_y \qquad (4\text{-}52)$$

$$M = \alpha_1 f_c b_f' h_f' \left(h_0 - \frac{h_f'}{2} \right) \qquad (4\text{-}53)$$

对截面设计的问题,采用式(4-53)来判别(因设计弯矩 M 为已知),即

$$M \leqslant \alpha_1 f_c b_f' h_f' \left(h_0 - \frac{h_f'}{2} \right)$$

为第一类 T 形截面 $\qquad\qquad (4\text{-}54)$

$$M > \alpha_1 f_c b_f' h_f' \left(h_0 - \frac{h_f'}{2} \right)$$

为第二类 T 形截面 $\qquad\qquad (4\text{-}55)$

对截面校核的问题,采用式(4-52)来判别(因截面配筋为已知),即

$$\alpha_1 f_c b_f' h_f' \geqslant A_s f_y$$

为第一类 T 形截面 $\qquad\qquad (4\text{-}56)$

$$\alpha_1 f_c b_f' h_f' < A_s f_y$$

为第二类 T 形截面 $\qquad\qquad (4\text{-}57)$

4.7.4　基本公式及适用条件

1. 第一类 T 形截面计算公式及适用条件

第一类 T 形截面的中和轴在翼缘内,$x \leqslant h_f'$,受压区形状为矩形,所以第一类 T 形截面的承载力计算与截面尺寸为 $b_f' \times h$ 的矩形截面承载力计算完全相同。

计算公式(见图 4-21)为

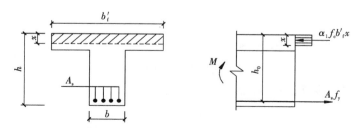

图 4-21　第一类 T 形截面梁计算简图

$$\alpha_1 f_c b'_f x = A_s f_y \tag{4-58}$$

$$M \leqslant M_u = \alpha_1 f_c b'_f x \left(h_0 - \frac{x}{2} \right) \tag{4-59}$$

引入系数 α_s 后,式(4-59)为

$$M \leqslant M_u = \alpha_s \alpha_1 f_c b'_f h_0^2 \tag{4-60}$$

适用条件:

① 为了防止发生超筋破坏,应满足

$$\xi \leqslant \xi_b \quad \text{或} \quad x \leqslant \xi_b h_0$$

由于 h'_f 较小,且第一类 T 形截面 $x < h'_f$,受压区高度 x 更小,故上述条件一般能满足,不必验算。

② 为了防止发生少筋破坏,应满足

$$A_s \geqslant A_{smin} = \rho_{min} b h$$

式中　b　——T 形截面梁肋宽。

值得注意的是,这里受弯构件承载力虽然按 $b'_f \times h$ 的矩形截面计算,但最小配筋面积应按 $A_{smin} = \rho_{min} b h$ 来计算,而不是 $A_{smin} = \rho_{min} b'_f h$。这是因为最小配筋率是按照 $M_u = M_{cr}$ 的条件确定的,而开裂弯矩 M_{cr} 主要取决于受拉区混凝土的面积,也就是说,肋宽为 b 的 T 形截面开裂弯矩与宽度为 b 的矩形截面开裂弯矩基本相同。

2. 第二类 T 形截面计算公式及适用条件

第二类 T 形截面的中和轴在梁肋部,混凝土受压区高度 $x > h'_f$,受压区形状为 T 形(见图 4-22(a))。

由平衡条件得计算公式如下:

$$\alpha_1 f_c (b'_f - b) h'_f + \alpha_1 f_c b x = A_s f_y \tag{4-61}$$

$$M \leqslant M_u = \alpha_1 f_c (b'_f - b) h'_f \left(h_0 - \frac{h'_f}{2} \right) + \alpha_1 f_c b x \left(h_0 - \frac{x}{2} \right) \tag{4-62}$$

引入系数 α_s 后,式(4-62)为

$$M \leqslant M_u = \alpha_1 f_c (b'_f - b) h'_f \left(h_0 - \frac{h'_f}{2} \right) + \alpha_s \alpha_1 f_c b h_0^2 \tag{4-63}$$

T 形截面受弯承载力可分解为两部分之和,见图 4-22。图中,$A_s = A_{s1} + A_{s2}$,$M = M_1 + M_2$。

适用条件:

① 为了防止发生超筋破坏,应满足

$$\xi \leqslant \xi_b \quad \text{或} \quad x \leqslant \xi_b h_0$$

② 为了防止发生少筋破坏,应满足

$$A_s \geqslant A_{smin} = \rho_{min} b h$$

由于第二类 T 形截面梁受压区高度 x 较大,相应受拉钢筋配筋面积较大,故适用条件② 一般能满足,不必验算。

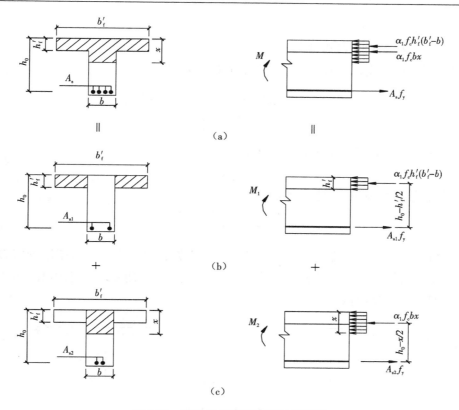

图 4-22　第二类 T 形截面梁计算简图

4.7.5　截面设计

截面设计问题,通常已知 T 形截面的截面尺寸、混凝土强度等级、钢筋级别、设计弯矩 M,求受拉钢筋截面面积 A_s。在计算时,首先必须判断 T 形截面的类型。设计步骤如下。

(1) 判断 T 形截面类型

$M \leqslant \alpha_1 f_c b'_f h'_f \left(h_0 - \dfrac{h'_f}{2} \right)$ 为第一类 T 形截面;$M > \alpha_1 f_c b'_f h'_f \left(h_0 - \dfrac{h'_f}{2} \right)$ 为第二类 T 形截面。

(2) 第一类 T 形截面

若为第一类 T 形截面,其计算方法与 $b'_f \times h$ 的单筋矩形截面相同。步骤如下。

① 计算 α_s:

$$\alpha_s = \frac{M}{\alpha_1 f_c b'_f h_0^2} \tag{4-64}$$

② 计算 ξ:

$$\xi = 1 - \sqrt{1 - 2\alpha_s}$$

③ 计算钢筋截面面积:

$$A_s = \frac{\alpha_1 f_c b'_f \xi h_0}{f_y} \tag{4-65}$$

④ 验算 $A_s \geqslant A_{smin} = \rho_{min} bh$。

（2）第二类 T 形截面

若为第二类 T 形截面，步骤如下。

① 计算受压区高度 x，并验算适用条件，由式（4-63）得

$$\alpha_s = \frac{M - \alpha_1 f_c (b'_f - b) h'_f \left(h_0 - \dfrac{h'_f}{2}\right)}{\alpha_1 f_c b h_0^2} \tag{4-66}$$

由公式 $\xi = 1 - \sqrt{1 - 2\alpha_s}$ 求出 ξ，验算 $\xi \leqslant \xi_b$。

$$x = \xi h_0$$

② 计算钢筋截面面积，由公式（4-61）得

$$A_s = \frac{\alpha_1 f_c (b'_f - b) h'_f + \alpha_1 f_c b \xi h_0}{f_y} \tag{4-67}$$

【例 4-7】 现浇肋梁楼盖次梁，如图 4-23 所示，已知在梁跨中截面弯矩设计值 $M = 110$ kN·m，梁的计算跨度 $l = 6$ m，构件安全等级为二级，混凝土采用 C20，钢筋为 HRB335 级，$a_s = 40$ mm，计算梁所需纵向受拉钢筋。

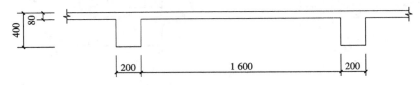

图 4-23   例 4-7 题图

【解】 （1）确定计算参数

查附表 1.9，C20 混凝土：$f_c = 9.6$ N/mm²，$f_t = 1.1$ N/mm²；查附表 1.3，HRB335 级：$f_y = 300$ N/mm²。

（2）确定翼缘计算宽度 b'_f

查表 4-6，按计算跨度 l_0 考虑：$b'_{f1} = \dfrac{l_0}{3} = 2$ m。

按梁（肋）净矩 s_n 考虑：$b'_{f2} = b + s_n = 0.2 + 1.6 = 1.8$ m。

按翼缘高度 h'_f 考虑：因 $\dfrac{h'_f}{h_0} = \dfrac{80}{360} = 0.222 > 0.1$，故不受此项限制。

综合上述，取 $b'_f = 1.8$ m。

（3）判断截面类型

$$\alpha_1 f_c b'_f h'_f \left(h_0 - \frac{h'_f}{2}\right) = 1.0 \times 9.6 \times 1\,800 \times 80 \times \left(360 - \frac{80}{2}\right) \text{ kN·m}$$

$$= 442.37 \text{ kN·m} > 110 \text{ kN·m}$$

属于第一类 T 形截面。

（4）计算受拉钢筋截面面积

$$\alpha_s = \frac{M}{\alpha_1 f_c b'_f h_0^2} = \frac{110 \times 10^6}{1.0 \times 9.6 \times 1\,800 \times 360^2} = 0.049$$

$$\xi = 1 - \sqrt{1 - 2\alpha_s} = 0.050$$

$$A_s = \frac{\alpha_1 f_c b_f' \xi h_0}{f_y} = \frac{1.0 \times 9.6 \times 1\,800 \times 0.050 \times 360}{300} \text{ mm}^2 = 1\,036.8 \text{ mm}^2$$

（5）验算适用条件

$$0.45 \frac{f_t}{f_y} = 0.45 \times \frac{1.1}{300} = 0.16\% < 0.2\%$$

$$A_{\text{smin}} = \rho_{\min} bh = 0.2\% \times 200 \times 400 \text{ mm}^2 = 160 \text{ mm}^2$$

$$A_s > A_{\text{smin}}$$

满足适用条件要求。

（6）选用钢筋

受拉钢筋选用 4 Φ 18，$A_s = 1\,017$ mm。

【例4-8】 已知 T 形截面梁的截面尺寸为 $b = 300$ mm，$h = 700$ mm，$b_f' = 600$ mm，$h_f' = 100$ mm，弯矩设计值 $M = 600$ kN·m，混凝土强度等级为 C30，钢筋采用 HRB335，$a_s = 60$ mm，求所需的受拉钢筋截面面积 A_s。

【解】 （1）确定计算参数

查附表 1.9，C30 混凝土：$f_c = 14.3$ N/mm^2；查附表 1.3，HRB335 级：$f_y = 300$ N/mm^2。

（2）判断截面类型

假设受拉钢筋排成两排，故 $h_0 = h - a_s = (700 - 60)$ mm $= 640$ mm

$$\alpha_1 f_c b_f' h_f' \left(h_0 - \frac{h_f'}{2} \right) = 1.0 \times 14.3 \times 600 \times 100 \times \left(640 - \frac{100}{2} \right) \text{ kN·mm}$$

$$= 506.2 \text{ kN·m} < 600 \text{ kN·m}$$

属于第二类 T 形截面。

（3）求受拉钢筋截面面积 A_s

$$\alpha_s = \frac{M - \alpha_1 f_c (b_f' - b) h_f' \left(h_0 - \frac{h_f'}{2} \right)}{\alpha_1 f_c b h_0^2}$$

$$= \frac{600 \times 10^6 - 1.0 \times 14.3 \times (600 - 300) \times 100 \times \left(640 - \frac{100}{2} \right)}{1.0 \times 14.3 \times 300 \times 640^2}$$

$$= 0.197$$

$$\xi = 1 - \sqrt{1 - 2\alpha_s} = 1 - \sqrt{1 - 2 \times 0.197} = 0.222 < \xi_b = 0.55$$

满足适用条件。

$$A_s = \frac{\alpha_1 f_c (b_f' - b) h_f' + \alpha_1 f_c b \xi h_0}{f_y}$$

$$= \frac{1.0 \times 14.3 \times (600 - 300) \times 100 + 1.0 \times 14.3 \times 300 \times 0.222 \times 640}{300} \text{ mm}^2$$

$$= 3\,461.7 \text{ mm}^2$$

（4）选用钢筋

受拉钢筋选用 7 ⊈ 25，$A_s = 3\,436$ mm²。

4.7.6 截面复核

截面复核问题，由于 T 形截面的截面尺寸、混凝土强度等级、钢筋级别、截面配筋为已知，故求正截面受弯承载力 M_u。

计算步骤如下。

① 判断 T 形截面类型：$\alpha_1 f_c b'_f h'_f \geq A_s f_y$ 为第一类 T 形截面；$\alpha_1 f_c b'_f h'_f < A_s f_y$ 为第二类 T 形截面。

② 第一类 T 形截面：若为第一类 T 形截面，按 $b'_f \times h$ 的矩形截面验算承载力，此处不再赘述。

③ 第二类 T 形截面：若为第二类 T 形截面，步骤如下。

a. 利用公式（4-61）求出 x：

$$x = \frac{A_s f_y - \alpha_1 f_c (b'_f - b) h'_f}{\alpha_1 f_c b} \tag{4-68}$$

b. 计算受弯承载力 M_u。

若 $x \leq \xi_b h_0$，则

$$M_u = \alpha_1 f_c (b'_f - b) h'_f \left(h_0 - \frac{h'_f}{2} \right) + \alpha_1 f_c b x \left(h_0 - \frac{x}{2} \right) \tag{4-69}$$

若 $x > \xi_b h_0$，则

$$M_u = \alpha_1 f_c (b'_f - b) h'_f \left(h_0 - \frac{h'_f}{2} \right) + \alpha_1 f_c b h_0^2 \xi_b (1 - 0.5 \xi_b) \tag{4-70}$$

【例 4-9】 已知一 T 形截面梁的截面尺寸 $b = 300$ mm，$h = 700$ mm，$b'_f = 700$ mm，$h'_f = 90$ mm，截面配有受拉钢筋 8 ⊈ 22（$A_s = 3\,041$ mm²），$\xi_b = 0.518$，混凝土强度等级 C30，$a_s = 60$ mm，梁截面承受的最大弯矩设计值 $M = 650$ kN·m，试校核该梁是否安全。

【解】 （1）确定计算参数

查附表 1.9 和附表 1.3：C30 混凝土 $f_c = 14.3$ N/mm²，HRB400 级 $f_y = 360$ N/mm²。

（2）据题意受拉钢筋排成两排，故

$$h_0 = h - a_s = (700 - 60) \text{ mm} = 640 \text{ mm}$$

（3）判断截面类型

$$\alpha_1 f_c {b'}_f {h'}_f = 1.0 \times 14.3 \times 700 \times 90 \text{ N} = 900.9 \text{ kN} < f_y A_s$$
$$= 360 \times 3\,041 \text{ N} = 1\,094.8 \text{ kN}$$

故属于第二类 T 形截面梁。

（4）计算受压区高度 x

$$x = \frac{A_s f_y - \alpha_1 f_c (b'_f - b) h'_f}{\alpha_1 f_c b}$$
$$= \frac{360 \times 3\,041 - 1.0 \times 14.3 \times (700 - 300) \times 90}{1.0 \times 14.3 \times 300} \text{ mm} = 135.2 \text{ mm}$$

（5）验算适用条件

$$x < \xi_b h_0 = 0.518 \times 640 \ \text{mm} = 331.5 \ \text{mm}$$

（6）计算受弯承载力

$$M_u = \alpha_1 f_c (b_f' - b) h_f' \left(h_0 - \frac{h_f'}{2} \right) + \alpha_1 f_c b x \left(h_0 - \frac{x}{2} \right)$$

$$= \left[1.0 \times 14.3 \times (700 - 300) \times 90 \times \left(640 - \frac{90}{2} \right) + 1.0 \times 14.3 \times 300 \times 135.2 \times \right.$$

$$\left. \left(640 - \frac{135.2}{2} \right) \right] \text{kN} \cdot \text{mm}$$

$$= 638.3 \ \text{kN} \cdot \text{m} < M = 650 \ \text{kN} \cdot \text{m}$$

该 T 形截面不安全。

【本章小结】

① 梁、板是典型的钢筋混凝土受弯构件。本章研究受弯构件在弯矩作用下的受力性能，即研究受弯构件发生正截面破坏时的性能。要保证受弯构件正截面的承载力，截面需配纵向受力钢筋。

② 构造要求与结构计算同等重要。梁、板构造要求包括截面尺寸确定、材料强度等级选用、混凝土保护层厚度和截面有效高度概念、受力钢筋和构造钢筋要求等。

③ 适筋梁从加荷载到破坏经历三个阶段：第Ⅰ阶段——弹性工作阶段，第Ⅱ阶段——带裂缝工作阶段，第Ⅲ阶段——屈服阶段（也称破坏阶段）。第Ⅰ阶段末（Ⅰₐ）是受弯构件抗裂计算的依据。第Ⅱ阶段为受弯构件使用阶段验算变形和裂缝开展宽度的依据。第Ⅲ阶段末（Ⅲₐ）是受弯构件正截面承载力计算的依据。

④ 根据纵筋配筋率的大小受弯构件可能发生三种正截面破坏形态：适筋梁破坏、超筋梁破坏、少筋梁破坏。

适筋梁破坏的特点是纵向受拉钢筋首先达到屈服强度，然后是受压区的混凝土被压碎。这是设计的依据。

超筋梁破坏的特点是受压区混凝土首先被压碎，破坏时纵向受拉钢筋没有屈服。设计时应当避免。

少筋梁破坏的特点是受拉区混凝土一开裂，受拉钢筋就屈服，并很快进入强化阶段，受压区混凝土没有充分发挥作用。设计时应当避免。

⑤ 受弯构件正截面承载力计算有四点基本假定。受压区混凝土等效矩形应力图应满足等效原则。根据基本假定和等效原则，第Ⅲ阶段末的应力图形有试验应力图形、理论应力图形、计算应力图形，从而建立了受弯构件正截面承载力的计算公式。

⑥ 受弯构件正截面承载力计算包括单筋矩形截面、双筋矩形截面和 T 形截面三部分内容，分为截面设计和截面复核两类问题，计算时要注意基本公式适用条件的验算。

单筋矩形截面：有两个基本公式和两个适用条件。采用计算系数 α_s、ξ、γ_s 可以使计算简化。

　　双筋矩形截面:截面设计有两种情况。对于第一种情况,关键要补充条件 $x = \xi_b h_0$。对于第二种情况,关键是求出 x,然后对 x 值进行讨论,采用相应的设计方法和计算公式进行计算。

　　T 形截面:首先要判断 T 形截面的类型,然后采用相应的设计方法进行计算。

【思考题】

4-1　一般民用建筑的梁、板截面尺寸是如何确定的? 钢筋混凝土梁、板截面的配筋构造要求有哪些?

4-2　如何定义纵向受力钢筋的混凝土保护层厚度? 其作用是什么? 如何取值?

4-3　板中分布钢筋的作用是什么? 如何布置分布钢筋?

4-4　适筋梁从开始加载到破坏经历了哪几个阶段? 各阶段截面上应变 - 应力分布、裂缝开展、中和轴位置、梁的跨中挠度的变化规律如何? 各阶段的主要特征是什么? 每个阶段是哪种极限状态设计的依据?

4-5　什么是纵向受拉钢筋配筋率? 钢筋混凝土受弯构件正截面有哪几种破坏形态? 各种破坏形态的破坏特点是什么? 哪一种破坏形态是设计的依据?

4-6　什么是界限破坏? 相对界限受压区高度 ξ_b 是怎样确定的? ξ_b 与最大配筋率 ρ_{max} 是什么关系?

4-7　受弯构件正截面承载力计算的基本假定是什么?

4-8　在受弯构件正截面承载力计算公式的建立过程中,受压区混凝土理论应力图以等效矩形应力图形来代替,其等效原则是什么?

4-9　单筋矩形截面承载力计算公式是如何建立的? 其适用条件是什么? 为什么要规定适用条件?

4-10　受弯构件中纵向受拉钢筋的最大配筋率 ρ_{max} 是如何确定的? 最小配筋率 ρ_{min} 是根据什么原则确定的?《混凝土结构设计规范》规定的最小配筋率 ρ_{min} 是多少?

4-11　根据矩形截面承载力计算公式,分析提高混凝土强度等级、提高钢筋级别、加大截面宽度和高度对提高承载力的作用。哪种最有效、最经济?

4-12　在单筋矩形截面承载力复核时,若 $\xi > \xi_b$,如何计算其承载力 M_u?

4-13　在什么情况下采用双筋截面梁? 双筋截面中受压钢筋起什么作用? 为什么说一般情况下采用双筋截面梁不经济?

4-14　在设计双筋矩形截面时,受压钢筋的抗压强度在什么条件下能够充分利用? 为什么受压钢筋不宜采用高强度钢筋?

4-15　在双筋矩形截面承载力计算中,条件 $x \leqslant \xi_b h_0$ 和 $x \geqslant 2a'_s$ 的意义是什么? 当双筋矩形截面出现 $x < 2a'_s$ 的情况时如何计算截面配筋?

4-16　T 形截面翼缘计算宽度为什么是有限的? 其取值与什么有关?

4-17　根据中和轴位置的不同,T 形截面的承载力计算分哪几种类型? 截面设计和承载力复核时应如何判别?

4-18　对于第一类 T 形截面,为什么可以按宽度 b_f' 的矩形截面计算承载力? 如何计算其最小配筋面积 A_smin?

4-19　T 形截面承载力计算公式与单筋矩形截面、双筋矩形截面承载力计算公式有何异同?

4-20　在正截面承载力计算中,对于混凝土强度等级小于 C50 的构件和混凝土强度等级等于及大于 C50 的构件,其计算有什么区别?

【习题】

4-1　已知矩形梁截面尺寸 $b \times h = 200$ mm $\times 450$ mm,混凝土强度等级为 C20,钢筋为 HRB335,环境类别为一类,弯矩设计值 $M = 19$ kN·m,$a_\mathrm{s} = 40$ mm,求截面所需的钢筋面积,并配置钢筋。

4-2　已知梁的截面尺寸为 $b \times h = 250$ mm $\times 650$ mm,纵向受拉钢筋配置了 3 根直径为 22 mm 的 HRB335 级钢筋,$A_\mathrm{s} = 1\,140$ mm^2,混凝土强度等级为 C20,环境类别为一类,验算此梁承受设计弯矩 $M = 180$ kN·m 时,截面是否安全。

4-3　已知均布荷载作用下的矩形截面简支梁,$b \times h = 250$ mm $\times 550$ mm,混凝土为 C25,纵筋用 HRB335 级,在受拉区已配 3 Φ 20 纵筋($A_\mathrm{s} = 941$ mm^2),$a_\mathrm{s} = 35$ mm,梁的计算跨度 $l = 5$ m,试按正截面承载力计算梁可以承担的均布荷载设计值。

4-4　矩形截面梁截面尺寸为 $b \times h = 250$ mm $\times 500$ mm,纵向受拉钢筋为 8 根直径为 16 mm 的 HRB400 级钢筋,混凝土强度等级为 C20,环境类别为一类,求此梁的受弯承载力。

4-5　已知一钢筋混凝土矩形截面梁,截面尺寸为 $b \times h = 250$ mm $\times 500$ mm,混凝土强度等级为 C30,钢筋采用 HRB400,弯矩设计值 $M = 300$ kN·m,环境类别为一类,求截面所需配置的纵向受力钢筋。

4-6　梁的截面尺寸为 $b \times h = 200$ mm $\times 500$ mm,混凝土强度等级为 C40,钢筋采用 HRB335,弯矩设计值 $M = 330$ kN·m,环境类别为一类,$a_\mathrm{s} = a_\mathrm{s}' = 35$ mm,在截面受压区已配置 3 Φ 20 钢筋,$A_\mathrm{s}' = 941$ mm^2,求受拉钢筋面积 A_s。

4-7　矩形截面梁的尺寸为 $b \times h = 300$ mm $\times 600$ mm,混凝土强度等级为 C30,在截面受压区已配置 3 根直径为 14 mm 的 HRB335 受压钢筋,梁承受弯矩设计值 $M = 150$ kN·m,$a_\mathrm{s} = a_\mathrm{s}' = 35$ mm,求受拉钢筋面积 A_s。

4-8　已知梁截面尺寸为 200 mm $\times 500$ mm,混凝土强度等级 C30,钢筋采用 HRB400,在受拉区配有 3 Φ 22 的钢筋,在受压区配有 3 Φ 20 的钢筋,环境类别为一类,求此梁的受弯承载力。

4-9　某现浇整体式肋梁楼盖的 T 形截面梁,截面尺寸为 $b = 300$ mm,$h = 700$ mm,$b_\mathrm{f}' = 2\,200$ mm,$h_\mathrm{f}' = 80$ mm,跨中截面承受弯矩设计值 $M = 294$ kN·m,混凝土强度等级为 C20,钢筋用 HRB335 级,$a_\mathrm{s} = 40$ mm,求纵向受拉钢筋面积 A_s。

4-10　已知梁截面尺寸如图 4-24 所示,设计弯矩 $M = 485$ kN·m,混凝土强度等级为 C20,钢筋采用 HRB335,求所需的受拉钢筋截面面积 A_s。

4-11　钢筋混凝土梁截面尺寸及配筋如图 4-25 所示,混凝土强度等级为 C20,钢筋采用

HRB335，梁截面承受的弯矩设计值 $M = 350$ kN·m，环境类别为一类，试复核此截面是否安全。

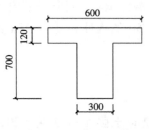

图 4-24   习题 4-12 图

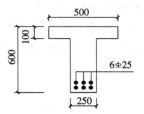

图 4-25   习题 4-13 图

第5章 受弯构件斜截面承载力计算

【学习要求】

① 熟悉无腹筋梁斜裂缝出现前后的应力状态。

② 掌握剪跨比的概念及其实质。

③ 掌握钢筋混凝土梁斜截面剪切破坏的三种主要形态及其发生条件和破坏特征。

④ 掌握影响钢筋混凝土梁斜截面受剪承载力的主要因素。

⑤ 熟练掌握矩形、T形和I形截面受弯构件斜截面受剪承载力的计算方法及适用条件。

⑥ 掌握受弯构件钢筋的布置,纵向钢筋的弯起、截断、锚固等构造要求。

5.1 概述

受弯构件截面上除了作用有弯矩 M 外,一般还同时作用有剪力 V。试验研究表明,受弯构件在弯矩和剪力共同作用的区段,常常会出现斜裂缝,并有可能沿斜截面发生破坏。斜截面的破坏往往带有脆性破坏性质,没有明显的预兆,在工程设计中应当避免。因此在设计时必须进行斜截面承载力计算。

斜截面承载力包括斜截面受剪承载力和斜截面受弯承载力两个方面,其中,斜截面受剪承载力通过计算来保证,而斜截面受弯承载力则通常由满足构造要求来保证。

为了防止构件发生斜截面的受剪破坏,应使构件具有合适的截面尺寸及混凝土强度等级,并配置必要的箍筋。箍筋不仅能提高构件的斜截面受剪承载力,而且还能与梁中的纵筋(包括架立钢筋)绑扎或焊接在一起,形成具有一定刚性的钢筋骨架,从而使各种钢筋在施工时保持正确的位置。当构件上作用的剪力较大时,还可设置斜钢筋。斜钢筋一般是由梁内部分纵向钢筋弯起而形成的,称为弯起钢筋。箍筋和弯起钢筋统称为腹筋(见图5-1)。

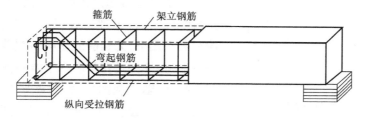

图5-1 梁内钢筋

5.2　受弯构件受剪性能的试验研究

5.2.1　无腹筋简支梁的受剪性能

在实际工程中,钢筋混凝土受弯构件内一般均需配置腹筋。但为了了解构件斜裂缝出现的原因及其开展过程,应先研究无腹筋梁的受剪性能。

1. 斜裂缝出现前的应力状态

图 5-2 为一矩形截面的钢筋混凝土简支梁承受两个对称集中荷载作用的情况。其中 *BC* 段只有弯矩作用,称为纯弯段。*AB*、*CD* 段同时有弯矩和剪力作用,称为弯剪段。

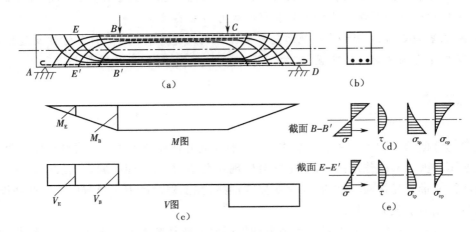

图 5-2　无腹筋梁斜裂缝出现前的应力状态

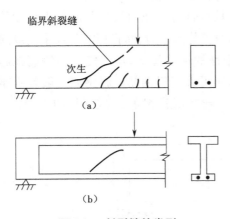

图 5-3　斜裂缝的类型

当荷载较小、梁内尚未出现斜裂缝时,可将混凝土梁视为匀质弹性体,按材料力学公式分析其截面应力及其分布。梁的主应力迹线如图 5-2(a)所示,图中实线表示主拉应力 σ_{tp},虚线表示主压应力 σ_{cp}。随着荷载的增加,梁内各点的主应力有所增大。当主拉应力超过混凝土在拉压复合受力时的抗拉强度时,将出现斜裂缝。试验研究表明,在集中荷载作用下,无腹筋简支梁斜裂缝的形成主要有两种形态:一种是在梁底由于弯矩的作用首先出现竖向裂缝,随荷载的增大,这些竖向裂缝逐渐向上发展,并随主拉应力方向的改变而发生倾斜,向集中荷载作用点延伸,形成弯剪斜裂缝(见图 5-3

(a)),它的开展宽度在裂缝底部最大,呈上细下宽的形状,常见于一般梁中;另一种是在梁中和轴附近首先出现大致与中和轴成 45°倾角的斜裂缝,随荷载的增大,裂缝沿主压应力方向分别向支座和集中荷载作用点延伸,称为腹剪斜裂缝(见图 5-3(b)),这种裂缝呈两端尖、中间大的枣核形,在薄腹梁中更易发生。

2. 斜裂缝形成后的受力状态

无腹筋梁出现斜裂缝后,梁的应力状态发生了很大变化,即发生了应力重分布,这时材料力学的计算方法已不再适用。

将一无腹筋简支梁(见图 5-4(a))沿斜裂缝 $AA'B$ 切开,并取脱离体(见图 5-4(b))。在该脱离体上,作用有由荷载产生的剪力 V_A,而斜截面 $AA'B$ 上的抗力有以下几部分:斜裂缝上混凝土残余面 AA' 承受的剪力 V_c 和压力 D_c,纵向钢筋的拉力 T_s,斜裂缝两边由于上、下相对错动而使纵向钢筋传递的剪力(称为销栓作用)V_d 以及斜裂缝交界面上混凝土骨料的咬合与摩擦作用传递的竖向剪力 V_a。由于纵向钢筋外侧混凝土保护层厚度不大,在销栓力的作用下产生了沿纵筋的劈裂裂缝,使销栓作用大大减小,而且随斜裂缝的增大,骨料的咬合力和摩擦力 V_a 也逐渐减小以至消失。因此为了简化分析,在受剪承载力极限状态下,V_d 和 V_a 都不予考虑。故该脱离体的平衡条件为:

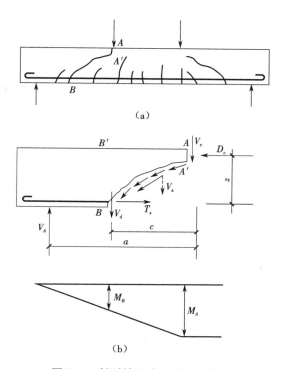

图 5-4　斜裂缝形成后的受力状态

$$\sum X = 0 \qquad D_c = T_s$$

$$\sum Y = 0 \qquad V_C = V_A \tag{5-1}$$

$$\sum M = 0 \qquad V_A \cdot a = T_s z$$

在斜裂缝出现前后,梁内的应力状态发生了以下变化。

① 在斜裂缝出现前,剪力 V_A 由梁全截面承受。但在斜裂缝形成后,剪力 V_A 则主要由斜裂缝上端混凝土截面承担。同时,由 V_A 和 V_c 所组成的力偶需由纵筋的拉力 T_s 和混凝土的压力 D_c 组成的力偶来平衡。即由于剪力 V_A 的作用,使斜裂缝上端的混凝土截面既受剪又受压,这个区段称为剪压区。由于剪压区的面积远小于全截面面积,因而斜裂缝出现后,剪压区的剪应力 τ 和压应力 σ 都显著增大。

② 在斜裂缝出现前,截面 BB' 处纵向钢筋的拉应力由该截面的弯矩 M_B 所决定。但在斜裂缝形成后,截面 BB' 处纵向钢筋的拉应力则由截面 AA' 处的弯矩 M_A 所决定。由于 $M_A > M_B$,故裂缝出现后,穿过斜裂缝处纵筋的拉应力将突然增大。

随着荷载的增加,剪压区混凝土在剪力和压力的共同作用下,达到剪压复合受力状态下的极限强度时,梁失去承载能力,由于这种破坏是沿斜裂缝发生的,故称为斜截面破坏。

5. 2. 2　有腹筋简支梁的受剪性能

1. 剪跨比

试验研究表明,梁的受剪性能与梁截面上弯矩 M 和剪力 V 的相对大小有很大关系。对矩形截面梁,弯曲正应力 σ 和剪应力 τ 可分别按下式计算:

$$\sigma = \alpha_1 \frac{M}{bh_0^2}$$

$$\tau = \alpha_2 \frac{V}{bh_0} \tag{5-2}$$

式中　　α_1, α_2 ——计算系数;

　　　　b, h_0 ——梁截面宽度和有效高度。

σ 和 τ 的比值为:

$$\frac{\sigma}{\tau} = \frac{\alpha_1}{\alpha_2} \frac{M}{Vh_0} \tag{5-3}$$

由于 $\dfrac{\alpha_1}{\alpha_2}$ 为一常数,因此 $\dfrac{\sigma}{\tau}$ 实际上仅与 $\dfrac{M}{Vh_0}$ 有关。如果定义

$$\lambda = \frac{M}{Vh_0} \tag{5-4}$$

则 λ 称为广义剪跨比,简称剪跨比。它实质上反映了截面上正应力和剪应力的相对关系,影响梁的剪切破坏形态和斜截面受剪承载力。

对集中荷载作用下的简支梁(见图5-5),式(5-4)还可以进一步简化。如计算截面 $1-1$ 和 $2-2$ 的剪跨比分别为

$$\lambda_1 = \frac{M_1}{V_1 h_0} = \frac{V_A a_1}{V_A h_0} = \frac{a_1}{h_0}$$

$$\lambda_2 = \frac{M_2}{V_2 h_0} = \frac{V_B a_2}{V_B h_0} = \frac{a_2}{h_0}$$

式中　　a_1, a_2 ——集中荷载 P_1, P_2 作用点至相邻支座的距离,称为剪跨。剪跨 a 与截面有效高度的比值,称为计算剪跨比,即

$$\lambda = \frac{a}{h_0} \tag{5-5}$$

应当注意,式(5-4)可以用于承担分布荷载或其他任意荷载作用下的梁,是一个普遍适用的剪跨比计算公式,故称为广义剪跨比。如图5-6所示梁的 $1-1$ 截面和图5-5中的 $3-3$ 截面,不适用式(5-5),只能采用式(5-4)计算其剪跨比。

2. 斜截面破坏的主要形态

试验研究表明,受弯构件出现斜裂缝后,根据剪跨比和腹筋数量不同,沿斜截面的破坏形态主要有以下三种。

(1)斜压破坏

当剪跨比较小($\lambda < 1$)或剪跨比适当($1 < \lambda < 3$),但其截面尺寸过小而腹筋数量过多

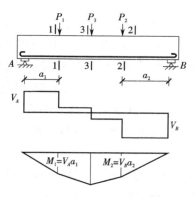

图 5-5　集中荷载作用下的简支梁

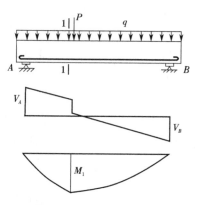

图 5-6　均布和集中荷载作用下的简支梁

时,常发生斜压破坏。对于腹板很薄的薄腹梁,即使剪跨比较大,也会发生斜压破坏。这种破坏是首先在梁腹部出现若干条大致平行的斜裂缝,随着荷载的增加,斜裂缝一端朝支座、另一端朝荷载作用点发展,梁腹部被这些斜裂缝分割成若干个斜向的受压柱体,梁最后由于斜压柱体被压碎而破坏,故称为斜压破坏(见图 5-7(a)),发生斜压破坏时,与斜裂缝相交的箍筋应力达不到屈服强度,其受剪承载力主要取决于混凝土斜压柱体的抗压强度。

　　(2)剪压破坏

　　当剪跨比适当($1 < \lambda < 3$),且梁中腹筋数量不过多,或剪跨比较大($\lambda > 3$),但腹筋数量不过少时,常发生剪压破坏。这种破坏是首先在剪跨区段的下边缘出现数条短的竖向裂缝。随着荷载的增加,这些竖向裂缝大体向集中荷载作用点延伸,在几条斜裂缝中将形成一条延伸最长、开展较宽的主要斜裂缝,称为临界斜裂缝。临界斜裂缝形成后,梁仍然能继续承受荷载。最后,与临界斜裂缝相交的腹筋应力达到屈服强度,斜裂缝上端的残余截面减小,剪压区混凝土在剪压复合应力状态下达到混凝土的复合受力强度而破坏,梁丧失受剪承载力。这种破坏形态称为剪压破坏(见图 5-7(b))。

　　(3)斜拉破坏

　　当剪跨比较大($\lambda > 3$),且梁内配置的腹筋数量过少时,将发生斜拉破坏。在荷载作用下,首先在梁的下边缘出现竖向的弯曲裂缝,然后其中一条竖向裂缝很快沿垂直于主拉应力方向斜向发展到梁顶的集中荷载作用点处,形成临界斜裂缝。因腹筋数量过少,故腹筋应力很快达到屈服强度,变形剧增,梁被斜向拉裂成两部分而突然破坏(见图 5-7(c)),由于这种破坏是混凝土在正应力和剪应力共同作用下发生的主拉应力破坏,故称为斜拉破坏。有时在斜裂缝的下端还会出现沿纵向钢筋的撕裂裂缝。发生斜拉破坏的梁,其斜截

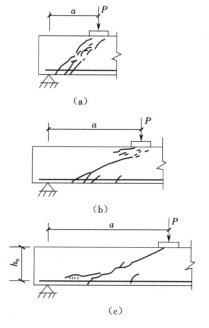

图 5-7　梁沿斜截面的剪切破坏形态

(a)斜压破坏　(b)剪压破坏　(c)斜拉破坏

面受剪承载力主要取决于混凝土的抗拉强度。

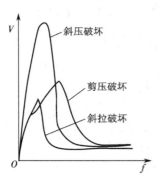

图 5-8　剪切破坏时梁的
剪力-挠度曲线

根据上面三种主要剪切破坏所测得的梁的剪力 V 与跨中挠度 f 的关系曲线如图 5-8 所示。由图可见,斜压破坏时梁的受剪承载力大而变形很小,破坏突然,曲线形状较陡;剪压破坏时,梁的受剪承载力较小而变形稍大,曲线形状较为平缓;斜拉破坏时,受剪承载力最小,破坏非常突然。因此,这三种破坏均为脆性破坏,其中斜拉破坏脆性最为严重,斜压破坏次之,剪压破坏稍好。

除了以上三种主要破坏形态外,也有可能出现其他一些破坏情况,如集中荷载离支座很近时可能发生纯剪破坏,在荷载作用点及支座处可能发生局部承压破坏以及纵向钢筋的锚固破坏等。

5.2.3　影响受弯构件斜截面受剪承载力的主要因素

试验研究表明,影响受弯构件斜截面受剪承载力的因素很多,主要有剪跨比、混凝土强度、箍筋的配筋率、箍筋强度以及纵向钢筋的配筋率等。

1. 剪跨比

如前所述,剪跨比 λ 实质上反映了截面上正应力和剪应力的相对关系,是影响梁破坏形态和受剪承载力的主要因素之一。图 5-9 为我国进行的几组集中荷载作用下简支梁的试验结果,它表明,随着剪跨比 λ 的增加,梁的受剪承载力降低。但当 $\lambda > 3$ 时,剪跨比的影响将不明显。

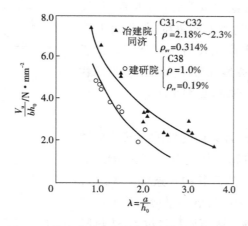

图 5-9　剪跨比对有腹筋梁受剪承载力的影响

2. 混凝土强度

由于梁斜截面受剪破坏时混凝土达到相应受力状态下的极限强度,因此混凝土强度对斜截面受剪承载力的影响很大。梁发生斜压破坏时,受剪承载力主要取决于混凝土的抗压强度;斜拉破坏时,受剪承载力取决于混凝土的抗拉强度;剪压破坏时,受剪承载力与混凝土的压剪复合受力强度有关。

3. 箍筋的配筋率和箍筋强度

如前所述,有腹筋梁出现斜裂缝之后,箍筋不仅直接承担着相当大的一部分剪力,而且能有效地抑制斜裂缝的开展和延伸,对提高剪压区混凝土的受剪承载力和纵筋的销栓作用都有一定影响。试验表明,在配箍量适当的范围内,箍筋配得越多,箍筋强度越高,梁的受剪承载力越大。图 5-10 为箍筋的配筋率 ρ_{sv} 与箍筋强度 f_{yv} 的乘积对梁受剪承载力的影响,可见当其他条件相同时,二者大致呈线性关系。其中,箍筋的配筋率 ρ_{sv} 按下式计算:

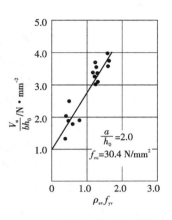

$$\rho_{sv} = \frac{A_{sv}}{bs} \tag{5-6}$$

图 5-10　箍筋配筋率及箍筋强度对梁受剪承载力的影响

式中　b ——构件截面的肋宽;

　　　s ——沿构件长度方向箍筋的间距;

　　　A_{sv}——配置在同一截面内箍筋各肢的全部截面面积,$A_{sv} = nA_{sv1}$;

　　　n ——在同一截面内箍筋的肢数;

　　　A_{sv1}——单肢箍筋的截面面积。

4. 纵向钢筋的配筋率

纵向钢筋能抑制斜裂缝的开展,使斜裂缝上端剪压区混凝土的面积增大,从而提高了混凝土的受剪承载力。同时,纵向钢筋能通过销栓作用承担一定的剪力,因此,纵向钢筋的配筋量增大,会使受剪承载力有一定的提高。

5.3　斜截面受剪承载力计算

5.3.1　计算原则

如前所述,有腹筋梁发生斜截面剪切破坏时可能出现三种主要破坏形态。其中,斜压破坏是由于腹筋的数量过多或构件的截面尺寸过小引起的,可用通过控制截面尺寸不能过小的方法来防止;斜拉破坏是由于腹筋数量过少而引起的,因此用满足最小箍筋配筋率及构造要求来防止这种形式的破坏。对于剪压破坏,则通过受剪承载力的计算予以保证。我国《混凝土结构设计规范》中给出的受剪承载力计算公式就是根据剪压破坏形态建立的。

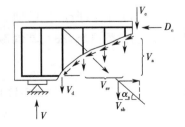

图 5-11　斜截面受剪承载力计算简图

对于配有箍筋和弯起钢筋的简支梁,发生剪压破坏时,取出如图 5-11 中被斜裂缝分割的一段梁为脱离体,该脱离体上作用的外力为 V,斜截面上的抗力有混凝土剪压区承担的剪力和压力、箍筋和弯起钢筋的抗力、纵筋的拉

力和销栓力以及骨料之间的咬合力等。斜截面的受剪承载力可以写为

$$V_u = V_c + V_{sv} + V_{sb} + V_d + V_s \tag{5-7}$$

式中　V_u ——斜截面受剪承载力；

$\qquad V_c$ ——剪压区混凝土承担的剪力；

$\qquad V_{sv}$ ——与斜裂缝相交的箍筋承担的剪力；

$\qquad V_{sb}$ ——与斜裂缝相交的弯起钢筋所承担的拉力沿竖向的分力；

$\qquad V_d$ ——纵筋的销栓力；

$\qquad V_s$ ——斜裂缝截面混凝土骨料的咬合力沿竖向的分力。

斜裂缝处混凝土骨料的咬合力和纵筋的销栓力，在无腹筋梁中的作用较大，但在有腹筋梁中，由于箍筋的存在，其抗剪作用变得不很显著。因此为了计算简便，可将其忽略或合并到其他抗力项中考虑。于是，上述表达式可以简化为

$$V_u = V_{cs} + V_{sb} \tag{5-8}$$

$$V_{cs} = V_c + V_{sv} \tag{5-9}$$

式中　V_{cs}——仅配箍筋梁的斜截面受剪承载力。

5.3.2　仅配有箍筋梁的斜截面受剪承载力计算

1. 矩形、T 形和 I 形截面的一般受弯构件

对于矩形、T 形和 I 形截面的一般受弯构件，当仅配有箍筋时，其斜截面受弯承载力应按下式计算

$$V \leqslant V_u = V_{cs} = 0.7f_t bh_0 + 1.25f_{yv}\frac{A_{sv}}{s}h_0 \tag{5-10}$$

式中　V ——构件斜截面上的最大剪力设计值；

$\qquad b$ ——矩形截面的宽度、T 形截面或 I 形截面的腹板宽度；

$\qquad h_0$ ——截面的有效高度；

$\qquad s$ ——沿构件长度方向箍筋的间距；

$\qquad A_{sv}$——配置在同一截面内箍筋各肢的全部截面面积；

$\qquad f_t$ ——混凝土的轴心抗拉强度设计值；

$\qquad f_{yv}$ ——箍筋的抗拉强度设计值。

2. 承受集中荷载的矩形、T 形和 I 形截面独立梁

承受集中荷载（包括作用有多种荷载，其中集中荷载对支座或节点边缘所产生的剪力值占总剪力值的 75% 以上的情况）的矩形、T 形和 I 形截面独立梁，当仅配有箍筋时，其斜截面受剪承载力应按下式计算

$$V \leqslant V_u = V_{cs} = \frac{1.75}{\lambda + 1}f_t bh_0 + f_{yv}\frac{A_{sv}}{s}h_0 \tag{5-11}$$

式中　λ ——计算截面的剪跨比，可取 $\lambda = a/h_0$；

$\qquad a$——集中荷载作用点至支座截面或节点边缘的距离，当 $\lambda < 1.5$ 时，取 $\lambda = 1.5$，当 $\lambda >$ 3 时，取 $\lambda = 3$，集中荷载作用点至支座之间的箍筋，应均匀配置。

　　所谓独立梁,是指不与楼板整体浇筑的梁。当剪跨比 λ 值在 $1.5 \sim 3.0$ 之间时,式 (5-11)中第一项的系数 $1.75/(\lambda+1)$ 在 $0.44 \sim 0.7$ 之间变化,说明随着剪跨比的增大,梁的受剪承载力降低;第二项的系数为 1.0,小于式(5-10)中的系数 1.25。可见,承受集中荷载作用时的斜截面受剪承载力比承受均布荷载时的低。

　　应当指出,按式(5-10)和式(5-11)求得的 V_u 均为受剪承载力试验结果的偏下限值,这样做是为了保证安全。

5.3.3　配有箍筋和弯起钢筋梁的斜截面受剪承载力计算

　　当梁中配有箍筋和弯起钢筋时,弯起钢筋所能承担的剪力为弯起钢筋的拉力在垂直于梁轴方向的分力(见图5-11)。此外,弯起钢筋与斜裂缝相交时,有可能已接近斜裂缝顶端的剪压区,其应力可能达不到屈服强度,计算时应考虑这一不利因素。于是,弯起钢筋的受剪承载力可按下式计算

$$A_{sb} = 0.8f_y A_{sb} \sin \alpha_s \tag{5-12}$$

式中　V_{sb} ——配置在同一弯起平面内的弯起钢筋的截面面积;

　　　α_s ——弯起钢筋与梁纵向轴线的夹角,一般取 $\alpha_s = 45°$,当梁截面较高时,可取 $\alpha_s = 60°$;

　　　f_y ——弯起钢筋的抗拉强度设计值;

　　　0.8 ——弯起钢筋应力不均匀系数。

　　因此,对矩形、T 形和 I 形截面的受弯构件,当配置箍筋和弯起钢筋时,其斜截面的受剪承载力应按下式计算

$$V \leqslant V_u = V_{cs} + V_{sb} = 0.7f_t bh_0 + 1.25f_{yv}\frac{A_{sv}}{s}h_0 + 0.8f_y A_{sb}\sin \alpha_s \tag{5-13}$$

　　对集中荷载作用下(包括作用有多种荷载,且其中集中荷载对支座截面或节点边缘所产生的剪力值占总剪力值的 75% 以上的情况)的独立梁,当配置箍筋和弯起钢筋时,其斜截面的受剪承载力应按下式计算

$$V \leqslant V_{cs} + V_{sb} = \frac{1.75}{\lambda+1}f_t bh_0 + f_{yv}\frac{A_{sv}}{s}h_0 + 0.8f_y A_{sb}\sin \alpha_s \tag{5-14}$$

式中　V——配置弯起钢筋处的剪力设计值,当计算第一排(对支座而言)弯起钢筋时,取支座边缘处的剪力值;计算以后的每一排弯起钢筋时,取前一排(对支座而言)弯起钢筋弯起点处的剪力值。

5.3.4　公式的适用范围

　　由于上述梁的斜截面受剪承载力计算公式是根据剪压破坏的试验结果和受力特点建立的,因而具有一定的适用范围,即公式具有上、下限。

　　1. 公式的上限——截面尺寸限制条件

　　当梁承受的剪力较大,而截面尺寸较小或腹筋数量较多时,则会发生斜压破坏,此时箍筋应力达不到屈服强度,梁的受剪承载力取决于混凝土的抗压强度和梁的截面尺寸。因此,

设计时为避免斜压破坏,同时也为了防止梁在使用阶段斜裂缝过宽,对矩形、T 形和 I 形截面的受弯构件,其受剪截面应符合下列条件。

当 $h_w/b \leqslant 4$ 时

$$V \leqslant 0.25\beta_c f_c b h_0 \tag{5-15}$$

当 $h_w/b \geqslant 6$ 时

$$V \leqslant 0.2\beta_c f_c b h_0 \tag{5-16}$$

当 $4 \leqslant h_w/b \leqslant 6$ 时,按线性内插法确定。

式中　V ——构件斜截面上的最大剪力设计值;

　　　β_c ——混凝土强度影响系数,当混凝土强度等级不超过 C50 时,取 $\beta_c = 1.0$,当混凝土强度等级为 C80 时,取 $\beta_c = 0.8$,其间按线性内插法确定;

　　　b ——矩形截面的宽度、T 形截面或 I 形截面的腹板宽度;

　　　h_0 ——截面的有效高度;

　　　h_w ——截面的腹板高度,对矩形截面取有效高度,对 T 形截面取有效高度减去翼缘高度,对 I 形截面取腹板净高。

对 T 形或 I 形截面的简支受弯构件,由于受压翼缘对抗剪的有利影响,当有实践经验时,式(5-15)中的系数可改用 0.3;同样,对受拉边倾斜的构件,其受剪截面的控制条件可适当放宽。

2. 公式的下限——最小配箍率和构造配箍条件

如果梁内箍筋配置过少,斜裂缝一旦出现,箍筋应力就会突然增加而达到其屈服强度,甚至被拉断,导致发生脆性很大的斜拉破坏。为了避免这类破坏,梁箍筋的配筋率 ρ_{sv} 应不小于箍筋的最小配筋率 ρ_{svmin},即

$$\rho_{sv} = \frac{A_{sv}}{bs} \geqslant \rho_{svmin} = 0.24\frac{f_t}{f_{yv}} \tag{5-17}$$

同时,如果梁内箍筋的间距过大,则可能出现斜裂缝不与箍筋相交的情况,使箍筋无法发挥作用。为此,应对箍筋的最大间距进行限制。根据试验结果和设计经验,梁内的箍筋数量还应满足下列要求。

① 对矩形、T 形、I 形截面梁,应符合

$$V \leqslant 0.7f_t b h_0 \tag{5-18}$$

对集中荷载作用下的矩形、T 形和 I 形截面独立梁,应符合

$$V \leqslant \frac{1.75}{\lambda + 1}f_t b h_0 \tag{5-19}$$

虽按计算不需配置箍筋,但仍应按构造配置箍筋,即箍筋的最大间距和最小直径应满足表 5-1 的构造要求。

表 5-1 梁中箍筋的最大间距和最小直径 mm

梁截面高度 h	最大间距		最小直径
	$V > 0.7 f_t b h_0$	$V \leq 0.7 f_t b h_0$	
$150 < h \leq 300$	150	200	6
$300 < h \leq 500$	200	300	6
$500 < h \leq 800$	250	350	6
$h > 800$	300	400	8

② 当不满足式(5-18)或式(5-19)时,应按式(5-13)或式(5-14)计算腹筋数量,箍筋的配筋率应满足式(5-17)的要求,选用的箍筋直径和箍筋间距还应符合表 5-1 的构造要求。

5.3.5 板类构件的受剪承载力计算

在高层建筑中,厚度很大的基础底板、转换层板等常被应用。这些板的厚度有时可达 1~3 m,水工、港工结构中的某些底板甚至达到 7~8 m 厚,此类板称为厚板。对于厚板,除应计算正截面受弯承载力外,还必须计算其斜截面受剪承载力。由于板类构件一般难以配置箍筋,因此其斜截面受剪承载力应按不配箍筋和弯起钢筋的无腹筋板类构件进行计算。

对不配置腹筋的厚板来说,截面的尺寸效应是影响斜截面受剪承载力的重要因素。试验分析表明,随板厚的增加,斜裂缝的宽度会相应地增大,如果混凝土骨料的粒径没有随板厚的增加而增大,就会使裂缝处的骨料咬合作用减弱,传递剪力的能力就相对降低。因此,在计算厚板的受剪承载力时,应考虑板厚的不利影响。

对不配置箍筋和弯起钢筋的一般板类受弯构件,其斜截面的受剪承载力应按下式计算

$$V \leq V_u = 0.7 \beta_h f_t b h_0 \tag{5-20}$$

$$\beta_h = \left(\frac{800}{h_0} \right)^{\frac{1}{4}} \tag{5-21}$$

式中 V——构件斜截面上的最大剪力设计值;

      β_h——截面高度影响系数,当 $h_0 < 800$ mm 时,取 $h_0 = 800$ mm,当 $h_0 > 2\,000$ mm 时,取 $h_0 = 2\,000$ mm;

      f_t——混凝土轴心抗拉强度设计值。

上述公式仅适用于一般板类构件的受剪承载力计算,工程设计中通常不允许将梁设计为无腹筋梁。

5.4 斜截面受剪承载力的设计计算方法

5.4.1 计算截面的确定

对梁斜截面受剪承载力起控制作用的应该是那些剪力设计值较大而受剪承载力又较

小,或截面抗力发生变化处的斜截面。据此,设计中一般取下列位置处的截面作为梁受剪承载力的计算截面。

① 支座边缘处的截面(见图 5-12 中的截面 1 – 1)。

② 受拉区弯起钢筋弯起点处的截面(见图 5-12(a)中的截面 2 – 2、3 – 3)。

③ 箍筋间距或箍筋截面面积改变处的截面(见图 5-12(b)中的截面 4 – 4)。

④ 腹板宽度改变处的截面。

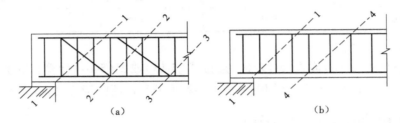

图 5-12　梁斜截面受剪承载力的计算截面位置

计算截面处的剪力设计值按下述方法采用:计算支座边缘处的截面时,取该处的剪力设计值;计算箍筋数量(间距或截面面积)改变处的截面时,取箍筋数量开始改变处的剪力设计值;计算第一排(从支座算起)弯起钢筋时,取支座边缘处的剪力设计值,计算以后每一排弯起钢筋时,取前一排弯起钢筋弯起点处的剪力设计值,如图 5-12 所示。

5.4.2　截面设计

已知外荷载或剪力设计值,构件的截面尺寸 b、h,材料的强度设计值 f_t、f_c 和 f_{yv} 等,要求确定箍筋和弯起钢筋的数量。

对于这类问题,一般可按下列步骤进行计算。

① 确定计算截面及其剪力设计值,必要时作剪力图。

② 验算构件的截面尺寸是否满足要求。构件的截面以及纵向钢筋通常已由正截面受弯承载力计算初步选定,在进行受剪承载力计算时,应根据斜截面上的最大剪力设计值 V,按式(5-15)或式(5-16)验算构件截面尺寸是否合适,当不满足要求时,应加大截面尺寸或提高混凝土强度等级。对于板类构件,则应按式(5-20)、式(5-21)验算其截面尺寸,一般不用计算腹筋。

③ 验算是否需要按计算配置腹筋。当计算截面的剪力设计值满足式(5-18)或式(5-19)时,则可不进行斜截面受剪承载力计算,而应按表 5-1 的构造要求配置箍筋。否则,应按计算配置腹筋。

④ 当要求按计算配置腹筋时,一般可采用以下两种方案计算腹筋数量。

a. 仅配箍筋而不配置弯起钢筋。对矩形、T 形和 I 形截面的一般受弯构件,由式(5-10)可得:

$$\frac{A_{sv}}{s} \geqslant \frac{V - 0.7f_t b h_0}{1.25 f_{yv} h_0} \tag{5-22}$$

对集中荷载作用下的矩形、T 形和 I 形截面独立梁,由式(5-11)可得:

$$\frac{A_{sv}}{s} \geq \frac{V - \frac{1.75}{\lambda + 1} f_t b h_0}{f_{yv} h_0} \tag{5-23}$$

计算出 $\dfrac{A_{sv}}{s}$ 值后,可先确定箍筋的肢数(一般采用双肢箍,即取 $A_{sv} = 2A_{sv1}$,A_{sv1} 为单肢箍筋的截面面积)和箍筋间距 s,便可确定箍筋的截面面积 A_{sv1} 和箍筋的直径;也可先确定单肢箍筋的截面面积 A_{sv1} 和箍筋肢数,然后求出箍筋的间距。注意选用的箍筋直径和间距均应满足表 5-1 的构造要求。

b. 既配箍筋又配置弯起钢筋。当计算截面的剪力设计值较大,箍筋配置得较多但仍不能满足斜截面的受剪承载力要求时,可配置弯起钢筋与箍筋一起抵抗剪力。此时,一般可先按经验选定箍筋的直径和间距,并按式(5-10)或式(5-11)计算出 V_{cs},然后由下式计算弯起钢筋的截面面积,即

$$A_{sb} \geq \frac{V - V_{cs}}{0.8 f_y \sin \alpha_s} \tag{5-24}$$

也可先选定弯起钢筋的截面面积 A_{sb}(可由正截面受弯承载力计算所得纵向受拉钢筋中弯起钢筋的截面面积确定),然后由式(5-13)或式(5-14)计算箍筋数量。

【例 5-1】　一矩形截面简支梁,如图 5-13 所示,其上作用的均布荷载设计值为 80 kN/m(包括梁自重)。梁的截面尺寸 $b \times h = 250$ mm × 600 mm,混凝土强度等级为 C25($f_c = 11.9$ N/mm²,$f_t = 1.27$ N/mm²),纵筋采用 HRB400 级钢筋($f_y = 360$ N/mm²),$a_s = 35$ mm,按正截面受弯承载力计算所需配置的纵筋为 4 $\underline{\Phi}$ 25。箍筋为 HPB300 级钢筋($f_{yv} = 270$ N/mm²),试确定腹筋数量。

【解】　(1)计算剪力设计值

支座边缘处截面的剪力设计值为

$$V = \frac{1}{2} \times 80 \times (5.6 - 0.24) \text{ kN} = 214.4 \text{ kN}$$

(2)验算截面尺寸

$h_w = h_0 = (600 - 35)$ mm = 565 mm,$\dfrac{h_w}{b} = \dfrac{565}{250} = 2.26 < 4$,应按式(5-15)进行验算;采用 C25 混凝土,强度等级低于 C50,故取 $\beta_c = 1.0$,则

$$0.25\beta_c f_c b h_0 = 0.25 \times 1.0 \times 11.9 \times 250 \times 565 \text{ N} = 420\ 219 \text{ N}$$
$$= 420.219 \text{ kN} > V = 214.4 \text{ kN}$$

截面尺寸符合要求。

(3)验算是否需要按计算配置腹筋

$0.7 f_t b h_0 = 0.7 \times 1.27 \times 250 \times 565$ N = 125 571 N = 125.571 kN $< V = 214.4$ kN

故需按计算配置腹筋。

(4)计算腹筋数量

① 如果仅配箍筋,则由式(5-22)得:

$$\frac{A_{sv}}{s} \geqslant \left(\frac{214\ 400 - 125\ 571}{1.25 \times 270 \times 565}\right) \text{mm} = 0.466 \text{ mm}$$

选用双肢中8箍筋($A_{sv} = 101 \text{ mm}^2$),则:

$$s \leqslant \frac{A_{sv}}{0.466} = 216.7 \text{mm}$$

取$s = 150 \text{ mm}$,相应得箍筋的配筋率为:

$$\rho_{sv} = \frac{A_{sv}}{bs} = \frac{101}{250 \times 150} = 0.27\% > \rho_{svmin} = 0.24 \frac{f_t}{f_{yv}} = 0.24 \times \frac{1.27}{270} = 0.11\%$$

故所配双肢中8@150箍筋能够满足要求。

② 如果既配箍筋又配弯起钢筋,则可按表5-1的构造要求,先选用双肢中8@250箍筋,则

$$V_{cs} = \left(125\ 571 + 1.25 \times 270 \times \frac{101}{250} \times 565\right) \text{N} = 202\ 609 \text{ N} = 202.609 \text{ kN}$$

然后由式(5-24)得:

$$A_{sb} \geqslant \frac{214\ 400 - 202\ 609}{0.8 \times 360 \times \sin 45°} \text{mm}^2 = 57.9 \text{ mm}^2$$

将梁跨中的下部钢筋弯起1 Φ 25($A_{sb} = 491 \text{ mm}^2$)即可满足要求,而钢筋的弯起点至支座边缘的距离为50 mm + $(600 - 2 \times 35)$ mm = 580 mm,弯起角度45°,如图5-13所示。

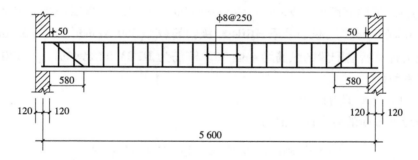

图5-13 例5-1简图

再验算弯起点处的斜截面。钢筋弯起点处的剪力设计值为

$$V_1 = \frac{1}{2} \times 80 \times (5.6 - 0.24 - 0.58 \times 2) \text{ kN} = 168 \text{ kN}$$

钢筋弯起点处截面的受剪承载力为

$$V_u = V_{cs} = \left(125\ 571 + 1.25 \times 270 \times \frac{101}{250} \times 565\right) \text{N} = 202\ 609 \text{ N}$$

$$= 202.609 \text{ kN} > V_1 = 168 \text{ kN}$$

说明该截面能够满足受剪承载力要求,故该梁只需配置一排弯起钢筋即可。

【例5-2】 一钢筋混凝土矩形截面简支梁,跨度4 m,梁上作用的荷载设计值为10 kN/m(均布荷载中已包括梁自重),如图5-14所示。梁截面尺寸$b \times h = 250 \text{ mm} \times 550\text{mm}$,混凝土强度等级为C30($f_c = 14.3 \text{ N/mm}^2$,$f_t = 1.43 \text{ N/mm}^2$),箍筋采用HPB300级钢

筋$(f_{yv} = 270 \text{ N/mm}^2)$，$a_s = 35 \text{ mm}$。试计算箍筋数量。

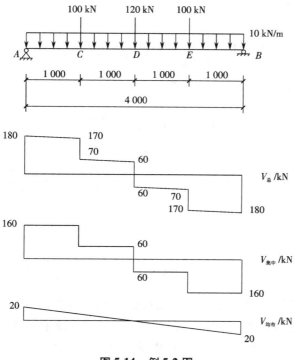

图 5-14 　例 5-2 图

【解】 （1）求剪力设计值

梁上剪力设计值如图 5-14 所示。

（2）验算截面尺寸

$h_w = h_0 = (550 - 35) \text{ mm} = 515 \text{ mm}$，$\dfrac{h_w}{b} = \dfrac{515}{250} = 2.06 < 4$，应按式（5-15）进行验算；因混凝土强度等级为 C30，低于 C50，故取 $\beta_c = 1.0$，则

$$0.25\beta_c f_c bh_0 = 0.25 \times 1.0 \times 14.3 \times 250 \times 515 \text{ N} = 460\ 281 \text{ N} = 460.281 \text{ kN}$$

该值大于梁支座边缘处的最大剪力设计值，故截面尺寸满足要求。

（3）验算是否需要按计算配置腹筋

A、B 两支座截面上由集中荷载引起的剪力设计值占相应支座截面总剪力值的比例均为 $\dfrac{160}{180} = 88\%$，大于 75%，故该梁应按集中荷载作用下的情况，采用式（5-11）计算受剪承载力。

根据剪力的变化情况，可将梁分为 $AC(BE)$、$CD(ED)$ 区段来计算斜截面受剪承载力。

$AC(BE)$ 段：

$$\lambda = \frac{a}{h_0} = \frac{1\ 000}{515} = 1.94 < 3.0$$

故计算时取 $\lambda = 1.94$。

$$\frac{1.75}{\lambda + 1}f_t bh_0 = \frac{1.75}{1.94 + 1} \times 1.43 \times 250 \times 515 \text{ N} = 109\ 591 \text{ N}$$

$$= 109.5\ 91\ \text{kN} < V_A = 180\ \text{kN}$$

说明应按计算配置箍筋。

由式(5-23)得

$$\frac{A_{sv}}{s} \geqslant \frac{180\ 000 - 109\ 591}{270 \times 515}\ \text{mm} = 0.506\ \text{mm}$$

选用双肢中8箍筋($A_{sv} = 101\ \text{mm}^2$),则

$$s \leqslant \frac{A_{sv}}{0.506} = \frac{101}{0.506} = 199.6\ \text{mm}$$

取 $s = 150\ \text{mm}$,相应得箍筋的配筋率为

$$\rho_{sv} = \frac{A_{sv}}{bs} = \frac{101}{250 \times 150} = 0.269\% > \rho_{svmin} = 0.24\frac{f_t}{f_{yv}} = 0.24 \times \frac{1.43}{270} = 0.127\%$$

$CD(ED)$ 段:$\lambda = \dfrac{a}{h_0} = \dfrac{2\ 000}{515} = 3.88 > 3.0$

故计算时取 $\lambda = 3.0$。

$$\frac{1.75}{\lambda + 1}f_t b h_0 = \frac{1.75}{3+1} \times 1.43 \times 250 \times 515\ \text{N} = 805\ 49\ \text{N} = 80.549\ \text{kN} > V_c = 70\ \text{kN}$$

仅需按构造配置箍筋。根据表5-1,选用双肢中8@300箍筋。

【例5-3】 一钢筋混凝土 T 形截面简支梁,其上作用一集中荷载(梁的自重忽略不计),荷载设计值为 500 kN,梁的跨度为 4.5 m,截面尺寸如图5-15所示,梁截面有效高度 $h_0 = 640\ \text{mm}$,混凝土的强度等级为 C30($f_c = 14.3\ \text{N/mm}^2$,$f_t = 1.43\ \text{N/mm}^2$),箍筋为 HRB335 级钢筋($f_{yv} = 300\ \text{N/mm}^2$),纵筋为 HRB400 级钢筋($f_y = 360\ \text{N/mm}^2$)。梁跨中截面配置的纵向受拉钢筋为 6 ⊕ 25,试计算腹筋的数量。

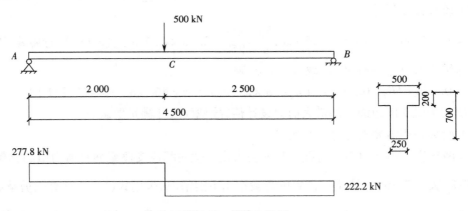

图5-15　例5-3简图

【解】 (1)计算剪力设计值

剪力设计值如图5-15所示。

(2)验算截面尺寸

$h_w = h_0 - h_f = (640 - 200)\ \text{mm} = 440\ \text{mm}$,$\dfrac{h_w}{b} = \dfrac{440}{250} = 1.76 < 4$,应按式(5-15)进行验算;

因混凝土强度等级为 C30,低于 C50,故取 $\beta_c = 1.0$,则

$0.25\beta_c f_c bh_0 = 0.25 \times 1.0 \times 14.3 \times 250 \times 640\ N = 572\ 000\ N > V_{max} = 277\ 800\ N$

截面尺寸满足要求。

（3）验算是否需要按计算配置腹筋

AC 段: $\lambda = \dfrac{a}{h_0} = \dfrac{2\ 000}{640} = 3.13 > 3.0$, 取 $\lambda = 3$ 计算,则

$$\frac{1.75}{\lambda + 1}f_t bh_0 = \frac{1.75}{3 + 1} \times 1.43 \times 250 \times 640\ N = 100\ 100\ N = 100.1\ kN < 277.8\ kN$$

BC 段: $\lambda = \dfrac{a}{h_0} = \dfrac{2\ 500}{640} = 3.91 > 3.0$, 取 $\lambda = 3$ 计算,则

$$\frac{1.75}{\lambda + 1}f_t bh_0 = \frac{1.75}{3 + 1} \times 1.43 \times 250 \times 640\ N = 100\ 100\ N = 100.1\ kN < 222.2\ kN$$

故 AC 段和 BC 段均应按计算配置箍筋。

（4）计算腹筋数量

① AC 段:采用既配箍筋又配弯起钢筋的方案。选用双肢ф 8@200 箍筋,则

$$V_{cs} = \left(100\ 100 + 300 \times \frac{101}{200} \times 640 \right)\ N = 197\ 060\ N$$

由式（5-23）得

$$A_{sv} \geq \frac{277\ 800 - 197\ 060}{0.8 \times 360 \times \sin 45°}\ mm^2 = 396\ mm^2$$

选用 1 ф 25（$A_{sv} = 491\ mm^2$）,钢筋弯起即可满足要求。又因该梁在 AC 段内的剪力值均为 277.8 kN,故在弯起钢筋的弯起点处仅配ф 8@200 箍筋,必然不能满足斜截面受剪承载力的要求,在 AC 段内应分三次弯起三排钢筋,如图 5-16 所示。

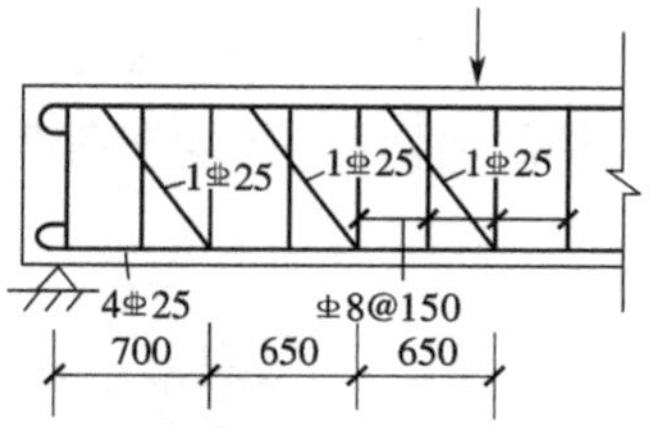

② BC 段:采用双肢ф 8@150 箍筋,则由式（5-11）得

$$V_u = V_{cs} = \left(100\ 100 + 300 \times \frac{101}{150} \times 640 \right)\ N$$

$$= 229\ 380\ N > 222\ 200\ N$$

图 5-16　弯起钢筋的布置

故 BC 段不需再设置弯起钢筋。BC 段箍筋的配筋率为

$$\rho_{sv} = \frac{A_{sv}}{bs} = \frac{101}{250 \times 150} = 0.269\% > \rho_{svmin} = 0.24\frac{f_t}{f_{yv}} = 0.24 \times \frac{1.43}{300} = 0.114\%$$

满足要求。

5.4.3　截面复核

已知构件截面尺寸 b、h,材料强度设计值 f_c、f_t、f_y、f_{yv},箍筋、弯起钢筋数量及其布置等,要求复核构件斜截面所能承受的剪力设计值（或相应的荷载设计值）。

此时,可将各有关数据直接代入式（5-13）或式（5-14）,即得相应的解答。

【例 5-4】　一矩形截面简支梁,截面尺寸 $b \times h = 250\ mm \times 500\ mm$,混凝土强度等级为

$C25(f_c = 11.9\ \text{N/mm}^2, f_t = 1.27\ \text{N/mm}^2)$，一类使用环境（混凝土保护层最小厚度为 25 mm）。纵筋采用 4 $\underline{\Phi}$ 20 的 HRB400 级钢筋，箍筋采用 HPB300 级钢筋（$f_{yv} = 270\ \text{N/mm}^2$），沿梁长配有双肢 Φ 8@200 箍筋，梁的净跨度 $l_n = 5.76$ mm。要求按斜截面受剪承载力计算梁上所能承受的均布荷载设计值（包括梁自重）。

【解】　$h_w = h_0 = (500 - 35)\ \text{mm} = 465\ \text{mm}, \dfrac{h_w}{b} = \dfrac{465}{250} = 1.86 < 4$，采用 C25 混凝土，强度等级低于 C50，故取 $\beta_c = 1.0$，则

$$0.25\beta_c f_c b h_0 = 0.25 \times 1.0 \times 11.9 \times 250 \times 465\ \text{N} = 345\ 844\ \text{N} = 345.844\ \text{kN}$$

$$\rho_{sv} = \frac{A_{sv}}{bs} = \frac{101}{250 \times 200} = 0.201\% > \rho_{sv\min} = 0.24\frac{f_t}{f_{yv}} = 0.24 \times \frac{1.27}{270} = 0.113\%$$

代入式（5-10）得：

$$V_u = \left(0.7 \times 1.27 \times 250 \times 465 + 1.25 \times 270 \times \frac{101}{200} \times 465\right)\text{N}$$

$$= 182\ 600\ \text{N} = 182.6\ \text{kN} < 345.84\ \text{kN}$$

故上、下限均满足要求。

由 $V_u = \dfrac{1}{2}q l_n$，得梁上所能承受的均布荷载设计值为：

$$q = \frac{2V_u}{l_n} = \frac{2 \times 182.6}{5.76}\ \text{kN/m} = 63.4\ \text{kN/m}$$

【例 5-5】　其他已知条件同例 5-4，弯起钢筋 1 $\underline{\Phi}$ 20（$A_{sb} = 314.2\ \text{mm}^2, f_y = 360\ \text{N/mm}^2$），弯起角度为 45°，如图 5-17 所示。配有双肢 Φ 8@200 箍筋。试按斜截面受剪承载力计算该梁所能承受的均布荷载设计值。

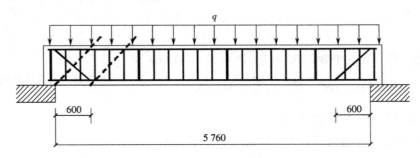

图 5-17　例 5-5 简图

【解】　该简支梁应计算两个斜截面，即支座边缘和弯起钢筋的弯起点处。箍筋的配筋率

$$\rho_{sv} = \frac{A_{sv}}{bs} = \frac{101}{250 \times 200} = 0.202\% > \rho_{sv\min} = 0.24\frac{f_t}{f_{yv}} = 0.24 \times \frac{1.27}{270} = 0.113\%$$

满足计算公式的下限。

① 支座边缘处，箍筋与弯起钢筋共同抵抗剪力。代入基本公式（5-13）得：

$$V_{u1} = \left(0.7 \times 1.27 \times 250 \times 465 + 1.25 \times 270 \times \frac{101}{200} \times 465 + 0.8 \times 360 \times 314.2 \times \sin 45°\right) \text{N}$$

$$= 246.585 \text{ kN} < 0.25\beta_c f_c bh_0 = 345.84 \text{ kN}$$

故计算公式的上限也满足。

由 $V_{u1} = \frac{1}{2} q_1 l_n$，求得梁上所能承担的均布荷载设计值为

$$q_1 = \frac{2V_{u1}}{l_n} = \frac{2 \times 246.585}{5.76} \text{ kN/m} = 85.62 \text{ kN/m}$$

② 弯起钢筋的弯起点处，仅有箍筋抵抗剪力，故由式(5-10)得

$$V_{u2} = \left(0.7 \times 1.27 \times 250 \times 465 + 1.25 \times 270 \times \frac{101}{200} \times 465\right) \text{N}$$

$$= 182\ 600 \text{ N} = 182.6 \text{ kN}$$

则
$$q_2 = \frac{2V_{u2}}{l_2} = \frac{2 \times 182.6}{5.76 - 2 \times 0.6} \text{ kN/m} = 80.09 \text{ kN/m} < q_1 = 85.62 \text{ kN/m}$$

故由斜截面受剪承载力求得的梁上所能承受的均布荷载设计值为 80.09 kN/m。

5.5　斜截面受弯承载力和构造措施

受弯构件出现斜裂缝后，在斜截面上不仅存在着剪力 V，同时还作用有弯矩 M。图 5-18 所示为一简支梁及其在均布荷载作用下的弯矩图。若取斜截面 JC 左边部分梁为脱离体，并将斜截面 JC 上的所有力对受压区合力作用点取矩，则有

$$M_u = f_y(A_s - A_{sb})z + \sum f_y A_{sb} z_{sb} + \sum f_{yv} A_{sv} z_{sv} \tag{5-25}$$

式中　M_u——斜截面的受弯承载力。

上式等号右边第一项为纵向钢筋的受弯承载力，第二项和第三项分别为弯起钢筋和箍筋的受弯承载力。

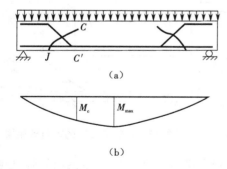

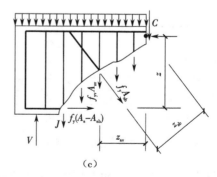

图 5-18　梁斜截面受弯承载力

与斜截面末端 C 相对应的正截面 CC' 的受弯承载力为

$$M_u = f_y A_s z \tag{5-26}$$

由于斜截面 JC 和正截面 CC' 所承受的外弯矩均等于 M_e（见图 5-18（b）），因此按跨中最大弯矩 $M_{\max}$ 所配置的钢筋只要沿梁全长既不弯起也不截断，就可满足斜截面的受弯承载力要求。但是在工程设计中，纵向钢筋有时需要弯起或截断。这样，斜截面 JC 受弯承载力计算公式（5-25）中等号右边第一项将小于正截面 CC' 受弯承载力的计算结果（式（5-26））。在这种情况下，斜截面的受弯承载力将有可能得不到保证。因此，在纵向钢筋有弯起或截断的梁中，必须考虑斜截面的受弯承载力问题。

为了说明这一问题，先介绍梁的正截面抵抗弯矩图。

5.5.1　抵抗弯矩图

抵抗弯矩图又称材料图，它是按梁实际配置的纵向受力钢筋所确定的各正截面所能抵抗弯矩的图形。图上各纵坐标代表各相应正截面实际所能抵抗的弯矩值。下面讨论抵抗弯矩图的作法。

1. 纵向受力钢筋沿梁长不变时的抵抗弯矩图

图 5-19 为一均布荷载作用下的简支梁，按跨中最大弯矩计算，需配置的纵向钢筋为 2 Φ 25 + 2 Φ 22，它所能抵抗的弯矩可由下式求得：

$$M_\mathrm{R} = f_y A_\mathrm{s}\left(h_0 - \frac{f_y A_\mathrm{s}}{2\alpha_1 f_c b}\right) \tag{5-27}$$

而每根钢筋所能抵抗的弯矩 $M_{\mathrm{R}i}$ 可近似地由该钢筋的面积 $A_{\mathrm{s}i}$ 与钢筋总面积 A_s 的比值乘以总抵抗弯矩 M_R 求得，即

$$M_{\mathrm{R}i} = \frac{A_{\mathrm{s}i}}{A_\mathrm{s}} M_\mathrm{R} \tag{5-28}$$

如果全部纵向钢筋沿梁直通，并在支座处有足够的锚固长度，则沿梁全长各个正截面抵抗弯矩的能力相等，因而梁的抵抗弯矩图为矩形 $abcd$（见图 5-19）。每一根钢筋所能抵抗的弯矩按式（5-28）计算，亦示于图 5-19 中。

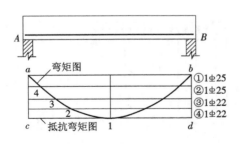

图 5-19　简支梁的抵抗弯矩图

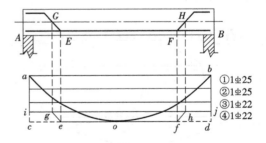

图 5-20　有纵筋弯起的简支梁的抵抗弯矩图

可见，跨中截面 1 点处四根钢筋的强度被完全利用，2 点处①、②、③号钢筋的强度也被充分利用，而④号钢筋则不再需要。通常把 1 点称为④号钢筋的"充分利用点"，2 点称为④号钢筋的"理论截断点"或"不需要点"，其余类推。

由图 5-19 还可看出，纵向钢筋沿梁跨通长布置，构造上虽然简单，但有些截面上钢筋的强度未能被充分利用，因此是不经济的。合理的设计应该是把一部分纵向受力钢筋在不需

要的地方弯起或截断,以使抵抗弯矩图包住并尽量靠近设计弯矩图,以便节约钢筋。

2. 有纵筋弯起时的抵抗弯矩图

在简支梁设计中,一般不宜在跨内将纵向钢筋截断,而可在支座附近将纵筋弯起以抗剪。在图 5-20 中,如将④号钢筋在 E、F 截面处弯起,由于在弯起过程中,弯起钢筋对正截面受压区合力作用点的力臂是逐渐减小的,因此其受弯承载力并不立即消失,而是逐渐减小,一直到截面 G、H 处弯起钢筋穿过梁轴线进入受压区后,才认为其正截面抗弯作用完全消失。从 E、F 两点作垂直投影线与线 cd 相交于 e、f,再从 G、H 两点作垂直投影线与线 ij 相交于 g、h,则连线 $igefhj$ 为④号钢筋弯起后梁的抵抗弯矩(M_R)图。

3. 纵筋被截断时的抵抗弯矩图

图 5-21 为一钢筋混凝土连续梁中间支座附近处的设计弯矩图、抵抗弯矩图及配筋图,由支座处负弯矩计算所需的纵向钢筋为 2 Φ 16 + 2 Φ 18,4 根钢筋均为直钢筋,相应的抵抗弯矩为 GH。根据设计弯矩图与抵抗弯矩图的关系,可知①号钢筋的理论截断点为 J、L 点,从 J、L 两点分别向上作垂直投影线交直线于 I、K 点,则连线 $JIKL$ 为①号钢筋被截断后的抵抗弯矩图。同理,图中也给出了②号和③号钢筋被截断后的抵抗弯矩图。

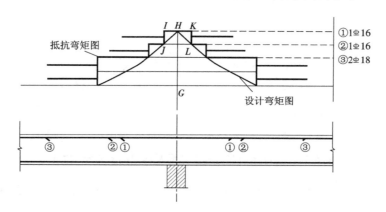

图 5-21　连续梁中间支座负弯矩钢筋被截断时的抵抗弯矩图

5.5.2　纵筋的弯起

在确定纵向钢筋的弯起时,必须考虑以下三方面的要求。

（1）保证正截面受弯承载力

纵筋弯起后,剩下的纵筋数量减少,正截面受弯承载力降低。为了保证正截面受弯承载力能够满足要求,纵筋的始弯点必须位于按正截面受弯承载力计算所得的该纵筋强度被充分利用截面(充分利用点)以外,使抵抗弯矩图包在设计弯矩图的外面,而不得切入设计弯矩图以内。

（2）保证斜截面受剪承载力

纵筋弯起数量由斜截面受剪承载力计算确定。当有集中荷载作用并按计算需配置弯起钢筋时,弯起钢筋应覆盖计算斜截面的始点至相邻集中荷载作用点之间的范围,因为在此范围内剪力值大小不变。弯起钢筋的布置,包括支座边缘到第一排弯筋的终弯点,以及从前一排弯筋的始弯点到次一排弯筋的终弯点的距离,均应小于箍筋的最大间距,其值见表5-1。

(3)保证斜截面受弯承载力

为了保证梁斜截面受弯承载力,弯起钢筋在受拉区的弯起点应设在该钢筋的充分利用点以外,该弯起点至充分利用点间的距离 S_1 应大于或等于 $h_0/2$;同时,弯筋与梁纵轴的交点应位于按计算不需要该钢筋的截面(不需要点)以外。在设计中,当满足上述规定时,梁斜截面受弯承载力就能得到保证。

下面说明为什么 $S_1 \geq h_0/2$ 就能保证斜截面受弯承载力的问题。如图5-22所示,在截面 CC' 处,按正截面受弯承载力计算需配置纵筋的面积为 A_s,CC' 为钢筋 A_s 的充分利用截面。现拟在 K 处弯起一根(或一排)纵筋,其面积为 A_{sb},则剩下的纵筋面积为 $(A_s - A_{sb})$,并伸入梁支座。

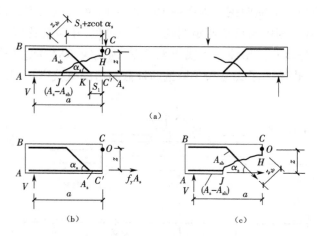

图5-22　有弯起钢筋时的正截面及斜截面受弯承载力

以 $ABCC'$ 部分梁为脱离体(图5-22(b)),对 O 点取矩,可得正截面 CC' 的力矩平衡条件为

$$Va = f_y A_s z \tag{5-29}$$

再以 $ABCHJ$ 部分梁为脱离体(图5-22(c)),亦对 O 点取矩,并忽略箍筋的作用,可得斜截面 CHJ 的力矩平衡条件为

$$Va = f_y(A_s - A_{sb})z + f_y A_s z + f_y A_{sb}(z_{sb} - z) \tag{5-30}$$

从上述分析可知,斜截面 CHJ 和正截面 CC' 承受的外弯矩相同(均等于 Va)。显然,只有使斜截面的受弯承载力大于或等于正截面的受弯承载力,才能保证斜截面受弯承载力满足要求。比较式(5-29)和式(5-30)可见,这相当于使 $z_{sb} \geq z$。

由图5-22(a)的几何关系可得

$$z_{sb} = (S_1 + z\cot \alpha_s)\sin \alpha_s = S_1\sin \alpha_s + z\cos \alpha_s$$

由条件 $z_{sb} \geq z$ 有

$$S_1 \geq (\csc \alpha_s + \cot \alpha_s)z$$

如果取 $z = 0.9h_0$,$\alpha_s = 45°$,得 $S_1 \geq 0.37h_0$,如果取 $\alpha_s = 60°$,则 $S_1 \geq 0.52h_0$。在设计中,

简单地取 $S_1 \geqslant h_0/2$，基本上就能保证 $z_{sb} \geqslant z$，从而保证了斜截面受弯承载力。

5.5.3　纵筋的截断

1. 支座负弯矩钢筋的截断

梁正弯矩区段内的纵向受拉钢筋不宜在跨中截断，而应伸入支座或弯起以抵抗负弯矩及抗剪。支座负弯矩处配置的受拉钢筋在向跨内延伸时，可根据弯矩图在适当部位截断，以减少纵筋的数量。纵筋截断时应符合下列规定。

① 当 $V \leqslant 0.7f_t bh_0$ 时，应延伸至按正截面受弯承载力计算不需要该钢筋的截面以外不小于 $20d$ 处截断，且从该钢筋强度充分利用截面伸出的长度不应小于 $1.2l_a$。

② 当 $V > 0.7f_t bh_0$ 时，应延伸至按正截面受弯承载力计算不需要该钢筋的截面以外不小于 h_0 且不小于 $20d$ 处截断，且从该钢筋强度充分利用截面伸出的长度不应小于 $1.2l_a + h_0$（见图 5-23（a））。

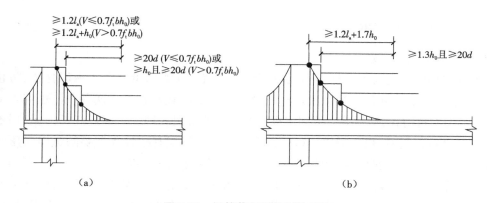

图 5-23　纵筋截断时的延伸长度

做出上述两项规定，主要是由于当 $V \leqslant 0.7f_t bh_0$ 时，梁弯剪区在使用阶段一般不会出现斜裂缝，这时纵筋的延伸长度取 $20d$ 或者 $1.2l_a$；当 $V > 0.7f_t bh_0$ 时，梁在使用阶段有可能出现斜裂缝，而斜裂缝出现后，由于斜裂缝顶端处的弯矩增大，有可能使未截断纵筋的拉应力超过其屈服强度而发生斜弯破坏。因此，纵筋的延伸长度应考虑斜裂缝水平投影长度这一段距离，其值可近似取 h_0，这时，纵筋的延伸长度取 $20d$ 且不小于 h_0 或 $1.2l_a + h_0$。

③ 若负弯矩区长度较大，按上述两项确定的截断点仍位于负弯矩受拉区内，则应延伸至按正截面受弯承载力计算不需要该钢筋的截面以外不小于 $1.3h_0$ 且不小于 $20d$ 处截断，且从该钢筋强度充分利用截面伸出的延伸长度不应小于 $1.2l_a + 1.7h_0$（见图 5-23（b））。

2. 悬臂梁的负弯矩钢筋

悬臂梁承受的弯矩全部为负弯矩，其根部弯矩最大，悬臂端弯矩最小。因此，理论上来讲负弯矩钢筋可根据弯矩图的变化，由根部向悬臂端逐渐减少。但是，由于悬臂梁中存在着比一般梁更为严重的斜弯作用和黏结退化而引起的应力延伸，所以在梁中截断钢筋会引起斜弯破坏。根据试验研究和工程经验，对悬臂梁中负弯矩钢筋的配置作如下规定

① 对较短的悬臂梁，将所有上部钢筋（负弯矩钢筋）伸至悬臂梁外端，并向下弯折锚固，

锚固段的长度不小于 $12d$。

② 对较长的悬臂梁,应有不少于两根上部钢筋伸至悬臂梁外端,并按上述规定向下弯折锚固;其余钢筋不应在梁的上部截断,可分批向下弯折,锚固在梁的受压区内。弯折点位置可根据弯矩图确定,弯折角度为45°或60°,在受压区的锚固长度为 $10d$。

综上所述,钢筋的弯起和截断均需绘制抵抗弯矩图。实际上这是一种图解设计过程,它可以帮助设计者看出纵向受拉钢筋的布置是否经济合理。因为对同一根梁、同一个设计弯矩图,可以画出不同的抵抗弯矩图,得到不同的钢筋布置方案和相应的纵筋弯起和截断位置,它们都可能满足正截面和斜截面承载力计算和有关构造要求,但经济指标有所不同,设计者应综合考虑各方面因素给出判断,做到安全经济且施工方便。

5.6　钢筋的构造要求

5.6.1　箍筋的构造要求

（1）箍筋的形式和肢数

箍筋在梁内除承受剪力以外,还起着固定纵筋位置、使梁内钢筋形成钢筋骨架、防止受压区纵筋压曲、增加构件延性等作用。箍筋的形式有封闭式和开口式两种（见图5-24（d）、（e）），一般采用封闭式,这样既方便固定纵筋又对梁的抗扭有利。对于现浇T形梁,当不承受扭矩和动荷载作用时,也可采用开口式箍筋。但当梁中配有按计算需要的纵向受压钢筋时,箍筋应做成封闭式,箍筋端部弯钩通常为135°,不宜采用90°弯钩。

箍筋有单肢、双肢及复合箍（多肢箍）等,如图5-24所示。一般情况下,当梁宽不大于400 mm时,可采用双肢箍;当梁宽大于400 mm,且一层内的纵向受压钢筋多于3根时,或当梁的宽度不大于400 mm,但一层内的纵向受压钢筋多于4根时,应设置复合箍筋（见图5-24（c））。当梁宽小于100 mm时,可采用单肢箍筋。

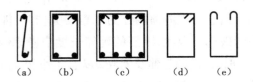

（a）　（b）　（c）　（d）　（e）

图 5-24　箍筋的形式和肢数

（2）箍筋的直径和间距

为了使钢筋骨架具有一定的刚性,便于制作和安装,要求箍筋的直径不应太小,箍筋的最小直径见表5-1。当梁中配有按计算需要的受压钢筋时,箍筋直径还不应小于受压钢筋最大直径的1/4。

箍筋间距除应满足计算要求外,其最大间距还应符合表5-1的规定,并且当梁中配有按计算需要的纵向受压钢筋时,箍筋的间距不应大于 $15d$（d 为纵向受压钢筋的最小直径）,同时不应大于400 mm;当一层内的纵向受压钢筋多于5根且直径大于18 mm时,箍筋间距不应大于 10d。

（3）箍筋的布置

按计算不需要箍筋的梁，当截面高度大于 300 mm 时，应沿梁全长设置箍筋；当截面高度为 150～300 mm 时，可仅在构件端部 1/4 跨度范围内配置箍筋；但当在构件中部 1/2 跨度范围内有集中荷载作用时，则应沿梁全长设置箍筋；当截面高度小于 150 mm 时，可不设箍筋。

5.6.2　纵筋的锚固构造要求

① 伸入梁支座范围内的纵向受力钢筋的根数，当梁宽 $b \geqslant 100$ mm 时，不宜少于两根；当梁宽 $b < 100$ mm 时，可为一根。

② 在简支梁和连续梁的简支端附近，弯矩接近于零。但当从支座边缘截面出现斜裂缝时，该处纵筋的拉应力会突然增加，如无足够的锚固长度，则纵筋会因锚固不足而发生滑移，造成锚固破坏，降低梁的承载力。为了防止这种破坏，简支梁和连续梁简支端的下部纵向钢筋伸入梁支座范围内的锚固长度 l_{as}（见图 5-25）应符合下列规定：当 $V \leqslant 0.7 f_t b h_0$ 时，$l_{as} \geqslant 5d$；当 $V > 0.7 f_t b h_0$ 时，带肋钢筋 $l_{as} \geqslant 12d$，光面钢筋 $l_{as} \geqslant 15d$。此处，d 为纵向受力钢筋的直径。

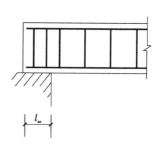

图 5-25　纵向受力钢筋伸入梁简支支座的锚固

对混凝土强度等级为 C25 及以下的简支梁和连续梁的简支端，当距支座边 1.5h 范围内作用有集中荷载，且 $V > 0.7 f_t b h_0$ 时，对带肋钢筋宜采取附加锚固措施，或取锚固长度 $l_{as} \geqslant 15d$。

如纵向受力钢筋伸入梁支座范围内的锚固长度不符合上述要求，应采取在钢筋上加焊锚固板或将钢筋端部焊接在梁端预埋件上等有效锚固措施。

支承在砌体结构上的钢筋混凝土独立梁，在纵向受力钢筋的锚固长度 l_{as} 范围内，应配置不少于两根箍筋，其直径不宜小于纵向受力钢筋最大直径的 0.25 倍，间距不宜大于纵向受力钢筋最小直径的 10 倍；当采取机械锚固措施时，箍筋间距还不宜大于纵向受力钢筋最小直径的 5 倍。

③ 框架梁或连续梁的上部纵向钢筋应贯穿中间节点或中间支座范围内（见图 5-26），下部纵向钢筋在中间节点或中间支座处应满足下列锚固要求。

a. 当计算中不利用该钢筋的强度时，其伸入节点或支座的锚固长度应符合简支支座当 $V > 0.7 f_t b h_0$ 时下部纵向受力钢筋伸入梁支座范围内锚固长度的规定。

b. 当计算中充分利用钢筋的抗拉强度时，下部纵向钢筋应锚固在节点或支座内。此时，可采用直线锚固形式（见图 5-26（a）），钢筋的锚固长度不应小于受拉钢筋的锚固长度 l_a；下部纵向钢筋也可采用带 90°弯折的锚固形式（见图 5-26（b））。其中，竖直段应向上弯折，锚固端包括弯弧段在内的水平投影长度不应小于 0.4l_a，竖直投影长度应取为 15d。下部纵向钢筋也可伸过节点或支座范围，并在跨中弯矩较小处设置搭接接头（见图 5-26（c））。

c. 当计算中充分利用钢筋的抗压强度时，下部纵向钢筋应按受压钢筋锚固在中间节点或中间支座内,其直线锚固长度不应小于$0.7l_a$;下部纵向钢筋也可伸过节点或支座范围,并在梁中弯矩较小处设置搭接接头。

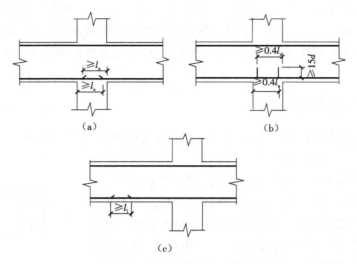

图5-26　梁下部纵向钢筋在中间节点或中间支座范围内的锚固与搭接

(a)节点中的直线锚固　(b)节点中的弯折锚固　(c)节点或支座范围外的搭接

5.6.3　弯起钢筋的构造要求

(1)弯起钢筋的间距

当设置的弯起钢筋参与抗剪时,前一排(相对支座而言)弯起钢筋的始弯点至次一排弯起钢筋的终弯点的距离,不得大于表5-1规定的箍筋最大间距。

(2)弯起钢筋的弯起角度

梁中弯起钢筋的弯起角度一般可取45°,当梁截面高度大于700 mm时,也可采用60°。位于梁底层两侧的钢筋不应弯起,顶层钢筋中的角部钢筋不应弯下。

(3)抗剪弯起钢筋的终弯点

终弯点应有直线段的锚固长度,其数值在受拉区不应小于$20d$,在受压区不应小于$10d$;光面钢筋的末端应设置弯钩(图5-27)。

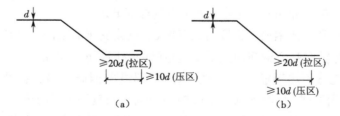

图5-27　弯起钢筋的端部构造

(4)弯起钢筋的形式

当不能弯起纵向受拉钢筋抗剪时,可设置单独的抗剪弯筋。此时,弯筋应采用"鸭筋"

（图5-28（a）），而不应采用"浮筋"（图5-28（b））。因为浮筋在受拉区只有一小段水平长度，其锚固性能不如两端均锚固在受压区的鸭筋可靠，一旦发生错动将使斜裂缝开展过大。

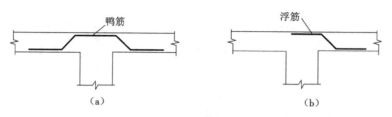

图5-28　中间支座设置单独抗剪钢筋的构造

【本章小结】

① 在荷载作用下，钢筋混凝土梁弯剪区段产生斜裂缝的主要原因为主拉应力超过了混凝土的抗拉强度；斜裂缝的开展方向大致沿着主压应力迹线（垂直于主拉应力）方向。斜裂缝可分为两类：一类为弯剪斜裂缝，常见于一般梁中；另一类为腹剪斜裂缝，在薄腹梁中更易发生。

② 受弯构件斜截面剪切破坏的主要形态有斜压破坏、剪压破坏和斜拉破坏三种。当弯剪区剪力较大、弯矩较小，即剪跨比较小（$\lambda < 1$）时，或剪跨比虽适中（$1 < \lambda < 3$），但腹筋配置过多时，以及薄腹梁中易发生斜压破坏，其特点为混凝土被斜向压坏时，箍筋应力达不到屈服强度，属脆性破坏，设计时用限制截面尺寸不能过小来防止这种破坏的发生。当梁的剪跨比较大（$\lambda > 3$）且腹筋数量过少时易发生斜拉破坏，破坏时梁沿斜向裂成两部分，破坏过程短促而突然，脆性很大，设计时采用配置一定数量的箍筋和构造措施来避免发生斜拉破坏。剪压破坏多发生在剪跨比适中（$1 < \lambda < 3$）和腹筋配置适量的梁中，其破坏特征为箍筋应力首先达到屈服强度，然后剪压区混凝土达到复合受力时的强度而破坏，钢筋和混凝土的强度均被充分利用。因此，斜截面受剪承载力的计算公式是以剪压破坏为基础建立的。

③ 影响受弯构件斜截面受剪承载力的因素很多，主要有剪跨比、混凝土强度、箍筋的配筋率、箍筋强度以及纵向钢筋的配筋率等。一般来讲，剪跨比越大，受剪承载力越低；混凝土强度越高，受剪承载力越大；在配筋量适当的范围内，箍筋配得越多，箍筋强度越高，受剪承载力也越大；增加纵筋的配筋率可以提高梁的受剪承载力。

④ 受弯构件除了可能沿斜截面发生受剪破坏外，还可能沿斜截面发生受弯破坏。对于斜截面受剪承载力，应通过计算配置适量的腹筋来保证；对于斜截面受弯承载力，主要是采取构造措施，确定纵向受力钢筋的弯起、截断、锚固及箍筋的间距等，一般不必进行计算。

⑤ 钢筋混凝土构件的剪切破坏机理及受剪承载力计算是一个极为复杂的问题，目前仍未很好解决。我国混凝土结构设计规范采用半理论、半经验的方法，给出了受剪承载力计算公式，它得到的是试验结果的偏下限值。

【思考题】

5-1　在荷载作用下，钢筋混凝土梁为什么会出现斜裂缝？

5-2　无腹筋梁斜裂缝出现后,其应力状态发生了哪些变化?

5-3　钢筋混凝土梁斜截面剪切破坏有哪几种主要类型? 发生的条件和破坏特征各是什么?

5-4　什么是广义剪跨比和计算剪跨比? 其实质是什么?

5-5　影响钢筋混凝土梁受剪承载力的主要因素有哪些? 试说明其影响规律。

5-6　箍筋的配筋率是如何定义的? 它与斜截面受剪承载力有什么关系?

5-7　为什么要对梁的截面尺寸进行限制? 为什么要规定箍筋的最小配筋率?

5-8　什么是抵抗弯矩图? 它与设计弯矩图的关系如何?

5-9　什么是钢筋的充分利用点和理论切断点?

5-10　纵向受力钢筋的弯起、截断和锚固各应满足哪些构造要求?

【习题】

5-1　一钢筋混凝土梁,截面尺寸 $b \times h = 250 \text{ mm} \times 500 \text{ mm}$,混凝土强度等级为 C25,箍筋采用 HPB300 级钢筋,沿梁全长仅配箍筋,$a_s = 35 \text{ mm}$,均布荷载作用下,计算截面的剪力设计值 $V = 180 \text{ kN}$。要求确定梁内箍筋数量。

5-2　条件同习题 5-1。但均布荷载下的剪力设计值:(1) $V = 140 \text{ kN}$;(2) $V = 96 \text{ kN}$;(3) $V = 350 \text{ kN}$。要求确定梁内箍筋数量。

5-3　一钢筋混凝土 T 形截面简支梁,跨度为 4 m,截面尺寸如图 5-29 所示。梁截面有效高度 $h_0 = 640 \text{ mm}$,梁上作用一设计值为 500 kN(包括梁自重的等效影响)的集中荷载。混凝土强度等级为 C30,箍筋采用 HRB335 级钢筋,梁跨中截面配置 5 $\oplus$ 25 的 HRB400 级纵向钢筋。试确定腹筋数量。

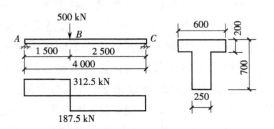

图 5-29　习题 5-3 图

5-4　一钢筋混凝土矩形截面外伸梁,支承于砖墙上。梁跨度、截面尺寸及均布荷载设计值(包括梁自重)如图 5-30 所示,$h_0 = 640 \text{ mm}$。混凝土强度等级 C30,箍筋采用 HPB300 级钢筋,纵筋采用 HRB400 级钢筋。根据正截面受弯承载力计算,应配纵向钢筋 3 $\oplus$ 22 + 3 $\oplus$ 20。试求箍筋和弯起钢筋的数量。

5-5　一矩形截面简支梁,梁的支承情况、荷载设计值(包括梁自重)及截面尺寸如图 5-31 所示。混凝土强度等级为 C25,箍筋采用 HPB300 级钢筋,纵筋采用 HRB400 级钢筋。梁截面受拉区配有 2 $\oplus$ 20 + 2 $\oplus$ 22 纵向钢筋,$h_0 = 515 \text{ mm}$。试求:① 仅配箍筋时,箍筋的直径和间距;② 如利用纵筋弯起抗剪时,箍筋和弯起钢筋的数量。

5-6　一矩形截面简支梁,计算跨度 $l = 6 \text{ m}$,净跨度 $l_n = 5.76 \text{ m}$,截面尺寸 $b \times h = 200 \text{ mm} \times$

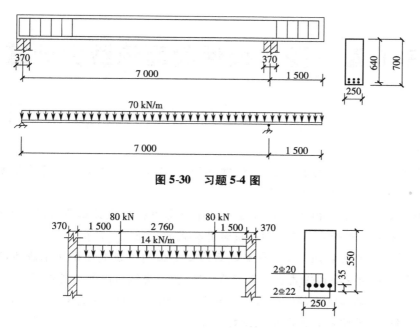

图 5-30 习题 5-4 图

图 5-31 习题 5-5 图

500 mm，混凝土强度等级为 C25，纵向受拉钢筋采用 4 Φ 18，钢筋级别为 HRB400 级，$a_s = 35$ mm。沿梁全长仅配置箍筋来抗剪，箍筋级别为 HPB300 级，采用双肢 Φ 8@200。试计算该简支梁所能承受的均布荷载设计值（包括梁自重）。

第6章　受压构件截面承载力计算

【学习要求】

① 掌握轴心受压构件的受力全过程、破坏形态、正截面受压承载力的计算方法及主要构造,了解螺旋箍筋柱的原理与应用。

② 熟练掌握偏心受压构件正截面两种破坏形态的特征及其正截面应力的计算简图。掌握偏心受压构件正截面受压承载力一般计算公式的原理。

③ 熟练掌握对称配筋矩形与Ⅰ字形截面偏心受压构件正截面受压承载力的计算方法及纵向钢筋与箍筋的主要构造要求。掌握 N_u - M_u 相关曲线的概念及其应用。

④ 了解均匀配筋和双向偏心受压构件截面受压承载力的计算原理。

⑤ 熟悉偏心受压构件斜截面承载力的计算。

6.1　概述

以承受轴向压力为主的构件属于受压构件。例如,房屋结构中的柱,单层排架柱,桁架结构中的受压弦杆、腹杆,剪力墙结构中的剪力墙,水塔和烟囱的筒壁以及桥梁结构中的桥墩等都属于受压构件。受压构件在结构中的作用非常重要,一旦发生破坏,后果非常严重。

按照受压构件的受力情况,其可以分为轴心受压构件、单向偏心受压构件和双向偏心受压构件。一般情况下,在设计时不考虑混凝土材料的不匀质性和钢筋不对称布置的影响,近似地用纵向压力的作用点与构件正截面形心的相对位置来划分构件的类型。当纵向压力的作用点位于构件正截面形心时,为轴心受压构件;当纵向压力作用点仅对构件正截面的一个主轴有偏心距时,为单向偏心受压构件;对构件正截面的两个主轴都有偏心距时,则为双向偏心受压构件。

6.2　轴心受压构件承载力计算

在实际工程中,理想的轴心受压构件是不存在的。这是因为在施工时很难做到轴向压力恰好通过截面形心,同时施工误差也将导致构件尺寸产生偏差;混凝土材料具有不均匀性,钢筋也不一定是对称布置,因此,截面的几何中心与物理中心往往不重合。这些因素会使纵向压力产生初始偏心距。但是对于某些构件,如以承受恒载为主的框架中柱、桁架的受压腹杆,构件截面上的弯矩很小,以承受轴向压力为主,可以近似按照轴心受压构件计算。

6.2.1　配筋形式及钢筋的作用

按照柱中箍筋配置方式的不同,轴心受压柱分为两种情况:普通箍筋柱和螺旋箍筋柱。普通箍筋柱中配有纵向钢筋和普通箍筋,螺旋箍筋柱中配有纵向钢筋和螺旋式(或焊接环式)箍筋,其截面和配筋形式如图 6-1 所示。

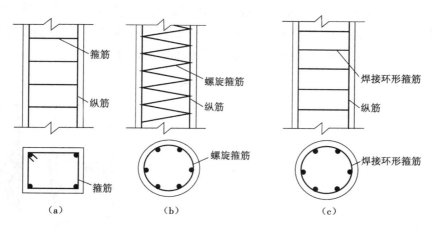

图 6-1　轴心受压柱
(a)普通箍筋柱　(b)螺旋箍筋柱　(c)焊接环形箍筋柱

轴心受压柱中的纵向钢筋与混凝土共同承担纵向压力,可以减小构件的截面尺寸;能够抵抗因偶然偏心在构件受拉边产生的拉应力;改善混凝土的变形能力,防止构件的脆性破坏;配置纵筋还可以减小混凝土的收缩与徐变变形。

箍筋的作用主要是固定纵向钢筋的位置,与纵筋形成空间钢筋骨架,并且防止纵筋受力后外凸,为纵向钢筋提供侧向支撑,同时箍筋还可以约束核心混凝土,改善混凝土的变形性能。配置在螺旋箍筋柱中的箍筋一般间距较密,这种箍筋能够显著地提高核心混凝土的抗压强度,并增大其变形能力。

由于构造简单和施工方便,普通箍筋柱是工程中最常见的轴心受压构件,截面形状多为矩形或正方形。当柱承受很大的轴向压力,而柱截面尺寸由于建筑及使用上的要求又受到限制,若按普通箍筋柱设计,即使提高混凝土强度等级和增加纵筋配筋量也不足以承受该荷载时,可以考虑采用螺旋箍筋或焊接环形箍筋以提高受压承载力。这种柱的截面形状一般为圆形或多边形。与普通箍筋柱相比,螺旋箍筋柱用钢量大,施工复杂,造价较高。

6.2.2　普通箍筋柱正截面承载力计算

根据长细比(柱的计算长度 l_0 与截面回转半径 i 之比)的不同,受压柱分为短柱和长柱两种情况。短柱指 $l_0/b \leqslant 8$(矩形截面,b 为截面较小边长)或 $l_0/d \leqslant 7$(圆形截面,d 为直径)或 $l_0/i \leqslant 28$(其他形状截面)的柱。长柱和短柱两者的承载力和破坏形态不同。

1. 轴心受压短柱的破坏特征

钢筋混凝土轴心受压短柱试验表明:在轴心压力作用下,整个截面的应变分布基本上是均匀的。由于钢筋与混凝土之间存在黏结力,使两者的压应变基本相同。当荷载较小时,柱子的压缩变形与荷载成比例增加,钢筋和混凝土的压应力也相应成正比增加,混凝土和钢筋都处于弹性阶段。参见图 6-2 轴心受压短柱的荷载-应力曲线示意图中的弹性阶段。从图中可以看出,当荷载较大时,由于混凝土塑性变形的发展,在相同荷载增量下,钢筋压应力明显比混凝土压应力增加得快,混凝土与钢筋之间出现了应力重分布。

随着荷载的继续增加,柱中开始出现纵向微细裂缝,当轴向压力增加到破坏荷载的90% 左右时,柱四周出现明显的纵向裂缝及压坏痕迹,混凝土保护层剥落,箍筋间的纵筋压屈,向外凸出,混凝土被压碎,柱随即破坏,破坏形态如图 6-3 所示。

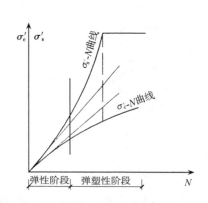

图6-2　荷载－应力曲线示意图

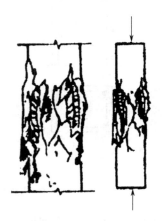

图6-3　短柱的破坏

素混凝土棱柱体受压试验表明,试件的峰值应变为 $0.0015 \sim 0.002$,而钢筋混凝土短柱达到最大承载力时的压应变一般在 $0.0025 \sim 0.0035$ 之间,甚至更大,这是因为配置纵向钢筋后改善了混凝土的变形性能。《混凝土结构设计规范》在进行轴心受压构件承载力计算时,对普通混凝土构件,取压应变等于 0.002 为控制条件,即认为当压应变达到 0.002 时混凝土强度达到 f_c,如果取钢筋的弹性模量为 $2 \times 10^5 / \mathrm{mm}^2$,则此时钢筋的应力为

$$\sigma = E_s \varepsilon_s = 2 \times 10^5 \times 0.002 \ \mathrm{N/mm}^2 = 400 \ \mathrm{N/mm}^2$$

也就是说,如果采用 HPB300、HRB335、HRB400 和 RRB400 级热轧钢筋作为纵筋,则构件破坏时钢筋都可以达到屈服强度;但是如果柱中纵筋采用高强钢筋的话,则构件破坏时,纵筋不能达到屈服强度,只能达到 $0.002 E_s (\mathrm{N/mm}^2)$。

2. 轴心受压长柱的破坏特征

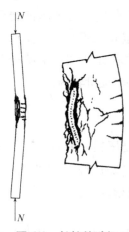

图6-4　长柱的破坏

由于施工偏差和材料的不均匀性以及偶然的因素都会使受压构件产生初始偏心距,通过钢筋混凝土轴心受压试验可以看出,上述因素造成的初始偏心距对短柱的承载力及破坏形态没有明显的影响,但是对轴心受压长柱的承载力及破坏形态的影响却不可忽视。初始偏心会使构件产生附加弯矩和侧向挠曲,而侧向挠曲又增大了荷载的偏心距;随着荷载的增加,附加弯矩和侧向挠度将不断增大,使长柱在轴力和弯矩的共同作用下向一侧凸出破坏。其破坏特征是构件

凹侧先出现纵向裂缝,随后混凝土被压碎,构件凸侧混凝土出现横向裂缝,侧向挠度急剧增大,如图 6-4 所示为长柱的破坏形态。对于长细比较大的构件还有可能在材料发生破坏之前由于失稳而丧失承载力。在轴心受压构件承载力计算时,《混凝土结构设计规范》采用稳定系数来表示长柱承载力降低的程度,即

$$\varphi = \frac{N'_u}{N^s_u}$$

式中　　N'_u,N^s_u——长柱和短柱的受压承载力。

稳定系数 φ 主要与构件的长细比有关,随着长细比的增大 φ 值减小。表6-1 是《混凝土结构设计规范》根据有关试验研究结果给出的 φ 值。

表 6-1　钢筋混凝土轴心受压构件的稳定系数

$\frac{l_0}{b}$	$\frac{l_0}{d}$	$\frac{l_0}{i}$	φ	$\frac{l_0}{b}$	$\frac{l_0}{d}$	$\frac{l_0}{i}$	φ
≤8	≤7	28	≤1.0	30	26	104	0.52
10	8.5	35	0.98	32	28	111	0.48
12	10.5	42	0.95	34	29.5	118	0.44
14	12	48	0.92	36	31	125	0.40
16	14	55	0.87	38	33	132	0.36
18	15.5	62	0.81	40	34.5	139	0.32
20	17	69	0.75	42	36.5	146	0.29
22	19	76	0.70	44	38	153	0.26
24	21	83	0.65	46	40	160	0.23
26	22.5	90	0.60	48	41.5	167	0.21
28	24	97	0.56	50	43	174	0.19

注:表中 l_0 为构件的计算长度;b 为矩形截面的短边尺寸;d 为圆形截面的直径;i 为截面最小回转半径。

表中的计算长度与构件两端支的承情况有关,在实际结构中,构件端部的连接构造比较复杂,为此,《混凝土结构设计规范》对单层厂房排架柱、框架柱等的计算长度做了具体规定,应用时可查阅规范或有关参考资料。

3. 受压承载力计算公式

根据以上分析,轴心受压构件在承载能力极限状态时截面的应力计算图形如图 6-5 所示,截面上钢筋应力达到屈服强度,混凝土的压应力为 f_c,则轴心受压构件承载力设计表达式为

$$N \leqslant N_u = 0.9\varphi(f_c A + f'_y A'_s) \quad (6\text{-}1)$$

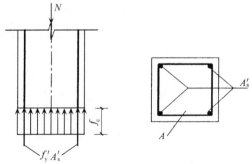

图 6-5　普通箍筋柱截面应力计算图形

式中 N ——轴向压力设计值；

$\qquad N_u$ ——轴心受压承载力设计值；

$\qquad 0.9$ ——可靠度调整系数；

$\qquad \varphi$ ——钢筋混凝土轴心受压构件的稳定系数,查表6-1；

$\qquad f_c$ ——混凝土轴心抗压强度设计值；

$\qquad A$ ——构件截面面积；

$\qquad f'_y$ ——纵向钢筋的抗压强度设计值；

$\qquad A'_s$ ——全部纵向钢筋的截面面积。

当纵向钢筋配筋率大于3%时,式(6-1)中的A应改用$(A-A'_s)$。

当现浇钢筋混凝土轴心受压构件截面的长边或直径小于300 mm时,式(6-1)中混凝土的强度设计值应乘以系数0.8；当构件质量(如混凝土成型、截面和轴线尺寸等)确有保证时,可不受此限制。

4. 设计步骤

(1) 截面设计

截面设计一般有以下两种情况。

其一,混凝土强度等级和钢筋级别、构件的截面尺寸、轴向压力设计值以及计算长度等条件均为已知,要求确定截面所需要的纵向钢筋。这时,首先根据l_0/b由表6-1查出φ值,代入式(6-1)算出所需要的钢筋截面面积,然后选配钢筋,并注意符合钢筋的构造要求。

其二,轴心压力设计值以及柱计算长度等条件为已知,材料也已选定,要求确定构件的截面尺寸和纵向钢筋截面面积。对于这种情况,有以下两种解法。

解法一:首先根据构造要求或经验初步确定截面面积和边长b,然后按照第一种情况计算钢筋截面面积A'_s。所不同的是,算出A'_s后,应验算配筋率ρ'是否在经济配筋率范围(1.5%~2%)内。如果配筋率ρ'偏大,说明初选的截面尺寸偏小,反之说明过大,两种情况均应修改截面尺寸后重新计算。

解法二:为避免解法一中的反复修改,首先在经济配筋率范围内选定ρ',然后先取$\varphi=1$,并将A'_s写成$\rho'A$,代入式(6-1)计算构件的截面面积A,并确定边长b。接下来的步骤与截面设计的第一种情况相同。

(2) 截面复核

轴心受压构件的截面复核问题比较简单,先根据l_0/b由表6-1查出φ值,再将φ和其他已知条件代入计算式(6-1),即可求出截面能够承受的轴向压力设计值N。

【例6-1】 某现浇多层钢筋混凝土框架结构,底层中柱按轴心受压构件计算,柱的计算长度$l_0=5.8$ m,截面尺寸为450 mm×450 mm,承受轴向压力设计值2 780 kN,混凝土强度等级为C25,钢筋采用HRB335级。要求确定纵筋截面面积A'_s并配置钢筋。

【解】 (1)基本参数

C25混凝土,$f_c=11.9$ N/mm²,HRB335级钢筋,$f'_y=300$ N/mm²。

(2) 求稳定系数φ

$$\frac{l_0}{b}=\frac{5\ 800}{450}=12.89$$

查表 6-1 得 $\varphi = 0.937$。

（3）计算纵筋截面面积 A_s'

由式（6-1）有

$$A_s' = \frac{\dfrac{N}{0.9\varphi} - f_c A}{f_y'} = \frac{\dfrac{2\,780 \times 10^3}{0.9 \times 0.937} - 11.9 \times 450 \times 450}{300}\,\text{mm}^2 = 2\,956\,\text{mm}^2$$

（4）验算配筋率 ρ' 并配筋

$$\rho' = \frac{A_s'}{A} = \frac{2\,956}{450 \times 450} = 0.014\,6 = 1.46\% < 3\%$$

同时大于最小配筋率 0.6%，满足要求。选用 12 Φ 18，$A_s' = 3\,054\,\text{mm}^2$。截面配筋如图 6-6 所示。

【例 6-2】　某钢筋混凝土轴心受压柱，计算长度 $l_0 = 4.9\,\text{m}$，承受轴向压力设计值 $N = 2\,200\,\text{kN}$，混凝土强度等级为 C25，钢筋采用 HRB400 级。要求确定柱截面尺寸及纵筋截面面积。

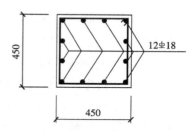

图 6-6　题 6-1 截面配筋图

【解】　（1）估算截面尺寸

假定 $\rho' = 1.6\%$，暂取 $\varphi = 1.0$，同时，将 A_s' 写成 $\rho'A$，代入式（6-1）计算柱截面面积：

$$A = \frac{N}{0.9\varphi(f_c + \rho' f_y')} = \frac{2\,200 \times 10^3}{0.9 \times 1.0 \times (11.9 + 0.016 \times 360)}\,\text{mm}^2 = 138\,417\,\text{mm}^2$$

采用正方形截面

$$b = \sqrt{A} = \sqrt{138\,417} = 372\,\text{mm}$$

初步选取截面尺寸为 400 mm × 400 mm。

（2）求稳定系数 φ

$$\frac{l_0}{b} = \frac{4\,900}{400} = 12.25$$

查表 6-1 得 $\varphi = 0.946$。

（3）计算纵筋截面面积 A_s'

由式（6-1）得

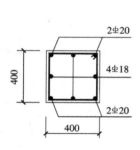

图 6-7　例 6-2 截面
配筋图

$$A_s' = \frac{\dfrac{N}{0.9\varphi} - f_c A}{f_y'} = \frac{\dfrac{2\,200 \times 10^3}{0.9 \times 0.946} - 11.9 \times 400 \times 400}{300}\,\text{mm}^2 = 2\,267\,\text{mm}^2$$

（4）配筋

由于所选截面尺寸 400 mm × 400 mm 与计算值 372 mm × 372 mm 相差不大，所以实际配筋率应该与假定值 $\rho' = 1.6\%$ 相差不大，满足配筋率的构造要求，可以不再验算。

选用 4 Φ 20 + 4 Φ 18，$A_s' = 2\,273\,\text{mm}$。截面配筋如图 6-7 所示。

6.2.3 螺旋箍筋柱正截面承载力计算

1. 螺旋箍筋柱的受力特点

试验研究表明,加载初期,当混凝土压应力较小时,螺旋箍筋或焊接环形箍筋对核心混凝土的横向变形约束作用并不明显。当混凝土压应力超过 $0.8f_c$ 时,混凝土横向变形急剧增大,使螺旋箍筋或焊接环形箍筋中产生拉应力,反过来螺旋箍筋或焊接环形箍筋约束了核心混凝土的横向变形,从而提高了混凝土的抗压强度。当箍筋达到抗拉屈服强度时,就不再能有效地约束混凝土的横向变形,混凝土的抗压强度也就不能再提高,这时构件破坏。

由此可以看出,螺旋箍筋或焊接环形箍筋的作用是使核心混凝土处于三向受压状态,提高混凝土的抗压强度。虽然螺旋箍筋或焊接环形箍筋水平放置,但间接地起到了提高构件纵向承载力的作用,所以也称这种钢筋为"间接钢筋"。

2. 正截面受压承载力计算公式

由于螺旋箍筋或焊接环形箍筋使核心混凝土处于三向受压状态,所以可以采用圆柱体侧向均匀受压试验所得的近似计算公式,同时,考虑螺旋箍筋对不同强度等级混凝土的约束效果,可得约束混凝土的纵向抗压强度 f_{c1},即

$$f_{c1} = f_c + 4\alpha\sigma_r \tag{6-2}$$

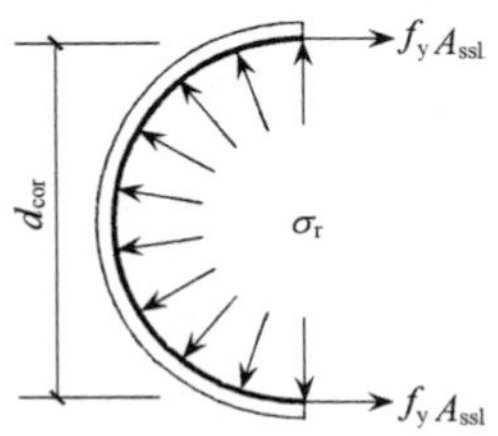

式中　σ_r ——当间接钢筋的应力达到屈服强度时,核心区混凝土受到的径向压应力值,如图 6-8 所示;

α ——间接钢筋对混凝土约束的折减系数,当混凝土强度等级不超过 C50 时,取 1.0,当混凝土强度等级为 C80 时,取 0.85,其间按线性内插法确定。

图 6-8　混凝土径向受力示意图

一个螺旋箍筋间距 s 范围内 σ_r 在水平方向上的合力为 $\sigma_r s d_{cor}$,由水平方向上的平衡条件得

$$\sigma_r s d_{cor} = 2f_y A_{ss1} \tag{6-3}$$

于是

$$\sigma_r = \frac{2f_y A_{ss1}}{s d_{cor}} = \frac{2f_y}{4\frac{\pi d_{cor}^2}{4}} \times \frac{\pi d_{cor} A_{ss1}}{s} = \frac{f_y}{2A_{cor}} A_{ss0} \tag{6-4}$$

$$A_{ss0} = \frac{\pi d_{cor} A_{ss1}}{s} \tag{6-5}$$

式中　d_{cor} ——构件的核心截面直径,间接钢筋内表面之间的距离;

s ——间接钢筋沿构件轴线方向的间距;

A_{ss1} ——螺旋式或焊接环式单根间接钢筋的截面面积;

f_y ——间接钢筋的抗拉强度设计值;

A_{cor} ——构件的核心截面面积,间接钢筋内表面范围内的混凝土面积;

A_{ss0} ——螺旋式或焊接环式间接钢筋的换算截面面积。

可以将 $\pi d_{\text{cor}} A_{\text{ss1}}$ 想象成若干根长度为 s 的纵筋体积，则 $\dfrac{\pi d_{\text{cor}} A_{\text{ss1}}}{s}$ 就是若干根长度为 s 的纵筋截面面积。

根据内外力平衡条件，破坏时受压纵筋达到抗压屈服强度，螺旋箍筋或焊接环形箍筋内的混凝土达到抗压强度 f_{c1}，同时考虑可靠度调整系数 0.9 后，螺旋箍筋或焊接环形箍筋柱的受压承载力计算公式为：

$$N \leqslant N_{\text{u}} = 0.9(f_{\text{c1}} A_{\text{cor}} + f'_{\text{y}} A'_{\text{s}}) = 0.9\left(f_{\text{c}} A_{\text{cor}} + 4\alpha \times \frac{f_{\text{y}}}{2A_{\text{cor}}} A_{\text{ss0}} A_{\text{cor}} + f'_{\text{y}} A'_{\text{s}}\right)$$

整理得

$$N \leqslant N_{\text{u}} = 0.9(f_{\text{c}} A_{\text{cor}} + 2\alpha f_{\text{y}} A_{\text{ss0}} + f'_{\text{y}} A'_{\text{s}}) \tag{6-6}$$

当按式(6-6)计算螺旋箍筋或焊接环式箍筋柱的受压承载力时，必须满足有关条件，否则就不能考虑箍筋的约束作用。《混凝土结构设计规范》规定：凡属下列情况之一者，不考虑间接钢筋的影响而按式(6-1)计算构件的承载力：

① 当 $l_0/d > 12$ 时，因构件长细比较大，有可能由于纵向弯曲的影响致使螺旋箍筋尚未屈服而构件已经破坏。

② 当按式(6-6)计算的受压承载力小于按式(6-1)计算得到的受压承载力时。

③ 当间接钢筋换算截面面积 A_{ss0} 小于纵筋全部截面面积的 25% 时，可以认为间接钢筋配置太少，间接钢筋对核心混凝土的约束作用不明显。

此外，为了防止间接钢筋外面的混凝土保护层不致过早脱落，按式(6-6)算得的构件受压承载力设计值不应大于按式(6-1)算得的承载力的 1.5 倍。

轴心受压构件的构造要求见 6.12 节。

【例 6-3】　某宾馆门厅钢筋混凝土圆形柱，承受轴心压力设计值 $N = 3\ 450$ kN，计算长度 $l_0 = 4.4$ m。混凝土强度等级为 C30，要求直径不大于 400 mm。柱中纵筋采用 HRB335 级钢筋，箍筋采用 HPB300 级钢筋。混凝土保护层厚度为 30 mm。要求设计该柱。

【解】　(1) 按普通箍筋柱计算

① 基本参数：HRB335 级钢筋，$f'_{\text{y}} = 300$ N/mm^2，HPB300 级钢筋，$f_{\text{y}} = 270$ N/mm^2，C30 混凝土，$f_{\text{c}} = 14.3$ N/mm^2。

② 计算稳定系数 φ：

$$\frac{l_0}{b} = \frac{4\ 400}{400} = 11$$

查表 6-1 得 $\varphi = 0.965$。

③ 计算纵筋截面面积 A'_{s}。圆柱截面积为

$$A = \frac{\pi d^2}{4} = \frac{3.14 \times 400^2}{4}\ \text{mm}^2 = 125\ 600\ \text{mm}^2$$

由式(6-1)得

$$A'_{\text{s}} = \frac{\dfrac{N}{0.9\varphi} - f_{\text{c}} A}{f'_{\text{y}}} = \frac{\dfrac{3\ 450 \times 10^3}{0.9 \times 0.965} - 14.3 \times 125\ 600}{300}\ \text{mm}^2 = 7\ 254\ \text{mm}^2$$

④ 验算配筋率 ρ'：

$$\rho' = \frac{A'_s}{A} = \frac{7\ 254}{125\ 600} = 0.0578 = 5.8\% > 5\%$$

配筋率大于 3% 时，应将公式（6-1）中的 A 改为 $A - A'_s$ 后再重新计算，这样配筋率会更高。由于配筋率已经超过 5%，明显偏高，而 $l_0/b < 12$，若混凝土强度等级不再提高，可考虑采用螺旋箍筋柱。

（2）按螺旋箍筋柱计算

① 确定纵筋数量 A'_s：假定按纵筋配筋率 $\rho' = 0.04$ 计算，则 $A'_s = \rho'A = 0.04 \times 125\ 600\ \text{mm}^2$ $= 5\ 024\ \text{mm}^2$，选用 10 ⊈ 25（$A'_s = 4\ 909\ \text{mm}^2$）。纵筋间距为 107 mm，小于 300 mm；纵筋净距为 81.8 mm，大于 50 mm，均符合构造要求。

② 计算间接钢筋的换算截面面积 A_{ss0}：

$$d_{cor} = (400 - 2 \times 30)\text{mm} = 340\ \text{mm}$$

$$A_{cor} = \frac{\pi d_{cor}^2}{4} = \frac{3.14 \times 340^2}{4}\ \text{mm}^2 = 90\ 746\ \text{mm}^2$$

对于 C30 混凝土，取间接钢筋对混凝土约束的折减系数 $\alpha = 1.0$，由式（6-6）得

$$A_{ss0} = \frac{\dfrac{N}{0.9} - f_c A_{cor} - f'_y A'_s}{2\alpha f_y} = \frac{\dfrac{3\ 450 \times 10^3}{0.9} - 14.3 \times 90\ 746 - 300 \times 4\ 909}{2 \times 1.0 \times 270}\ \text{mm}^2$$

$$= 1\ 968\ \text{mm}^2 > 0.25 A'_s = 0.25 \times 4\ 909\ \text{mm}^2 = 1\ 227\ \text{mm}^2$$

满足构造要求。

③ 确定螺旋箍筋的直径和间距。选取螺旋箍筋的直径为 12 mm（$A_{ss1} = 113.1\ \text{mm}^2$），大于 $d/4 = 25/4 = 6$ mm，满足构造要求。根据间接钢筋换算截面面积 A_{ss0} 的定义，箍筋间距为

$$s = \frac{\pi d_{cor} A_{ss1}}{A_{ss0}} = \frac{3.14 \times 340 \times 113.1}{1\ 968}\ \text{mm} = 61.4\ \text{mm}$$

按照螺旋箍筋的构造要求，箍筋间距不应大于 80 mm 及 $d_{cor}/5 = 340/5 = 68$ mm，且不宜小于 40 mm。取 $s = 45$ mm 满足要求。

④ 验算承载力。根据所配置的螺旋箍筋 $d = 12$ mm，$s = 45$ mm，重新用式（6-5）及式（6-6）求得螺旋箍筋柱的轴向压力设计值 N_u 如下：

$$A_{ss0} = \frac{\pi d_{cor} A_{ss1}}{s} = \frac{3.14 \times 400 \times 113.1}{45}\ \text{mm}^2 = 3\ 157\ \text{mm}^2$$

$$N_u = 0.9(f_c A_{cor} + 2\alpha f_y A_{ss0} + f'_y A'_s)$$

$$= 0.9(14.3 \times 90\ 746 + 2 \times 1.0 \times 270 \times 3\ 157 + 300 \times 4\ 909)\ \text{N}$$

$$= 4\ 027.6\ \text{kN} > N = 3\ 450\ \text{kN}$$

按照普通箍筋柱计算受压承载力

$$N_u = 0.9\varphi(f_c A + f'_y A'_s) = 0.9 \times 0.965 \times (14.3 \times 125\ 600 + 300 \times 4\ 909)\ \text{kN}$$

$$= 2\ 839.9\ \text{kN}$$

$$2\ 839.9\ \text{kN} < 4\ 027.6\ \text{kN} < 1.5 \times 2\ 839.9 = 4\ 259.8\ \text{kN}$$

满足要求。图 6-9 为截面配筋图。

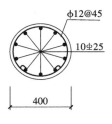

图 6-9　例 6-3 截面
配筋图

6.3　偏心受压构件正截面破坏形态

一般的偏心受压构件截面上除作用有轴向压力和弯矩外,还作用有剪力。因此,对偏心受压构件既要计算正截面受压承载力,还要计算斜截面受剪承载力,有时还应验算构件的裂缝开展宽度。本章解决偏心受压构件的承载力计算问题。

偏心受压构件分为单向偏心和双向偏心受压,本章内容如无特别说明时,均指单向偏心受压构件。

6.3.1　破坏形态

偏心受压构件中配有纵向钢筋和箍筋,纵向钢筋分别集中布置于弯矩作用方向截面的两端,离纵向压力较近一侧所配钢筋的截面面积用 A'_s 表示,一般称为受压钢筋;离纵向压力较远一侧所配钢筋的截面面积用 A_s 表示,一般称为受拉钢筋。

试验研究表明,钢筋混凝土偏心受压构件由于纵向压力偏心距以及截面配筋情况的不同,分为受拉破坏和受压破坏两种情况。

1. 受拉破坏(大偏心受压破坏)

当纵向压力 N 的相对偏心距 e_0/h_0 较大,而受拉钢筋 A_s 的配置不过多时会出现受拉破坏。习惯上称受拉破坏为"大偏心受压破坏"。

这类构件由于 e_0/h_0 较大,因此弯矩的影响比较显著,与适筋受弯构件的受力特点有些类似。受压试验中,当纵向压力 N 从零开始增大到一定数值时,首先在受拉边出现水平裂缝,N 继续增大时,受拉边形成一条或几条主要水平裂缝,随着纵向压力的逐渐增加,主要水平裂缝扩展较快,裂缝宽度加大,并且裂缝的深度逐渐向受压区方向延伸,使受压区高度逐步减小。当 N 接近破坏荷载时,受拉钢筋的应力首先达到屈服强度,并进入流幅阶段,使受压区高度进一步减小,混凝土压应变增大,受压区混凝土出现了纵向裂缝。当 N 达到破坏荷载时,受压边缘的混凝土因达到极限压应变而破坏,此时,受压钢筋应力一般都能达到屈服强度。构件破坏时截面的应力、应变如图 6-10(a)所示。破坏形态如图 6-11(a)所示。

受拉破坏的主要特征是破坏从受拉区开始,受拉钢筋首先屈服,而后受压区混凝土被压坏。

2. 受压破坏(小偏心受压破坏)

① 纵向压力 N 的相对偏心距 e_0/h_0 较大,但受拉钢筋 A_s 数量过多;或者纵向压力 N 的相对偏心距 e_0/h_0 较小时,会出现受压破坏。当截面上的 N 加大到一定数值时,与受拉破坏的情况相同,截面受拉边缘也出现水平裂缝,但是水平裂缝的开展与延伸并不显著,未形成明显的主裂缝,而受压区边缘混凝土的压应变却增长较快,临近破坏时受压边出现纵向裂缝。破坏比较突然,缺乏明显预兆,压碎区段较长。破坏时,受压钢筋的应力一般能够达到屈服强度,但受拉钢筋并不屈服,截面受压边缘混凝土的压应变比受拉破坏时小。构件破坏

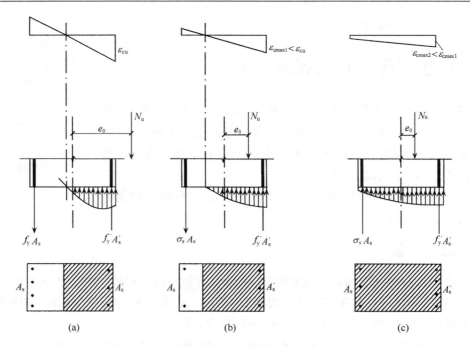

图 6-10　偏心受压构件破坏时截面的应力、应变

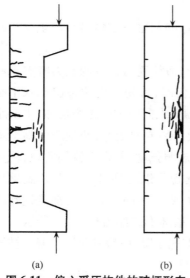

图 6-11　偏心受压构件的破坏形态

时截面的应力、应变如图 6-10(b)所示。

②纵向压力 N 的相对偏心距 e_0/h_0 很小时,构件全部截面受压,破坏从压应力较大边开始,破坏时,该侧钢筋的应力一般均能达到屈服强度,而压应力较小一侧钢筋的应力达不到屈服强度。破坏时截面的应力、应变状态如图 6-10(c)所示。若相对偏心距更小时,由于截面的实际形心和构件的几何中心不重合,也可能发生离纵向力较远一侧的混凝土先压坏的情况。

以上两种情况的破坏特征类似,都是由于混凝土受压而破坏,压应力较大一侧的钢筋能够达到屈服强度,而另一侧钢筋可能受拉也可能受压,一般均达不到屈服强度。这两种情况都属于受压破坏,习惯上称受压破坏为"小偏心受压破坏"。受压破坏形态如图 6-11(b)所示。

6.3.2　大、小偏心受压破坏的界限

在"受拉破坏"和"受压破坏"之间存在一种界限状态,称为"界限破坏"。从上述对两种破坏形态的描述可以看出,两类偏心受压破坏的根本区别在于破坏时受拉钢筋应力是否达到屈服强度。如果破坏之前受拉钢筋已经屈服即为受拉破坏;如果受拉钢筋或者受拉或者受压但都未达到屈服强度即为受压破坏。那么,受拉钢筋应力达到屈服强度的同时受压

区边缘混凝土刚好达到极限压应变,就是两类偏心受压破坏的界限状态。试验表明,从加载开始到构件破坏,偏心受压构件的截面平均应变值都较好地符合平截面假定。因此,界限状态时的截面应变可以用图 6-12 来表示。

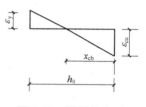

图 6-12　界限状态时截面应变

由上述可见,两类偏心受压构件的界限破坏特征与受弯构件中适筋梁与超筋梁的界限破坏特征完全相同,因此,其相对界限受压区高度 ξ_b 的表达式与式(4-12)也完全一样。

由图 6-12 可以看出,对于大偏心受压构件,破坏时,受拉钢筋的应变大于界限状态时钢筋的应变,也就是钢筋屈服时的应变,即 $\varepsilon_s > \varepsilon_y$,则混凝土受压区高度小于界限状态时的混凝土受压区高度,即 $x_c < x_{cb}$。将受压区混凝土曲线应力图形换算成矩形应力图形后,则有 $x < x_b$。对于小偏心受压构件,由于构件破坏时受拉钢筋受拉不屈服或者受压不屈服,则有 $x_c > x_{cb}$,即 $x > x_b$。相对界限受压区高度 ξ_b 与 x_b 的关系为:$\xi_b = x_b/h_0$。因此,大、小偏心受压构件的判别条件为:

当 $\xi \leqslant \xi_b$ 时,为大偏心受压;

当 $\xi > \xi_b$ 时,为小偏心受压。

其中 ξ 为承载能力极限状态时偏心受压构件截面的计算相对受压区高度,即 $\xi = x/h_0$。

6.4　偏心受压构件的二阶效应

6.4.1　附加偏心距 e_a、初始偏心距 e_i

在实际工程中,由于荷载作用位置的不定性、混凝土质量的不均匀性及施工的偏差等因素的影响,有可能产生附加的偏心距。当轴向压力的偏心距比较小时,附加偏心距的影响比较显著,随着轴向压力偏心距的增大,附加偏心距对构件承载力的影响逐渐减小。《混凝土结构设计规范》规定,在两类偏心受压构件的正截面承载力计算中,均应计入轴向压力在偏心方向存在的附加偏心距。为了计算方便,其值取 20 mm 和偏心方向截面最大尺寸的 1/30 两者中的较大值。

当截面上作用的弯矩设计值为 M、轴向压力设计值为 N 时,其偏心距 $e_0 = M/N$,附加偏心距用 e_a 表示。考虑了附加偏心距 e_a 后,轴向压力的偏心距用 e_i 表示,称为初始偏心距,按下式计算:

$$e_i = e_0 + e_a \tag{6-7}$$

6.4.2　偏心受压长柱的二阶弯矩

试验表明,在偏心压力的作用下钢筋混凝土柱会产生纵向弯曲。对于长细比较小的柱来讲,其纵向弯曲很小,可以忽略不计。但对于长细比较大的柱,其纵向弯曲则较大,从而使柱产生二阶弯矩,降低了柱的承载能力,设计时必须予以考虑。

图 6-13 反映了三个截面尺寸、材料、配筋、轴向压力的初始偏心距等条件完全相同,仅

长细比不同的柱从加载直到破坏的示意图,其中曲线 abd 为偏心受压构件截面破坏时承载力 N_u 与 M_u 的关系曲线。对于给定截面尺寸、配筋及材料强度的偏心受压构件,截面承受的内力值 N_u 与 M_u 并不是独立的,而是彼此相关的,也就是说构件可以在不同的 N 和 M 的组合下达到其承载能力极限。

当为短柱时,由于柱的纵向弯曲很小,可以认为偏心距从开始加荷载到破坏始终不变,也就是说 $M/N = e_0$ 为常数,M 和 N 成比例增加,即图 6-13 中的直线 Oa。构件的破坏属于材料破坏,所能承受的压力为 N_a。

对于长细比较大的柱,当荷载加大到一定数值时,M 和 N 不再成比例增加,其变化轨迹明显地偏离直线,M 的增长快于 N 的增长,这是由于长柱在偏心压力作用下产生了不可忽略的纵向弯曲,对于图 6-14 所示的柱,其高度中点截面所产生的附加弯矩为 Na_f。当构件破坏时,还是能够达到承载力 N_u 与 M_u 的关系曲线,即图 6-13 中的 b 点,构件所能承受的压力为 N_b,比短柱时低,但从其破坏特征来讲,仍属于材料破坏。

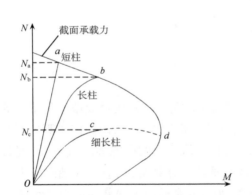

图 6-13 不同长细比柱从加荷载到破坏 N-M 的关系

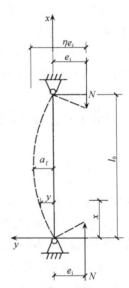

图 6-14 标准柱侧向弯曲

对于长细比更大的细长柱,加载初期与长柱的情况类似,但 M 的增长速度更快,在尚未达到材料破坏关系曲线之前,纵向力的微小增量 ΔN 可引起构件不收敛的弯矩 M 的增加而导致破坏,即"失稳破坏"。构件能够承受的纵向压力 N_c 远远小于短柱的承载力 N_a。在 c 点,虽然已经达到构件的最大承载能力,但此时构件控制截面上钢筋和混凝土均未达到材料破坏。

6.4.3 偏心距增大系数 η

上面所说的二阶弯矩,亦称二阶效应。我国《混凝土结构设计规范》采用 η-l_0 法考虑二阶效应的不利影响。

对于长柱,由于纵向弯曲所产生的附加弯矩可以用增大偏心距的方法来考虑,增大后的偏心距按下式计算:

$$e_i + a_f = \left(1 + \frac{a_f}{e_i}\right)e_i = \eta e_i$$

式中　a_f——偏心受压柱控制截面的最大侧向挠度;

　　　η——偏心距增大系数,$\eta = 1 + a_f/e_i$。

下面对标准偏心受压柱(两端铰支且等偏心距的压杆),即图 6-14 所示的偏压柱进行分析,推导出偏心距增大系数的计算公式,其结果可推广到其他柱。图中 l_0 为柱的计算长度。

试验表明,偏压柱达到或接近极限承载力时,挠曲线与正弦曲线十分吻合,故可取

$$y = a_f \sin \frac{\pi}{l_0} x$$

于是

$$y'' = -a_f \left(\frac{\pi}{l_0}\right)^2 \sin \frac{\pi}{l_0} x$$

当 $x = \dfrac{l_0}{2}$ 时

$$y'' \Big|_{x=\frac{l_0}{2}} = -\left(\frac{\pi}{l_0}\right)^2 a_f$$

$$\frac{1}{r_c} = -y'' = \left(\frac{\pi}{l_0}\right)^2 a_f$$

式中　r_c——曲率半径。

由上式可得偏心受压柱高度中点处的侧向挠度,即

$$a_f = \left(\frac{l_0}{\pi}\right)^2 \frac{1}{r_c}$$

偏心受压构件控制截面的极限曲率 $\dfrac{1}{r_c}$ 取决于控制截面上受拉钢筋和受压边缘混凝土的应变值,可由承载能力极限状态时控制截面的平截面假定确定,即

$$\frac{1}{r_c} = \frac{\phi \varepsilon_{cu} + \varepsilon_s}{h_0}$$

式中　ε_{cu}——受压区边缘混凝土的极限压应变;

　　　ε_s——受拉钢筋的应变;

　　　ϕ——徐变系数,考虑荷载长期作用的影响。

但是,大、小偏心受压构件承载能力极限状态时截面的曲率并不相同,而且构件长细比对截面曲率也有影响。分析时先按界限状态时偏心受压构件控制截面的极限曲率考虑,然后再引入偏心受压构件的截面曲率修正系数 ζ_1、构件长细比对截面曲率的影响系数 ζ_2,对界限状态时的截面曲率加以修正。

为了简化计算,不再区分高强混凝土与普通混凝土极限压应变的差异以及各种钢筋屈服应变的不同,界限状态时统一取 $\varepsilon_{cu} = 0.003\ 3$,$\varepsilon_s = \varepsilon_y = 0.001\ 7$,$\phi = 1.25$,代入上式得

$$\frac{1}{r_c} = \frac{1.25 \times 0.003\ 3 + 0.001\ 7}{h_0} \zeta_1 \zeta_2 = \frac{1}{171.67 h_0} \zeta_1 \zeta_2$$

将上式代入 a_{f} 的表达式得

$$a_{\mathrm{f}} = \left(\frac{l_0}{\pi}\right)^2 \frac{1}{171.67} \zeta_1 \zeta_2$$

于是

$$\eta = 1 + \frac{a_{\mathrm{f}}}{e_{\mathrm{i}}} = 1 + \frac{1}{\pi^2 \times 171.67 e_{\mathrm{i}}/h_0} \times \left(\frac{h}{h_0}\right)^2 \left(\frac{l_0}{h}\right)^2 \zeta_1 \zeta_2$$

近似取 $\dfrac{h}{h_0} = 1.1$，代入上式后得

$$\eta = 1 + \frac{1}{1\,300 e_{\mathrm{i}}/h_0} \left(\frac{l_0}{h}\right)^2 \zeta_1 \zeta_2 \tag{6-8}$$

上式适用于矩形、T 形、I 形、环形和圆形截面偏心受压构件。其中 h 表示截面高度，对环形截面取外径，对圆形截面取直径。

式(6-8)中的截面曲率修正系数 ζ_1 按下式计算：

$$\zeta_1 = \frac{0.5 f_{\mathrm{c}} A}{N} \tag{6-9}$$

式中　　A——构件的截面面积，对 T 形、I 形截面，均取 $A = bh + 2(b_{\mathrm{f}}' - b) h_{\mathrm{f}}'$；

　　　　N——构件截面上作用的偏心压力设计值。

当按式(6-9)计算的 $\zeta_1 > 1$ 时，取 $\zeta_1 = 1$。

式(6-7)中构件长细比对截面曲率的影响系数 ξ_2 按下式计算：

$$\zeta_2 = 1.15 - 0.01 \frac{l_0}{h} \tag{6-10}$$

如果按式(6-10)计算的 $\zeta_2 > 1$（即 $l_0/h < 15$ 时），取 $\zeta_2 = 1$。

对于 $l_0/h \leqslant 30$ 的情况，式(6-8)的计算值与试验结果符合较好；当 $l_0/h > 30$ 时，属于细长柱，用式(6-8)计算的误差较大，《混凝土结构设计规范》建议采用其他可靠的方法计算。

《混凝土结构设计规范》规定，当 $\dfrac{l_0}{h}$（或 $\dfrac{l_0}{d}$）$\leqslant 5$ 或者对于任意截面 $\dfrac{l_0}{i} \leqslant 17.5$ 时，可以不考虑二阶弯矩的影响，取 $\eta = 1$。其中 h 为截面高度，d 为圆形截面的直径，i 为截面回转半径。

柱计算长度 l_0 是与所计算的结构柱段实际受力状态所对应的等效标准柱长度，《混凝土结构设计规范》对常用的排架结构和框架结构柱的计算长度 l_0 的取值有较详细的规定，可在《混凝土结构设计规范》或《混凝土结构设计》教材中查到。

6.5　矩形截面非对称配筋偏心受压构件正截面承载力计算

6.5.1　基本计算公式及适用条件

1. 大偏心受压构件

根据试验研究结果，计算大偏心受压构件正截面受压承载力时，纵向受拉钢筋 A_{s} 的应

力取抗拉强度设计值 f_y，纵向受压钢筋 A_s' 的应力取抗压强度设计值 f_y'，与受弯构件正截面受弯承载力计算时采用的基本假定和分析方法相同，构件截面受压区混凝土压应力分布取为等效矩形应力分布，其应力值为 $\alpha_1 f_c$。截面应力计算图形如图 6-15 所示。

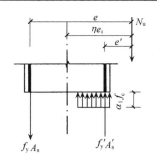

由纵向力的平衡条件及各力对受拉钢筋合力点取矩的力矩平衡条件，可以得到以下两个基本计算公式，即

$$\sum Y = 0$$
$$N \leqslant N_u = \alpha_1 f_c bx + f_y' A_s' - f_y A_s \tag{6-11}$$
$$\sum M_{A_s} = 0$$
$$Ne \leqslant N_u e = \alpha_1 f_c bx \left(h_0 - \frac{x}{2} \right) + f_y' A_s' (h_0 - a_s') \tag{6-12}$$
$$e = \eta e_i + \frac{h}{2} - a_s \tag{6-13}$$

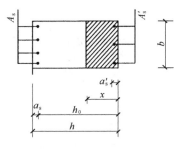

图 6-15　矩形截面非对称配筋大偏心受压构件截面应力计算图形

将 $x = \xi h_0$ 代入式（6-11）和（6-12），并令 $\alpha_s = \xi(1 - 0.5\xi)$，则上列公式可写成如下形式：

$$N \leqslant N_u = \alpha_1 f_c bh_0 \xi + f_y' A_s' - f_y A_s \tag{6-14}$$
$$Ne \leqslant N_u e = \alpha_1 f_c \alpha_s bh_0^2 + f_y' A_s' (h_0 - a_s') \tag{6-15}$$

以上两个公式是按大偏心受压破坏模式建立的，所以在应用公式时，应满足以下两个条件：

$$x \leqslant \xi_b h_0 \, (\text{或} \, \xi \leqslant \xi_b) \tag{6-16}$$
$$x \geqslant 2a_s' \, (\text{或} \, \xi \geqslant \frac{2a_s'}{h_0}) \tag{6-17}$$

如果计算中出现 $x < 2a_s'$ 的情况，则说明破坏时纵向受压钢筋的应力没有达到屈服强度，此时，可以近似地取 $x = 2a_s'$，并对受压钢筋 A_s' 的合力点取矩，则得

$$Ne' \leqslant N_u e' = f_y A_s (h_0 - a_s') \tag{6-18}$$
$$e' = \eta e_i - \frac{h}{2} + a_s' \tag{6-19}$$

式中　e'——纵向压力作用点至受压区纵向钢筋 A_s' 合力点的距离。

故

$$A_s = \frac{Ne'}{f_y (h_0 - a_s')} \tag{6-20}$$

2. 小偏心受压构件

（1）σ_s 值的确定

由试验结果可知，小偏心受压破坏时受压区混凝土已被压碎，该侧钢筋应力可以达到受压屈服强度，故 A_s' 应力取抗压强度设计值 f_y'。而远侧钢筋可能受拉也可能受压，但均不能达到屈服强度，所以 A_s 的应力用 σ_s 表示，受压区混凝土应力图形仍取为等效矩形应力分

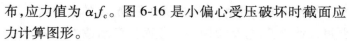

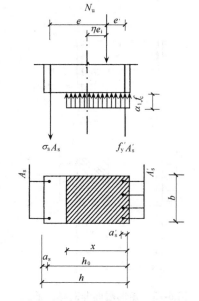

图 6-16 矩形截面非对称配筋小偏心受压构件截面应力计算图形

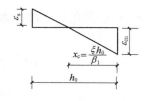

图 6-17 截面应变分布

布,应力值为 $\alpha_1 f_c$。图 6-16 是小偏心受压破坏时截面应力计算图形。

σ_s 可以近似地按下式计算:

$$\sigma_s = \frac{\xi - \beta_1}{\xi_b - \beta_1} f_y \tag{6-21}$$

当计算出的 σ_s 为正号时,表示 A_s 受拉,σ_s 为负号时,表示 A_s 受压。按上式计算的 σ_s 应符合下述要求:

$$-f_y' \leqslant \sigma_s \leqslant f_y \tag{6-22}$$

下面说明式(6-21)的建立过程。

图 6-17 是根据平截面假定作出的截面应变关系图,据此可以写出 A_s 的应力 σ_s 与相对受压区高度 ξ 之间的关系式:

$$\sigma_s = E_s \varepsilon_{cu} \left(\frac{\beta_1}{\xi} - 1 \right) \tag{6-23}$$

如果采用式(6-23)确定 σ_s,则应用小偏心受压构件基本计算公式时需要解 x 的三次方程,手算不方便。我国大量的试验资料及计算分析表明,小偏心受压情况下实测的受拉边或受压较小边的钢筋应力 σ_s 与 ξ 接近直线关系(图 6-18)。为了简化计算,《混凝土结构设计规范》取 σ_s 与 ξ 之间为直线关系。当 $\xi = \xi_b$ 时(即发生界限破坏时),$\sigma_s = f_y$;当 $\xi = \beta_1$ 时,由式(6-23)可知,$\sigma_s = 0$。根据这两个点建立的直线方程就是式(6-21)。

(2)基本计算公式

由截面上纵向力的平衡条件、各个力对 A_s 合力点以及对 A_s' 合力点取矩的力矩平衡条件,可以得到以下基本计算公式:

$$\sum Y = 0 \qquad N \leqslant N_u = \alpha_1 f_c bx + f_y' A_s' - \sigma_s A_s \tag{6-24}$$

$$\sum M_{A_s'} = 0 \qquad Ne \leqslant N_u e = \alpha_1 f_c bx \left(h_0 - \frac{x}{2} \right) + f_y' A_s' + (h_0 - a_s') \tag{6-25}$$

$$\sum M_{A_s'} = 0 \qquad Ne' \leqslant N_u e' = \alpha_1 f_c bx \left(\frac{x}{2} - a_s' \right) - \sigma_s A_s (h_0 - a_s') \tag{6-26}$$

$$e = \frac{h}{2} - a_s + \eta e_i \tag{6-27}$$

$$e' = \frac{h}{2} - a_s' + \eta e_i \tag{6-28}$$

将 $x = \xi h_0$ 代入式(6-24)、(6-25)及(6-26),则基本计算公式又可写成如下形式:

$$N \leqslant N_u = \alpha_1 f_c bh_0 \xi + f_y' A_s' - \sigma_s A_s \tag{6-29}$$

$$Ne \leqslant N_u e = \alpha_1 f_c bh_0^2 \xi \left(1 - \frac{\xi}{2} \right) + f_y' A_s' (h_0 - a_s') \tag{6-30}$$

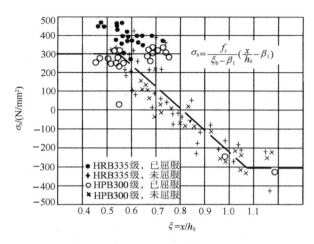

图6-18　纵向受拉钢筋的应力 σ_s 与 ξ 之间的关系

$$Ne' \le N_u e' = \alpha_1 f_c b h_0^2 \xi \left(\frac{\xi}{2} - \frac{a'_s}{h_0} \right) - \sigma_s A_s (h_0 - a'_s) \tag{6-31}$$

（3）反向受压破坏时的计算

当轴向压力较大而偏心距很小时，有可能出现距离轴向压力较远一侧的钢筋 A_s 受压屈服，这种情况称为小偏心受压的反向破坏。图6-19是与反向破坏对应的截面应力计算图形。对 A'_s 合力点取矩，得到下式：

$$Ne' \le N_u e' = f_c b h \left(h'_0 - \frac{h}{2} \right) + f'_y A_s (h'_0 - a_s) \tag{6-32}$$

$$e' = \frac{h}{2} - a'_s - (e_0 - e_a) \tag{6-33}$$

式中　e'——轴向压力作用点至受压区纵向钢筋合力点的距离。

《混凝土结构设计规范》规定，对采用非对称配筋的小偏心受压构件，当轴向压力设计值 $N > f_c b h$ 时，为了防止 A_s 发生受压破坏，A_s 应满足式（6-32）的要求。按反向受压破坏计算时，不考虑偏心距增大系数 η，并取初始偏心距 $e_i = e_0 - e_a$，这是考虑了不利方向的附加偏心距。按这样考虑计算的 e' 会增大，从而使 A_s 用量增加，偏于安全。注意，式（6-33）仅适用于式（6-32）的计算。

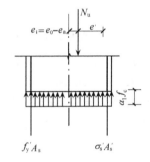

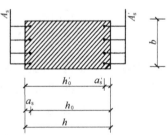

图6-19　小偏心反向受压破坏时
截面应力计算图形

6.5.2　大、小偏心受压破坏的设计判别

在进行偏心受压构件截面设计时，应首先确定构件的偏心类型。如果根据大、小偏心受压构件的界限条件 $\xi = \xi_b$ 来判别，则需首先计算出截面相对受压区高度 ξ。而在设计之前，由于钢筋面积尚未确定，无法求出 ξ，因此，必须另外寻求一种间接的判别方法。

当构件的材料、截面尺寸和配筋数量已经确定，并且配筋量适当时，纵向压力的偏心距是影响受压构件破坏特征的主要因素。当纵向压力的偏心距从大到小逐渐变化到某一数值时，构件将从"受拉破坏"转化为"受压破坏"。下面通过对界限破坏时截面应力状态的分析来确定大、小偏心受压的设计判别条件。

在大偏心受压构件基本计算公式(6-14)和(6-15)中，取 $\xi = \xi_b$，可以得到与界限状态对应的平衡方程，即

$$N_u = \alpha_1 f_c b h_0 \xi_b + f'_y A'_s - f_y A_s$$

$$N_u \left(\eta e_{ib} + \frac{h}{2} - a_s \right) = \alpha_1 f_c \alpha_{sb} b h_0^2 + f'_y A'_s (h_0 - a'_s)$$

由上两式解得

$$\eta e_{ib} = \frac{\alpha_1 f_c \alpha_{sb} b h_0^2 + f'_y A'_s (h_0 - a'_s)}{\alpha_1 f_c b h_0 \xi_b + f'_y A'_s - f_y A_s} - \frac{h}{2} + a_s$$

$$= \frac{\alpha_{sb} + \rho' \dfrac{f'_y}{\alpha_1 f_c} (1 - \dfrac{a'_s}{h_0})}{\xi_b + \rho' \dfrac{f'_y}{\alpha_1 f_c} - \rho \dfrac{f_y}{\alpha_1 f_c}} h_0 - \frac{1}{2} \left(1 - \frac{a_s}{h_0} \right) h_0$$

当截面尺寸和材料确定后，由上式可以看出，偏心距 ηe_{ib} 随配筋率 ρ、ρ' 的变化而变化，如果能找到 ηe_{ib} 的最小值，则可以此作为大、小偏心受压构件的划分条件。当偏心距小于 $(\eta e_{ib})_{min}$ 时，为小偏心受压构件。

ηe_{ib} 的最小值与上式中第一项的最小值有关。当 ρ' 取最小值 ρ'_{min} 时，分子最小，此时 ρ 取最小值 ρ_{min} 则分母最大，于是得

$$(\eta e_{ib})_{min} = \frac{\alpha_{sb} + \rho'_{min} \dfrac{f'_y}{\alpha_1 f_c} (1 - \dfrac{a'_s}{h_0})}{\xi_b + \rho'_{min} \dfrac{f'_y}{\alpha_1 f_c} - \rho \dfrac{f_y}{\alpha_1 f_c} - \rho_{min} \dfrac{f_y}{\alpha_1 f_c}} h_0 - \frac{1}{2} \left(1 - \frac{a_s}{h_0} \right) h_0$$

对于偏心受压构件，受拉和受压钢筋的最小配筋率相同，$\rho_{min} = \rho'_{min} = 0.002$，同一构件中受拉和受压钢筋的种类通常也相同，对于 HRB335 级、HRB400 级和 RRB400 级热轧钢筋，$f_y = f'_y$，所以上式可以写成

$$(\eta e_{ib})_{min} = \frac{1}{\xi_b} \left[\alpha_{sb} + \rho'_{min} \frac{f'_y}{\alpha_1 f_c} (1 - \frac{a'_s}{h_0}) \right] h_0 - \frac{1}{2} \left(1 - \frac{a_s}{h_0} \right) h_0 \tag{6-34}$$

将常用的钢筋和混凝土材料强度代入上式，并取 $a'_s/h_0 (a_s/h_0)$ 等于 0.05，求出相应的 $(\eta e_{ib})_{min}/h_0$，结果列于表6-2。

表 6-2　$(\eta e_{ib})_{\min}/h_0$

混凝土 钢筋	C20	C25	C30	C35	C40	C45	C50	C55	C60	C65	C70	C75	C80
HRB335	0.358	0.337	0.322	0.312	0.304	0.299	0.295	0.297	0.299	0.302	0.305	0.309	0.313
HRB400、 RRB400	0.404	0.377	0.358	0.345	0.335	0.329	0.323	0.325	0.326	0.328	0.331	0.334	0.337

　　从表 6-2 可以看出,对于 HRB335 级、HRB400 级和 RRB400 级钢筋以及常用的各种混凝土强度等级,相对界限偏心距的最小值 $(\eta e_{ib})_{\min}/h_0$ 分别在 0.295~0.358 和 0.323~0.404 范围内变化。对于常用材料,取 $\eta e_{ib} = 0.3h_0$ 作为大、小偏心受压的界限偏心距。因此,设计时可以按下列条件进行判别:当 $\eta e_{ib} > 0.3h_0$ 时,可能为大偏心受压,也可能为小偏心受压,可以先按照大偏心受压构件设计;当 $\eta e_{ib} \leq 0.3h_0$ 时,按小偏心受压构件设计。

6.5.3　截面设计

　　已知构件所采用的混凝土强度等级和钢筋种类、截面尺寸 $b \times h$、截面上作用的轴向压力设计值 N 和弯矩设计值 M 以及构件的计算长度 l_0 等,要求确定钢筋截面面积 A_s 和 A_s'。

　　首先根据偏心距的大小初步判别构件的偏心类别。当 $\eta e_{ib} > 0.3h_0$ 时,先按大偏心受压构件设计,当 $\eta e_{ib} \leq 0.3h_0$ 时,则先按小偏心受压构件设计。不论大、小偏心受压构件,在弯矩作用平面受压承载力计算之后,均应按轴心受压构件验算垂直于弯矩作用平面的受压承载力,计算公式为式(6-1)。该公式中的 A_s' 应取截面上全部纵向钢筋的截面面积,包括受拉钢筋 A_s 和受压钢筋 A_s';计算长度 l_0 应按垂直于弯矩作用平面方向确定,对于矩形截面稳定系数 φ 应按该方向的计算长度 l_0 与截面短边尺寸 b 的比值查表确定。

1. 大偏心受压构件

（1）A_s 和 A_s' 均未知,求 A_s 和 A_s'

　　① 计算 A_s'。从大偏心受压基本计算公式(6-14)和(6-15)可以看出,此时共有 ξ、A_s 和 A_s' 三个未知数,以 $(A_s + A_s')$ 总量最小作为补充条件,解得 $\xi = 0.5\dfrac{h}{h_0}$,同时应满足 $\xi < \xi_b$。为了简化计算,也可以直接取 $\xi = \xi_b$,代入公式(6-15),解出 A_s',即

$$A_s' = \frac{Ne - \alpha_1 f_c \alpha_{sb} b h_0^2}{f_y'(h_0 - a_s')}$$

其中

$$\alpha_{sb} = \xi_b(1 - 0.5\xi_b)$$

　　如果 $A_s' < \rho_{\min} bh$ 且 A_s' 与 $\rho_{\min} bh$ 数值相差较多,则取 $A_s' = \rho_{\min} bh$,并改按第二种情况(已知 A_s' 求 A_s)计算 A_s。

　　② 计算 A_s。将 $\xi = \xi_b$ 和 A_s' 及其他已知条件代入公式(6-14),得

$$A_s = \frac{\alpha_1 f_c b h_0 \xi_b + f_y' A_s' - N}{f_y} \geq \rho_{\min} bh$$

（2）已知 A'_s，求 A_s

① 计算 α_s、ξ。将已知条件代入公式(6-15)，得

$$\alpha_s = \frac{Ne - f'_y A'_s (h_0 - a'_s)}{\alpha_1 f_c b h_0^2}$$

$$\xi = 1 - \sqrt{1 - 2\alpha_s}$$

② 计算 A_s。如果 $\dfrac{2a'_s}{h_0} \leqslant \xi \leqslant \xi_b$，则由式(6-14)得

$$A_s = \frac{\alpha_1 f_c b h_0 \xi + f'_y A'_s - N}{f_y} \geqslant \rho_{\min} bh$$

如果 $\xi > \xi_b$，则说明受压钢筋数量不足，应增加 A'_s 的数量，按第一种情况(A_s 和 A'_s 均未知)或增大截面尺寸后重新计算。

如果 $\xi < \dfrac{2a'_s}{h_0}$（即 $x < 2a'_s$），则应按式(6-20)重新计算 A_s。

【例 6-4】　钢筋混凝土偏心受压柱，截面尺寸 $b = 300$ mm，$h = 400$ mm，计算长度 $l_0 = 3.5$ m。柱承受轴向压力设计值 $N = 310$ kN，弯矩设计值 $M = 170$ kN·m。混凝土强度等级为 C25，纵筋采用 HRB400 级钢筋，混凝土保护层厚度 $c = 30$ mm。要求确定钢筋截面面积 A'_s 和 A_s。

【解】　HRB400 级钢筋，$f_y = f'_y = 360$ N/mm^2；C25 混凝土，$f_c = 11.9$ N/mm^2。

（1）判别偏压类型

取 $a_s = a'_s = 40$ mm，$h_0 = h - a_s = 400 - 40 = 360$ mm。$\dfrac{l_0}{h} = \dfrac{3\,500}{400} = 8.8 > 5$，所以应考虑二阶弯矩的影响。

$$e_0 = \frac{M}{N} = \frac{170 \times 10^6}{310 \times 10^3} \text{ mm} = 548 \text{ mm}$$

$$\frac{h}{30} = \frac{400}{30} \text{ mm} = 13 \text{ mm} < 20 \text{ mm}，取 e_a = 20 \text{ mm}$$

$$e_i = e_0 + e_a = (548 + 20) \text{ mm} = 568 \text{ mm}$$

$$\zeta_1 = \frac{0.5 f_c A}{N} = \frac{0.5 \times 11.9 \times 300 \times 400}{310 \times 10^3} = 2.3 > 1，取 \zeta_1 = 1$$

$$\frac{l_0}{h} = 8.8 < 15，取 \zeta_2 = 1$$

$$\eta = 1 + \frac{1}{1\,300 e_i / h_0} \left(\frac{l_0}{h}\right)^2 \zeta_1 \zeta_2 = 1 + \frac{1}{1\,300 \times 568/360} \times \left(\frac{3\,500}{400}\right)^2 \times 1 \times 1 = 1.037$$

$$\eta e_i = 1.037 \times 568 \text{ mm} = 589 \text{ mm} > 0.3 h_0 = 0.3 \times 360 \text{ mm} = 108 \text{ mm}$$

故按大偏心受压构件计算。

$$e = \eta e_i + \frac{h}{2} - a_s = \left(589 + \frac{400}{2} - 40\right) \text{ mm} = 749 \text{ mm}$$

（2）计算 A'_s 和 A_s

取 $\xi = \xi_b = 0.518$，则

$$\alpha_{sb} = \xi_b(1 - 0.5\xi_b) = 0.518 \times (1 - 0.5 \times 0.518) = 0.384$$

由公式(6-15)和(6-14)分别计算 A_s'、A_s：

$$A_s' = \frac{Ne - \alpha_1 f_c \alpha_{sb} bh_0^2}{f_y'(h_0 - a_s')} = \frac{310 \times 10^3 \times 749 - 1 \times 11.9 \times 0.384 \times 300 \times 360^2}{360 \times (360 - 40)} \text{ mm}^2$$

$$= 473 \text{ mm}^2 > A_{smin}' = \rho_{min}' bh = 0.002 \times 300 \times 400 \text{ mm}^2 = 240 \text{ mm}^2$$

$$A_s = \frac{\alpha_1 f_c bh_0 \xi_b + f_y' A_s' - N}{f_y}$$

$$= \frac{1 \times 11.9 \times 300 \times 360 \times 0.518 + 360 \times 473 - 310 \times 10^3}{360} \text{ mm}^2$$

$$= 1\,461 \text{ mm}^2 > A_{smin} = \rho_{min} bh = 0.002 \times 300 \times 400 \text{ mm}^2 = 240 \text{ mm}^2$$

A_s' 和 A_s 均满足最小配筋率的要求。

（3）配筋

受压钢筋选 2 ⏀ 18（$A_s' = 509 \text{ mm}^2$），受拉钢筋选 3 ⏀ 25（$A_s = 1\,473 \text{ mm}^2$）。混凝土保护层厚度为 30 mm，纵筋最小净距为 50 mm。$(25 \times 3 + 30 \times 2 + 50 \times 2) \text{ mm} = 235 \text{ mm} < b = 300 \text{ mm}$，一排布置 3 ⏀ 25 可以满足纵筋净距的要求。截面配筋如图 6-20 所示。截面总配筋率：

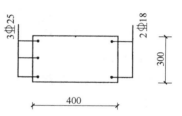

图 6-20　例题 6-4 截面配筋图

$$\rho = \frac{A_s + A_s'}{bh} = \frac{1\,473 + 509}{300 \times 400} = 0.016\,5 > 0.005$$

满足要求。

（4）验算垂直于弯矩作用平面的受压承载力

$$\frac{l_0}{b} = \frac{3\,500}{300} = 11.7，查表 6-1，\varphi = 0.959。由式(6-1)得$$

$$N_u = 0.9\varphi(f_c A + f_y' A_s')$$

$$= 0.9 \times 0.959 \times [11.9 \times 300 \times 400 + 360 \times (1\,473 + 509)] \text{ N}$$

$$= 1\,848.56 \times 10^3 \text{ N}$$

$$= 1\,848.56 \text{ kN} > N = 310 \text{ kN}$$

满足要求。

【例 6-5】　已知条件同例 6-4，截面受压区已配有 3 ⏀ 16（$A_s' = 603 \text{ mm}^2$）的钢筋，求受拉钢筋截面面积 A_s。

【解】　由例 6-4 已知可以按大偏心受压构件计算。

（1）计算 α_s、ξ

由公式(6-15)得

$$\alpha_s = \frac{Ne - f_y' A_s'(h_0 - a_s')}{\alpha_1 f_c bh_0^2} = \frac{310 \times 10^3 \times 748 - 360 \times 603 \times (360 - 40)}{1 \times 11.9 \times 300 \times 360^2} = 0.351$$

$$\xi = 1 - \sqrt{1 - 2\alpha_s} = 1 - \sqrt{1 - 2 \times 0.351} = 0.454 < \xi_b = 0.518$$

且 $\xi > \dfrac{2a_s'}{h_0} = \dfrac{2 \times 40}{360} = 0.222$，满足要求。

（2）计算 A_s

将 ξ 和 A_s' 代入公式（6-14）得

$$A_s = \frac{\alpha_1 f_c b h_0 \xi + f_y' A_s' - N}{f_y} = \frac{1 \times 11.9 \times 300 \times 360 \times 0.454 + 360 \times 603 - 310 \times 10^3}{360} \ \text{mm}^2$$

$$= 1\ 363\ \text{mm}^2 > A_{s\min} = 240\ \text{mm}^2$$

$$A_s' + A_s = (603 + 1\ 363)\,\text{mm}^2 = 1\ 966\ \text{mm}^2$$

例 6-4 中截面钢筋总量为 $A_s' + A_s = (471 + 1\ 459)\,\text{mm}^2 = 1\ 930\text{mm}^2$，对比可知，当 $\xi = \xi_b$ 时，钢筋总用量少。由例题 6-4 总配筋率验算及垂直于弯矩作用平面受压承载力验算结果可知本题亦满足要求。

【例 6-6】 已知柱截面尺寸 $b = 400\ \text{mm}$，$h = 500\ \text{mm}$，计算长度 $l_0 = 8.4\ \text{m}$。截面承受轴向压力设计值 $N = 324\ \text{kN}$，弯矩设计值 $M = 95\ \text{kN} \cdot \text{m}$。混凝土强度等级为 C30，纵筋采用 HRB400 级钢筋。受压区已配有 3 Φ 18（$A_s' = 763\ \text{mm}^2$），混凝土保护层厚度 $c = 30\ \text{mm}$。求纵向受拉钢筋截面面积 A_s。

【解】 HRB400 级钢筋，$f_y = f_y' = 360\ \text{N/mm}^2$；C30 混凝土，$f_c = 14.3\ \text{N/mm}^2$。

（1）判别偏压类型

取 $a_s = a_s' = 40\ \text{mm}$，$h_0 = h - a_s = 500 - 40\ \text{mm} = 460\ \text{mm}$，所以应考虑二阶弯矩的影响。

$$e_0 = \frac{M}{N} = \frac{95 \times 10^6}{324 \times 10^3}\text{mm} = 293\ \text{mm}$$

$$\frac{h}{30} = \frac{500}{30}\ \text{mm} = 17\ \text{mm} < 20\ \text{mm}，取\ e_a = 20\ \text{mm}$$

$$e_i = e_0 + e_a = (293 + 20)\,\text{mm} = 313\ \text{mm}$$

$$\zeta_1 = \frac{0.5 f_c A}{N} = \frac{0.5 \times 14.3 \times 400 \times 500}{324 \times 10^3} = 4.4 > 1，取\ \zeta_1 = 1$$

$$\zeta_2 = 1.15 - 0.01\ \frac{l_0}{h} = 1.15 - 0.01 \times 16.8 = 0.982$$

$$\eta = 1 + \frac{1}{1\ 300 e_i / h_0}\left(\frac{l_0}{h}\right)^2 \zeta_1 \zeta_2 = 1 + \frac{1}{1\ 300 \times 313/460} \times 16.8^2 \times 1 \times 0.982 = 1.313$$

$$\eta e_i = 1.313 \times 313 = 411\ \text{mm} > 0.3 h_0 = 0.3 \times 460\ \text{mm} = 138\ \text{mm}$$

按大偏心受压构件计算。

$$e = \eta e_i + \frac{h}{2} - a_s = \left(411 + \frac{500}{2} - 40\right)\,\text{mm} = 621\ \text{mm}$$

（2）计算 A_s

由公式（6-15）得

$$\alpha_s = \frac{Ne - f_y' A_s'(h_0 - a_s')}{\alpha_1 f_c b h_0^2} = \frac{324 \times 10^3 \times 621 - 360 \times 763 \times (460 - 40)}{1 \times 14.3 \times 400 \times 460^2} = 0.071$$

$$\xi = 1 - \sqrt{1 - 2\alpha_s} = 1 - \sqrt{1 - 2 \times 0.071} = 0.074 < \frac{2a'_s}{h_0} = \frac{2 \times 40}{460} = 0.174$$

即 $x < 2a'_s$，说明破坏时受压钢筋不能达到屈服强度，近似取 $x = 2a'_s$，按公式（6-18）计算 A_s。

$$e' = \eta e_i - \frac{h}{2} + a'_s = (411 - \frac{500}{2} + 40)\ \text{mm} = 201\ \text{mm}$$

$$A_s = \frac{Ne'}{f_y(h_0 - a'_s)} = \frac{324 \times 10^3 \times 201}{360 \times (460 - 40)}\ \text{mm}^2 = 431\ \text{mm}^2$$

$$> A_{smin} = \rho_{min}bh = 0.002 \times 400 \times 500\ \text{mm}^2 = 400\ \text{mm}^2$$

选 3 $\underline{\Phi}$ 16（$A_s = 603\ \text{mm}^2$）。截面总配筋率 $\rho = \dfrac{A_s + A'_s}{bh} = \dfrac{603 + 763}{400 \times 500} = 0.006\ 8 > 0.005$，满足要求。

（3）验算垂直于弯矩作用平面的受压承载力

$\dfrac{l_0}{b} = \dfrac{8\ 400}{400} = 21$，查表 6-1 得，$\varphi = 0.725$。由式（6-1）得

$$\begin{aligned}
N_u &= 0.9\varphi(f_c A + f'_y A'_s)\\
&= 0.9 \times 0.725 \times [14.3 \times 400 \times 500 + 360 \times (603 + 763)]\ N\\
&= 2\ 187.02 \times 10^3\ N\\
&= 2\ 187.02\ \text{kN} > N = 324\ \text{kN}
\end{aligned}$$

满足要求。

2. 小偏心受压构件

从小偏心受压构件基本计算公式（6-29）和（6-30）可以看出，此时共有 ξ、A_s 和 A'_s 三个未知数，如果仍以 $A_s + A'_s$ 总量最小为补充条件，则计算过程非常复杂。试验研究表明，当构件发生小偏心受压破坏时，A_s 可能受拉也可能受压，其应力一般均不能达到屈服强度，所以，不需配置较多的 A_s，实用上可按最小配筋率配置，设计步骤如下。

（1）初步拟定 A_s 值

按照构造要求初步取 $A_s = \rho_{min}bh$。

对于矩形截面非对称配筋小偏心受压构件，当 $N > f_c bh$ 时，还应再按式（6-32）验算 A_s 的用量，即应满足

$$A_s \geqslant \frac{Ne' - f_c bh(h'_0 - \dfrac{h}{2})}{f'_y(h'_0 - a_s)}$$

取两者中的较大值选配钢筋，并应符合钢筋的构造要求。

（2）计算 ξ

将实际选配钢筋的 A_s 数值代入公式（6-31）并利用 σ_s 的近似公式（6-21），得到关于 ξ 的一元二次方程，解此方程，得到以下 ξ 的计算公式。也可以将实际选配钢筋的 A_s 数值代入公式（6-29）和（6-30）解出 ξ，但这样需要解联立方程。

$$\xi = A + \sqrt{A^2 + B} \tag{6-35}$$

其中
$$A = \frac{a_s'}{h_0} + \left(1 - \frac{a_s'}{h_0}\right) \frac{f_y A_s}{(\xi_b - \beta_1)\alpha_1 f_c b h_0}$$

$$B = \frac{2Ne'}{\alpha_1 f_c b h_0^2} - 2\beta_1 \left(1 - \frac{a_s'}{h_0}\right) \frac{f_y A_s}{(\xi_b - \beta_1)\alpha_1 f_c b h_0}$$

如果 $\xi \leqslant \xi_b$，则应按大偏心受压构件重新计算。出现这种情况是由于截面尺寸过大造成的。

（3）计算 A_s'（或 A_s' 和 A_s）

将 ξ 代入公式（6-21）算出 σ_s，根据 σ_s 和 ξ 的不同情况，分别计算如下。

① 如果 $-f_y' \leqslant \sigma_s < f_y$，且 $\xi \leqslant \frac{h}{h_0}$，表明 A_s 可能受拉尚未达到受拉屈服强度，也可能受压尚未达到受压屈服强度或者恰好达到受压屈服强度，而且混凝土受压区计算高度没有超出截面高度范围，则第（2）步求得的 ξ 值有效，将其代入公式（6-30）得

$$A_s' = \frac{Ne - \alpha_1 f_c b h_0^2 \xi(1 - 0.5\xi)}{f_y'(h_0 - a_s')}$$

② 如果 $\sigma_s < -f_y'$，且 $\xi \leqslant \frac{h}{h_0}$，说明 A_s 的应力已经达到受压屈服强度，混凝土受压区计算高度尚未超出截面高度范围。则第（2）步计算的 ξ 值无效，应重新计算。这时，取 $\sigma_s = -f_y'$，则式（6-29）和式（6-31）成为

$$N \leqslant N_u = \alpha_1 f_c b h_0 \xi + f_y' A_s' + f_y' A_s \tag{6-36}$$

$$Ne' \leqslant N_u e' = \alpha_1 f_c b h_0^2 \xi\left(\frac{\xi}{2} - \frac{a_s'}{h_0}\right) + f_y' A_s (h_0 - a_s') \tag{6-37}$$

两个方程中的未知数是 ξ 和 A_s'，由式（6-37）解出 ξ，再代入式（6-36）求出 A_s'。

③ 如果 $\sigma_s < -f_y'$，且 $\xi > \frac{h}{h_0}$，说明 A_s 的应力已经达到受压屈服强度，且混凝土受压区计算高度超出截面高度范围，则第（2）步计算的 ξ 值无效，应重新计算。这时，取 $\sigma_s = -f_y'$，$\xi = \frac{h}{h_0}$，则式（6-29）和式（6-30）成为

$$N \leqslant N_u = \alpha_1 f_c b h + f_y' A_s' + f_y' A_s \tag{6-38}$$

$$Ne \leqslant N_u e = \alpha_1 f_c b h\left(h_0 - \frac{h}{2}\right) + f_y' A_s'(h_0 - a_s') \tag{6-39}$$

两个方程中的未知数为 A_s' 和 A_s，由式（6-39）计算 A_s'，再代入式（6-38）求出 A_s，与第（1）步确定的 A_s 比较，取较大值。

以上各种情况汇总于表6-3。

（4）验算

按轴心受压构件验算垂直于弯矩作用平面的受压承载力，如果不满足要求，应重新计算。

表6-3　σ_s 和 ξ 可能出现的各种情况及计算方法

序号	σ_s	ξ	含义	计算方法
①	$-f'_y \le \sigma_s < f_y$	$\xi \le \dfrac{h}{h_0}$	A_s 受拉未屈服或受压未屈服或刚达受压屈服强度 受压区计算高度在截面范围内 ξ 计算值有效	用式（6-29）或式（6-30）求 A'_s
②	$\sigma_s < -f'_y$	$\xi \le \dfrac{h}{h_0}$	A_s 已受压屈服 受压区计算高度在截面范围内 ξ 计算值无效	用式（6-29）及式（6-31）取 $\sigma_s = -f'_y$ 重求 ξ 和 A'_s
③	$\sigma_s < -f'_y$	$\xi > \dfrac{h}{h_0}$	A_s 已受压屈服 受压区计算高度超出截面范围 ξ 计算值无效	用式（6-29）及式（6-30）取 $\sigma_s = -f'_y, \xi = \dfrac{h}{h_0}$ 重求 A'_s 和 A_s

对于小偏心受压构件的计算,按式（6-31）解出 ξ 后,不必计算出 σ_s 的具体数值即可根据 ξ 与 σ_s 的关系判断出受拉钢筋 A_s 的应力状态。ξ 与 σ_s 的关系见式（6-21）、图6-21 和表6-4。但是,对于初学者来讲,计算出 σ_s 的具体数值后直接与 f_y 或 $-f'_y$ 比较来判断受拉钢筋 A_s 的应力状态,更直观和便于理解,所以在小偏压计算步骤中增加一步计算 σ_s 的具体数值。

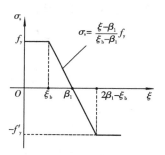

图6-21　受拉钢筋应力 σ_s 与 ξ 的关系

表6-4　受拉钢筋应力 σ_s 与 ξ 的关系

ξ	σ_s	含义
$\xi \le \xi_b$	$\sigma_s \ge f_y$	A_s 受拉达到屈服强度
$\xi_b < \xi < \beta_1$	$0 < \sigma_s < f_y$	A_s 受拉未达到屈服强度
$\beta_1 < \xi < 2\beta_1 - \xi_b$	$-f'_y < \sigma_s < 0$	A_s 受压未达到屈服强度
$\xi \ge 2\beta_1 - \xi_b$	$\sigma_s \le -f'_y$	A_s 受压达到屈服强度

【例6-7】　钢筋混凝土偏心受压柱,截面承受的轴向压力设计值 $N = 4\,056$ kN,弯矩设计值 $M = 446$ kN·m。混凝土强度等级为 C30,纵筋采用 HRB400 级钢筋。柱计算长度 $l_0 = 7.5$ m,截面尺寸 $b = 500$ mm,$h = 800$ mm,$a_s = a'_s = 45$ mm。要求确定钢筋截面面积 A_s 和 A'_s。

【解】　HRB400 级钢筋,$f_y = f'_y = 360$ N/mm²；C30 混凝土,$f_c = 14.3$ N/mm²。

（1）判别偏压类型

$$\frac{l_0}{h} = \frac{7\,500}{800} = 9.4 > 5$$

应考虑二阶弯矩的影响。

$$h_0 = h - a_s = (800 - 45) \text{ mm} = 755 \text{ mm}$$

$$e_0 = \frac{M}{N} = \frac{446 \times 10^6}{4\ 056 \times 10^3} \text{ mm} = 110 \text{ mm}$$

$$\frac{h}{30} = \frac{800}{30} \text{ mm} = 27 \text{ mm} > 20 \text{ mm}, 取 e_a = 27 \text{ mm}$$

$$e_i = e_0 + e_a = (110 + 27) \text{ mm} = 137 \text{ mm}$$

$$\zeta_1 = \frac{0.5 f_c A}{N} = \frac{0.5 \times 14.3 \times 500 \times 800}{4\ 056 \times 10^3} = 0.705$$

$$\frac{l_0}{h} = 9.4 < 15, 取 \zeta_2 = 1$$

$$\eta = 1 + \frac{1}{1\ 300 e_i / h_0} \left(\frac{l_0}{h} \right)^2 \zeta_1 \zeta_2 = 1 + \frac{1}{1\ 300 \times 137/755} \times 9.4^2 \times 0.705 \times 1 = 1.264$$

$$\eta e_i = 1.264 \times 137 \text{ mm} = 173 \text{ mm} < 0.3 h_0 = 0.3 \times 755 \text{ mm} = 227 \text{ mm}$$

应按小偏心受压构件计算。

$$e = \frac{h}{2} - a_s + \eta e_i = \left(\frac{800}{2} - 45 + 173 \right) \text{mm} = 528 \text{ mm}$$

$$e' = \frac{h}{2} - a'_s - \eta e_i = \left(\frac{800}{2} - 45 - 173 \right) \text{mm} = 182 \text{ mm}$$

（2）初步确定 A_s

$$A_{s min} = \rho_{min} bh = 0.002 \times 500 \times 800 \text{ mm}^2 = 800 \text{ mm}^2$$

$$f_c bh = 14.3 \times 500 \times 800 \text{ N} = 5\ 720 \times 10^3 \text{ N} = 5\ 720 \text{ kN} > N = 4\ 056 \text{ kN}$$

可不进行反向受压破坏验算，故取 $A_s = 800 \text{ mm}^2$，选 4 Φ 16（$A_s = 804 \text{ mm}^2$）。

（3）计算 ξ

可利用式（6-35）直接计算 ξ。

$$A = \frac{a'_s}{h_0} + \left(1 - \frac{a'_s}{h_0} \right) \frac{f_y A_s}{(\xi_b - \beta_1) \alpha_1 f_c bh_0}$$

$$= \frac{45}{755} + \left(1 - \frac{45}{755} \right) \times \frac{360 \times 804}{(0.518 - 0.8) \times 1 \times 14.3 \times 500 \times 755}$$

$$= 0.059\ 6 - 0.178\ 8 = -0.119\ 2$$

$$B = \frac{2Ne'}{\alpha_1 f_c bh_0^2} - 2\beta_1 \left(1 - \frac{a'_s}{h_0} \right) \frac{f_y A_s}{(\xi_b - \beta_1) \alpha_1 f_c bh_0}$$

$$= \frac{2 \times 4\ 056 \times 10^3 \times 182}{1 \times 14.3 \times 500 \times 755^2} - 2 \times 0.8 \times (-0.178\ 8)$$

$$= 0.648\ 3$$

$$\xi = A + \sqrt{A^2 + B} = -0.119\ 2 + \sqrt{(-0.119\ 2)^2 + 0.648\ 3} = 0.694\ 7 < \frac{h}{h_0} = \frac{800}{755} = 1.059\ 6$$

（4）计算 A'_s

将 ξ 代入公式（6-21）得

$$\sigma_s = \frac{\xi - \beta_1}{\xi_b - \beta_1} f_y = \frac{0.694\ 7 - 0.8}{0.518 - 0.8} \times 360 \text{ N/mm}^2 = 134.4 \text{ N/mm}^2$$

$$\sigma_s \quad \begin{matrix} < f_y = 360 \text{ N/mm}^2 \\ \sigma_s > -f_y' = -360 \text{ N/mm}^2 \end{matrix}$$

说明 A_s 受拉但未达到屈服强度。由式(6-30)得

$$A_s' = \frac{Ne - \alpha_1 f_c b h_0^2 \xi(1 - 0.5\xi)}{f_y'(h_0 - a_s')}$$

$$= \frac{4\ 056 \times 10^3 \times 528 - 1 \times 14.3 \times 500 \times 755^2 \times 0.694\ 7 \times (1 - 0.5 \times 0.697)}{360 \times (755 - 45)} \text{mm}^2$$

$$= 1\ 149 \text{ mm}^2 > A_{smin}' = \rho_{min}' bh = 0.002 \times 500 \times 800 \text{ mm}^2 = 800 \text{ mm}^2$$

选 4 Φ 22($A_s' = 1\ 256 \text{ mm}^2$)。截面总配筋率

$$\rho = \frac{A_s + A_s'}{bh} = \frac{804 + 1\ 256}{500 \times 800} = 0.005\ 2 > 0.005$$

满足要求。

（5）验算垂直于弯矩作用平面的受压承载力

$\dfrac{l_0}{b} = \dfrac{7\ 500}{500} = 15$，查表 6-1 得，$\varphi = 0.895$。由式(6-1)得

$$\begin{aligned} N_u &= 0.9\varphi(f_c A + f_y' A_s') \\ &= 0.9 \times 0.895 \times [14.3 \times 500 \times 800 + 360 \times (804 + 1\ 256)] \text{ N} \\ &= 5\ 204.82 \times 10^3 \text{ N} \\ &= 5\ 204.82 \text{ kN} > N = 4\ 056 \text{ kN} \end{aligned}$$

满足要求。

6.5.4　截面承载力复核

在实际工程中，有时需要对已有的偏心受压构件进行截面承载力复核，此时，截面尺寸 $b \times h$、构件的计算长度 l_0、截面配筋面积 A_s 和 A_s'、混凝土强度等级和钢筋种类以及截面上作用的轴向压力设计值 N 和弯矩设计值 M 均为已知（或者已知偏心距），要求判断截面是否能够满足承载力的要求或确定截面能够承受的轴向压力设计值 N_u。

利用大偏压基本计算公式(6-14)、(6-15)，取 $\xi = \xi_b$ 得到界限状态时的偏心距 ηe_{ib}，如下式所示：

$$\eta e_{ib} = \frac{\alpha_1 f_c b h_0^2 \xi_b (1 - 0.5\xi_b) + f_y' A_s'(h_0 - a_s')}{\alpha_1 f_c b h_0 \xi_b + f_y' A_s' - f_y A_s} - \left(\frac{h}{2} - a_s\right) \tag{6-40}$$

将实际计算出的 ηe_i 与 ηe_{ib} 比较，当 $\eta e_i \geqslant \eta e_{ib}$ 时，为大偏心受压；当 $\eta e_i < \eta e_{ib}$，为小偏心受压。

下面通过一道例题说明偏心受压构件截面承载力复核的方法。

【例 6-8】　钢筋混凝土偏心受压柱，截面尺寸 $b = 300$ mm，$h = 400$ mm，$a_s = a_s' = 40$ mm，纵向压力的偏心距 $e_0 = 550$ mm，计算长度 $l_0 = 3.5$ m。混凝土强度等级为 C25，纵筋采用

HRB335 级钢筋。$A_s' = 603 \text{ mm}^2 (3 \, \text{Φ} \, 16)$，$A_s = 1\,520 \text{ mm}^2 (4 \, \text{Φ} \, 22)$。要求确定截面能够承受的偏心压力设计值 N_u。

【解】 HRB335 级钢筋，$f_y = f_y' = 300 \text{ N/mm}^2$；C25 混凝土，$f_c = 11.9 \text{ N/mm}^2$。

$$h_0 = h - a_s = (400 - 40) \text{ mm} = 360 \text{ mm}, \xi_b = 0.550$$

（1）计算界限偏心距 ηe_{ib}

$$\eta e_{ib} = \frac{\alpha_1 f_c b h_0^2 \xi_b (1 - 0.5\xi_b) + f_y' A_s' (h_0 - a_s')}{\alpha_1 f_c b h_0 \xi_b + f_y' A_s' - f_y A_s} - \left(\frac{h}{2} - a_s\right)$$

$$= \frac{1 \times 11.9 \times 300 \times 360^2 \times 0.550 \times (1 - 0.5 \times 0.550) + 300 \times 603 \times (360 - 40)}{1 \times 11.9 \times 300 \times 360 \times 0.550 + 300 \times 603 - 300 \times 1\,520} - $$

$$\left(\frac{400}{2} - 40\right) \text{mm}$$

$$= 401 \text{ mm}$$

（2）判别偏压类型

$$\frac{l_0}{h} = \frac{3\,500}{400} = 8.8 > 5$$

所以应考虑二阶弯矩的影响。

$$\frac{h}{30} = \frac{400}{30} = 13 \text{ mm} < 20 \text{ mm}，取 \ e_a = 20 \text{ mm}$$

$$e_i = e_0 + e_a = (550 + 20) \text{ mm} = 570 \text{ mm}$$

先取 $\zeta_1 = 1$。由于 $\frac{l_0}{h} = 8.8 < 15$，所以取 $\zeta_2 = 1$。

$$\eta = 1 + \frac{1}{1\,300 e_i/h_0}\left(\frac{l_0}{h}\right)^2 \zeta_1 \zeta_2 = 1 + \frac{1}{1\,300 \times 570/360} \times \left(\frac{3\,500}{400}\right)^2 \times 1 \times 1 = 1.037$$

$$\eta e_i = 1.037 \times 570 \text{ mm} = 591 \text{ mm} > \eta e_{ib} = 401 \text{ mm}$$

判为大偏心受压构件。

（3）计算截面能够承受的偏心压力设计值 N_u

$$e = \eta e_i + \frac{h}{2} - a_s = \left(591 + \frac{400}{2} - 40\right) \text{ mm} = 751 \text{ mm}$$

将已知条件代入大偏心受压基本计算公式(6-14)、(6-15)得：

$$\begin{cases} N_u = 1 \times 11.9 \times 300 \times 360\xi + 300 \times 603 - 300 \times 1\,520 \\ N_u \times 751 = 1 \times 11.9\xi(1 - 0.5\xi) \times 300 \times 360^2 + 300 \times 603(360 - 40) \end{cases}$$

$$\begin{cases} N_u = 1\,285\,200\xi - 275\,100 \\ N_u \times 751 = 462\,672\,000\xi - 231\,336\,000\xi^2 + 57\,888\,000 \end{cases}$$

解得

$$\xi = 0.438 < \xi_b = 0.550$$

$$N_u = 287.818 \text{ kN}$$

验算 ζ_1

$$\zeta_1 = \frac{0.5 f_c A}{N} = \frac{0.5 \times 11.9 \times 300 \times 400}{287.818 \times 10^3} = 2.5 > 1$$

证明前面取 $\zeta_1 = 1$ 是正确的。

按垂直于弯矩作用平面的受压承载力计算 $N_u > 287.818$ kN(计算过程略),故截面能够承受的偏心压力设计值 $N_u = 287.818$ kN。

在上面的例题中,如果 $\zeta_1 < 1$,则应以此 ζ_1 重新计算 η,重复以上计算步骤,直至两次计算得到的 N_u 相差小于 5% 为止。

6.6 矩形截面对称配筋偏心受压构件正截面承载力计算

实际工程中,受压构件经常承受变号弯矩的作用,如果弯矩相差不多或者虽然相差较多,但按对称配筋设计所得钢筋总量与非对称配筋设计的钢筋总量相比相差不多时,宜采用对称配筋。对于装配式柱来讲,采用对称配筋比较方便,吊装时不容易出错,设计和施工都比较简便。从实际工程来看,对称配筋的应用更为广泛。

所谓对称配筋就是截面两侧的钢筋数量和钢筋种类都相同,即 $A_s = A_s'$,$f_y = f_y'$。

6.6.1 基本计算公式及适用条件

1. 大偏心受压构件

将 $A_s = A_s'$,$f_y = f_y'$ 代入式(6-11)和式(6-12),得到对称配筋大偏心受压构件的基本计算公式:

$$N \leqslant N_u = \alpha_1 f_c b x \tag{6-41}$$

$$Ne \leqslant N_u e = \alpha_1 f_c b x \left(h_0 - \frac{x}{2} \right) + f_y' A_s' (h_0 - a_s') \tag{6-42}$$

式(6-41)和式(6-42)的适用条件仍然是 $x \leqslant \xi_b h_0$(或 $\xi \leqslant \xi_b$)和 $x \geqslant 2a_s'$(或 $\xi \geqslant \dfrac{2a_s'}{h_0}$)。

2. 小偏心受压构件

将 $A_s = A_s'$ 代入式(6-24)和式(6-25)得到对称配筋小偏心受压构件的基本计算公式,即

$$N \leqslant N_u = \alpha_1 f_c b x + f_y' A_s' - \sigma_s A_s' \tag{6-43}$$

$$Ne \leqslant N_u e = \alpha_1 f_c b x \left(h_0 - \frac{x}{2} \right) + f_y' A_s' (h_0 - a_s') \tag{6-44}$$

式中,σ_s 仍按式(6-21)计算,且应满足式(6-22)的要求,其中 $f_y = f_y'$。

将 $x = \xi h_0$ 及式(6-21)代入式(6-43)和式(6-44),基本计算公式可写成如下形式

$$N \leqslant N_u = \alpha_1 f_c b h_0 \xi + f_y' A_s' - \sigma_s A_s' \tag{6-45}$$

$$Ne \leqslant N_u e = \alpha_1 f_c b h_0^2 \xi \left(1 - \frac{\xi}{2} \right) + f_y' A_s' (h_0 - a_s') \tag{6-46}$$

在应用基本计算公式时,需要求解 ξ 的三次方程,非常不方便。为简化计算,经过试验分析,《混凝土结构设计规范》给出 ξ 的近似计算公式

$$\xi = \frac{N - \alpha_1 f_c b h_0 \xi_b}{\dfrac{Ne - 0.43 \alpha_1 f_c b h_0^2}{(\beta_1 - \xi_b)(h_0 - a_s')} + \alpha_1 f_c b h_0} + \xi_b \tag{6-47}$$

6.6.2 大、小偏心受压构件的设计判别

由于采用对称配筋,所以从大偏心受压构件的基本计算公式(6-41)可以直接算出 x,即

$$x = \frac{N}{\alpha_1 f_c b} \tag{6-48}$$

因此,不论大、小偏心受压构件都可以首先按大偏心受压构件考虑,通过比较 x 和 $\xi_b h_0$ 来确定构件的偏心类型,即当 $x \leqslant \xi_b h_0$ 时,为大偏心受压构件;当 $x > \xi_b h_0$ 时,为小偏心受压构件。

应用式(6-48)计算的 x 进行偏心类型判断,有时会出现矛盾的情况。当轴向压力的偏心距很小甚至接近轴心受压时,应该说属于小偏心受压。然而当截面尺寸较大而 N 又较小时,用式(6-48)计算的 x 进行判断,有可能判为大偏心受压。也就是说会出现 $\eta e_i < 0.3 h_0$ 而 $x < \xi_b h_0$ 的情况。其原因是因为截面尺寸过大,而截面并未达到承载能力极限状态。此时,无论用大偏心受压还是小偏心受压公式计算,所得配筋均由最小配筋率控制。

6.6.3 截面设计

1. 大偏心受压构件

当按上述方法确定为大偏心受压构件时,将 x 代入式(6-42)计算 A_s',取 $A_s = A_s'$。

如果 $x < 2a_s'$,仍可按式(6-20)计算 A_s,然后取 $A_s' = A_s$。

2. 小偏心受压构件

当根据大偏心受压基本计算公式(6-48)计算的 x 判定属于小偏心受压时,应按小偏心受压构件计算。将已知条件代入式(6-47)计算 ξ,然后计算 σ_s。

如果 $-f_y' \leqslant \sigma_s < f_y$,且 $\xi \leqslant \dfrac{h}{h_0}$,将 ξ 代入式(6-46)计算 A_s',取 $A_s = A_s'$。

如果 $\sigma_s < -f_y'$,且 $\xi \leqslant \dfrac{h}{h_0}$,取 $\sigma_s = -f_y'$,式(6-45)和式(6-46)两式联立可解得 ξ 和 A_s'。

如果 $\sigma_s < -f_y'$,且 $\xi > \dfrac{h}{h_0}$,取 $\sigma_s = -f_y'$,$\xi = \dfrac{h}{h_0}$,式(6-45)和式(6-46)各解一个 A_s',取其中较大者。

【例6-9】 钢筋混凝土偏心受压柱,截面承受轴向压力设计值 $N = 2\ 310$ kN,弯矩设计值 $M = 560$ kN·m。混凝土强度等级为 C35,纵筋采用 HRB400 级钢筋。柱计算长度 $l_0 = 4.8$ m,截面尺寸 $b = 500$ mm,$h = 650$ mm,$a_s = a_s' = 40$ mm。采用对称配筋,求受拉钢筋截面面积 A_s 和受压钢筋截面面积 A_s'。

【解】 HRB400 级钢筋:$f_y = f_y' = 360$ N/mm²,C35 混凝土:$f_c = 16.7$ N/mm²。

(1)计算 η

$$\frac{l_0}{h} = \frac{4\ 800}{650} = 7.4 > 5$$

所以应考虑二阶弯矩的影响。

$$h_0 = h - a_s = (650 - 40)\ \text{mm} = 610\ \text{mm}$$

$$e_0 = \frac{M}{N} = \frac{560 \times 10^6}{2\,310 \times 10^3} \text{ mm} = 242 \text{ mm}$$

$$\frac{h}{30} = \frac{650}{30} = 22 \text{ mm} > 20 \text{ mm}, \text{取 } e_a = 22 \text{ mm}$$

$$e_i = e_0 + e_a = (242 + 22) \text{ mm} = 264 \text{ mm}$$

$$\zeta_1 = \frac{0.5 f_c A}{N} = \frac{0.5 \times 16.7 \times 500 \times 650}{2\,310 \times 10^3} = 1.2 > 1, \text{取 } \zeta_1 = 1$$

$$\frac{l_0}{h} = 7.4 < 15, \text{取 } \zeta_2 = 1$$

$$\eta = 1 + \frac{1}{1\,300 e_i / h_0} \left(\frac{l_0}{h} \right)^2 \zeta_1 \zeta_2 = 1 + \frac{1}{1\,300 \times 264/610} \times \left(\frac{4\,800}{650} \right)^2 \times 1 \times 1 = 1.097$$

$$e = \eta e_i + \frac{h}{2} - a_s = (1.097 \times 264 + \frac{650}{2} - 40) \text{ mm} = 575 \text{ mm}$$

（2）判别偏心类型

由式(6-48)得

$$x = \frac{N}{\alpha_1 f_c b} = \frac{2\,310 \times 10^3}{1 \times 16.7 \times 500} \text{ mm} = 277 \text{ mm} < \xi_b h_0 = 0.518 \times 610 \text{ mm} = 316 \text{ mm}$$

且 $x > 2a_s' = 2 \times 40 \text{ mm} = 80 \text{ mm}$，判定为大偏心受压，上式计算所得的 x 值有效。

（3）计算钢筋面积

将 x 代入式(6-42)得

$$A_s' = \frac{Ne - \alpha_1 f_c bx (h_0 - \frac{x}{2})}{f_y' (h_0 - a_s')}$$

$$= \frac{2\,310 \times 10^3 \times 575 - 1 \times 16.7 \times 500 \times 277 \times (610 - \frac{277}{2})}{360 \times (610 - 40)} \text{mm}^2$$

$$= 1\,158 \text{ mm}^2$$

选 5 ⊈ 18($A_s = A_s' = 1\,272$ mm)，截面总配筋率为

$$\rho = \frac{A_s + A_s'}{bh} = \frac{1\,272 \times 2}{500 \times 650} = 0.007\,8 > 0.005,$$

满足要求。

（4）验算垂直于弯矩作用平面的受压承载力

$$\frac{l_0}{b} = \frac{4\,800}{500} = 9.6, \text{查表 6-1}, \varphi = 0.984。由式(6-1)得：$$

$$N_u = 0.9 \varphi (f_c A + f_y' A_s')$$

$$= 0.9 \times 0.984 \times [16.7 \times 500 \times 650 + 360 \times 1\,272 \times 2] \text{ N}$$

$$= 5\,617.66 \times 10^3 \text{ N}$$

$$= 5\,617.66 \text{ kN} > N = 2\,310 \text{ kN}$$

满足要求。

【例 6-10】　钢筋混凝土偏心受压柱,截面尺寸 $b = 500$ mm,$h = 500$ mm,计算长度 $l_0 =$ 4. 2 m。混凝土强度等级为 C35,纵筋采用 HRB400 级钢筋。截面承受轴向压力设计值 $N =$ 200 kN ,弯矩设计值 $M = 300$ kN · m。$a_s = a'_s = 40$ mm。采用对称配筋,求受拉和受压钢筋截面面积。

【解】　HRB400 级钢筋:$f_y = f'_y = 360$ N/mm^2;C35 混凝土:$f_c = 16.7$ N/mm^2。

(1)计算 η

$$\frac{l_0}{h} = \frac{4\ 200}{500} = 8.4 > 5$$

所以应考虑二阶弯矩的影响。

$$h_0 = h - a_s = (500 - 40)\ \text{mm} = 460\ \text{mm}$$

$$e_0 = \frac{M}{N} = \frac{300 \times 10^6}{200 \times 10^3}\text{mm} = 1\ 500\ \text{mm}$$

$$\frac{h}{30} = \frac{500}{30} = 17\ \text{mm} < 20\ \text{mm},\text{取}\ e_a = 20\ \text{mm}$$

$$e_i = e_0 + e_a = (1\ 500 + 20)\ \text{mm} = 1\ 520\ \text{mm}$$

$$\zeta_1 = \frac{0.5 f_c A}{N} = \frac{0.5 \times 16.7 \times 500 \times 500}{200 \times 10^3} = 10.4 > 1,\text{取}\ \zeta_1 = 1$$

$$\frac{l_0}{h} = 8.4 < 15,\text{取}\ \zeta_2 = 1$$

$$\eta = 1 + \frac{1}{1\ 300 e_i / h_0} \left(\frac{l_0}{h}\right)^2 \zeta_1 \zeta_2 = 1 + \frac{1}{1\ 300 \times 1\ 520/460} \times \left(\frac{4\ 200}{500}\right)^2 \times 1 \times 1 = 1.016$$

$$e' = \eta e_i - \frac{h}{2} + a'_s = \left(1.016 \times 1\ 520 - \frac{500}{2} + 40\right)\text{mm} = 1\ 334\ \text{mm}$$

(2)判别偏压类型

由式(6-48)得

$$x = \frac{N}{\alpha_1 f_c b} = \frac{200 \times 10^3}{1 \times 16.7 \times 500}\text{mm} = 24\ \text{mm} < 2a'_s = 2 \times 40\ \text{mm} = 80\ \text{mm}$$

为大偏心受压,但 $x < 2a'_s$,近似取 $x = 2a'_s$,按式(6-20)计算,即

$$A'_s = A_s = \frac{Ne'}{f_y(h_0 - a'_s)} = \frac{200 \times 10^3 \times 1\ 334}{360 \times (460 - 40)}\text{mm}^2 = 1\ 765\ \text{mm}^2$$

选 5 $\underline{\Phi}$ 22($A_s = A'_s = 1\ 901$ mm^2),截面总配筋率

$$\rho = \frac{A_s + A'_s}{bh} = \frac{1\ 901 \times 2}{500 \times 500} = 0.015\ 2 > 0.005$$

满足要求。

(3)验算垂直于弯矩作用平面的受压承载力

$$\frac{l_0}{b} = \frac{4\ 200}{500} = 8.4,\text{查表 6-1 得}\ \varphi = 0.996。\text{由式(6-1)得}$$

$$N_u = 0.9\varphi(f_c A + f'_y A'_s)$$
$$= 0.9 \times 0.996 \times [16.7 \times 500 \times 500 + 360 \times 1\,901 \times 2]\,\text{N}$$
$$= 4969.39 \times 10^3\,\text{N}$$
$$= 4969.39\,\text{kN} > N = 200\,\text{kN}$$

满足要求。

【例 6-11】　钢筋混凝土偏心受压柱,计算长度 $l_0 = 4.5$ m,截面尺寸 $b = 500$ mm,$h = 600$ mm。截面承受轴向压力设计值 $N = 3\,768$ kN,弯矩设计值 $M = 540$ kN·m,混凝土强度等级为 C35,纵筋采用 HRB400 级钢筋。混凝土保护层厚度 $c = 30$ mm,$a_s = a'_s = 40$ mm。采用对称配筋,求受拉和受压钢筋。

【解】　HRB400 级钢筋:$f_y = f'_y = 360$ N/mm²,混凝土强度等级为 C35:$f_c = 16.7$ N/mm²。

（1）计算 η

$$\frac{l_0}{h} = \frac{4\,500}{600} = 7.5 > 5$$

所以应考虑二阶弯矩的影响。

$$h_0 = h - a_s = (600 - 40)\,\text{mm} = 560\,\text{mm}$$

$$e_0 = \frac{M}{N} = \frac{540 \times 10^6}{3\,768 \times 10^3}\,\text{mm} = 143\,\text{mm}$$

$$\frac{h}{30} = \frac{600}{30}\,\text{mm} = 20\,\text{mm},取 e_a = 20\,\text{mm}$$

$$e_i = e_0 + e_a = (143 + 20)\,\text{mm} = 163\,\text{mm}$$

$$\zeta_1 = \frac{0.5 f_c A}{N} = \frac{0.5 \times 16.7 \times 500 \times 600}{3\,768 \times 10^3} = 0.665$$

$$\frac{l_0}{h} = 7.5 < 15,取 \zeta_2 = 1$$

$$\eta = 1 + \frac{1}{1\,300 e_i / h_0}\left(\frac{l_0}{h}\right)^2 \zeta_1 \zeta_2 = 1 + \frac{1}{1\,300 \times 163/560} \times 7.5^2 \times 0.665 \times 1 = 1.099$$

$$e = \eta e_i + \frac{h}{2} - a_s = \left(1.099 \times 163 + \frac{600}{2} - 40\right)\text{mm} = 439\,\text{mm}$$

（2）判别偏压类型

由式（6-48）得

$$x = \frac{N}{\alpha_1 f_c b} = \frac{3\,768 \times 10^3}{1 \times 16.7 \times 500}\,\text{mm} = 451\,\text{mm} > \xi_b h = 0.518 \times 560\,\text{mm} = 290\,\text{mm}$$

为小偏心受压构件。

（3）计算 A_s 和 A'_s

按小偏压构件的近似公式（6-47）重新计算 ξ：

$$\xi = \frac{N - \alpha_1 f_c b h_0 \xi_b}{\dfrac{Ne - 0.43 \alpha_1 f_c b h_0^2}{(\beta_1 - \xi_b)(h_0 - a'_s)} + \alpha_1 f_c b h_0} + \xi_b$$

$$= \frac{3\ 768 \times 10^3 - 1 \times 16.7 \times 500 \times 560 \times 0.518}{\dfrac{3\ 768 \times 10^3 \times 439 - 0.43 \times 1 \times 16.7 \times 500 \times 560^2}{(0.8 - 0.518) \times (560 - 40)} + 1 \times 16.7 \times 500 \times 560} + 0.518$$

$$= 0.681$$

$$\sigma_s = \frac{\xi - \beta_1}{\xi_b - \beta_1} f_y = \frac{0.681 - 0.8}{0.518 - 0.8} \times 360 \text{ N/mm}^2 = 151.9 \text{ N/mm}^2$$

$$\sigma_s < f_y = 360 \text{ N/mm}^2$$

$$\sigma_s > -f'_y = -360 \text{N/mm}^2$$

代入式(6-46)得

$$A_s = A'_s = \frac{Ne - \alpha_1 f_c b h_0^2 \xi (1 - 0.5\xi)}{f'_y (h_0 - a'_s)}$$

$$= \frac{3\ 768 \times 10^3 \times 438 - 1 \times 16.7 \times 500 \times 560^2 \times 0.681 \times (1 - 0.5 \times 0.681)}{360 \times (560 - 40)} \text{mm}^2$$

$$= 2\ 534 \text{ mm}^2$$

（4）配筋

选 3 $\underline{\Phi}$ 28 + 2 $\underline{\Phi}$ 22

$$A_s = A'_s = (1\ 847 + 760) \text{mm}^2 = 2\ 607 \text{ mm}^2$$

$$28 \times 3 + 22 \times 2 + 30 \times 2 + 50 \times 4 = 388 \text{ mm} < b = 500 \text{ mm}$$

所以 5 根钢筋布置一排可以满足钢筋净间距的要求。截面总配筋率

$$\rho = \frac{A_s + A'_s}{bh} = \frac{2\ 607 \times 2}{500 \times 600} = 0.0174 > 0.005$$

满足要求。

（5）验算垂直于弯矩作用平面的受压承载力

$\dfrac{l_0}{b} = \dfrac{4\ 500}{500} = 9$，查表 6-1 得 $\varphi = 0.990$。由式（6-1）得

$$N_u = 0.9\varphi(f_c A + f'_y A'_s)$$

$$= 0.9 \times 0.990 \times (16.7 \times 500 \times 600 + 360 \times 2\ 607 \times 2) \text{ N}$$

$$= 6\ 136.35 \times 10^3 \text{ N}$$

$$= 6\ 136.35 \times 10^3 \text{ kN} > N = 3\ 768 \text{ kN}$$

满足要求。

6.6.4　截面承载力复核

截面承载力复核方法与非对称配筋时相同。当构件截面上的轴向压力设计值 N 与弯矩设计值 M 以及其他条件已知，要求计算截面所能承受的轴向压力设计值 N_u 时，由式（6-41）和式（6-42）或式（6-45）和式（6-46）可见，无论是大偏心受压还是小偏心受压，其未知量均为两个（N_u 和 x 或 ξ），故可由基本计算公式直接求解 x 或 ξ 和 N_u。

6.7　矩形截面对称配筋偏心受压构件正截面承载力 N-M 相关曲线

如果将大、小偏心受压构件的基本计算公式以曲线的形式绘出,则可以直观地了解大、小偏心受压构件的 N 和 M 以及与配筋率 ρ 之间的关系,还可以利用这种曲线快速地进行截面设计和判断偏心类型。本节根据矩形截面对称配筋大、小偏心受压构件承载力基本计算公式,推导出正截面承载力的 N-M 相关曲线。

6.7.1　大偏心受压构件的 N-M 相关曲线

（1）$2a_s' \leqslant x \leqslant \xi_b h_0$

将式（6-41）及 $x = \xi h_0$ 代入式（6-42）,然后无量纲化,并经整理得到大偏心受压构件的 N-M 关系式,即

$$\overline{M} = -0.5\overline{N}^2 + 0.5\frac{h}{h_0}\overline{N} + \rho'\left(1 - \frac{a_s'}{h_0}\right)\frac{f_y'}{\alpha_1 f_c} \tag{6-49}$$

其中,$\overline{M} = \dfrac{N\eta e_i}{\alpha_1 f_c b h_0^2}$,$\overline{N} = \dfrac{N}{\alpha f_c b h_0}$。

以 $\overline{M}$ 为横坐标,$\overline{N}$ 为纵坐标,对不同的混凝土强度等级、钢筋级别和 $\dfrac{a_s'}{h_0}$,可以绘制出相应的 N-M 相关曲线,即图 6-22 中两条水平虚线之间的曲线。

（2）$x < 2a_s'$

将 $e' = \eta e_i - 0.5h + a_s'$ 代入式（6-18）,然后无量纲化得到 N-M 计算曲线如下：

$$\overline{M} = 0.5\frac{h_0' - a_s'}{h_0}\overline{N} + \rho\frac{h_0' - a_s'}{h_0} \times \frac{f_y}{\alpha_1 f_c} \tag{6-50}$$

图 6-22 中横坐标到第一条水平虚线之间的曲线,就是 $x < 2a_s'$ 时 N-M 的相关曲线。

6.7.2　小偏心受压构件的 N-M 相关曲线

将 $e = \eta e_i + 0.5h - a_s$ 代入式（6-46）,然后无量纲化并整理得到小偏心受压构件的 N-M 相关曲线,即

$$\overline{M} = -\frac{0.5h - a_s}{h_0}\overline{N} + \xi(1 - 0.5\xi) + \rho'\left(1 - \frac{a_s'}{h_0}\right)\frac{f_y'}{\alpha_1 f_c} \tag{6-51}$$

式中的 ξ 可由式（6-45）确定。图 6-22 中第二条水平虚线以上部分是小偏心受压构件 N 和 M 之间的关系曲线。

6.7.3　轴心受压构件的 N-M 相关曲线

《混凝土结构设计规范》规定,在偏心受压构件的正截面承载力计算中,应计入轴向压力在偏心方向存在的附加偏心距 e_a,也就是说,对于轴心受压构件,截面弯矩不为零。$e_i = e_0$

$+ e_{\mathrm{a}} = e_{\mathrm{a}}$。下式即为轴心受压时 N 和 M 之间的相关关系。

$$\overline{M} = \frac{N \eta e_{\mathrm{i}}}{\alpha_1 f_{\mathrm{c}} b h_0^2} = \eta \, \frac{e_{\mathrm{a}}}{h_0} \frac{N}{\alpha_1 f_{\mathrm{c}} b h_0} = \eta \, \frac{e_{\mathrm{a}}}{h_0} \overline{N} \qquad (6\text{-}52)$$

或

$$\frac{\overline{M}}{\overline{N}} = \eta \, \frac{e_{\mathrm{a}}}{h_0} \qquad (6\text{-}53)$$

图 6-22 中的斜虚线即为轴心受压构件 N 和 M 之间的关系曲线。

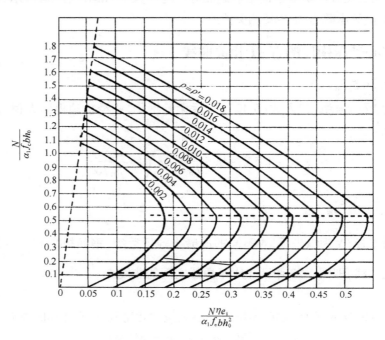

图 6-22 矩形截面对称配筋偏心受压构件计算曲线

6.7.4 矩形截面对称配筋偏心受压构件 N 和 M 及配筋率 ρ 之间的关系

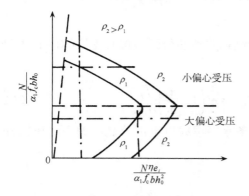

图 6-23 矩形截面对称配筋偏心受压构件
截面弯矩 M、轴力 N 和配筋率 ρ 的关系

图 6-22 中第二条水平虚线与界限破坏相对应,界限破坏以上为小偏心受压,界限破坏以下为大偏心受压。这条虚线的纵坐标为 $\overline{N} = \dfrac{N_{\mathrm{b}}}{\alpha_1 f_{\mathrm{c}} b h_0}$,即 $N = N_{\mathrm{b}}$,其中 $N_{\mathrm{b}} = \alpha_1 f_{\mathrm{c}} b h_0 \xi_{\mathrm{b}}$。从图中可以看出,大偏心受压构件的受弯承载力 M 随轴向压力 N 的增大而增大,受压承载力 N 随弯矩 M 的增大而增大。小偏心受压构件的受弯承载力 M 随轴向压力 N 的增大而减小,受压承载力 N 随弯矩 M 的增大而减小。

在进行结构设计时,受压构件的某一个控制

截面,往往会作用有多组弯矩和轴力值,借助于对图 6-23 的分析,就可以方便地筛选出起控制作用的弯矩和轴力值。对于大偏心受压构件,当轴向压力 N 值基本不变时,弯矩 M 值越大所需纵向钢筋越多;当弯矩 M 值基本不变时,轴向压力 N 值越小所需纵向钢筋越多。对于小偏心受压构件,当轴向压力 N 值基本不变时,弯矩 M 值越大所需纵向钢筋越多;当弯矩 M 值基本不变时,轴向压力 N 值越大所需纵向钢筋越多。

6.7.5　矩形截面对称配筋偏心受压构件 N-M 相关曲线分区

对于图 6-24 中的任一点有

$$\frac{\overline{M}}{\overline{N}} = \frac{\dfrac{N\eta e_i}{\alpha_1 f_c b h_0^2}}{\dfrac{N}{\alpha_1 f_c b h_0}} = \frac{\eta e_i}{h_0}$$

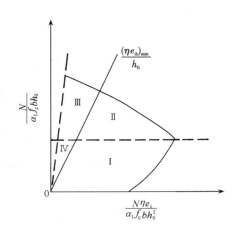

ηe_i 是截面设计仅考虑偏心距因素时大、小偏心受压构件的界限条件。在图中作直线 $\dfrac{\eta e_i}{h_0} = 0.3$,这条直线以左,$\dfrac{\eta e_i}{h_0} < 0.3$;直线以右,$\dfrac{\eta e_i}{h_0} > 0.3$。图中水平虚线与界限破坏相对应。$\dfrac{\eta e_i}{h_0} = 0.3$ 和 $\overline{N} = \dfrac{N_b}{\alpha_1 f_c b h_0}$ 两条直线将曲线划分为以下四个区域:

图 6-24　矩形截面对称配筋偏心受压构件计算曲线分区

Ⅰ区:$\eta e_i > 0.3 h_0$,且 $N \leqslant N_b$,大偏心受压;
Ⅱ区:$\eta e_i > 0.3 h_0$,且 $N > N_b$,小偏心受压;
Ⅲ区:$\eta e_i \leqslant 0.3 h_0$,且 $N > N_b$,小偏心受压;
Ⅳ区:$\eta e_i \leqslant 0.3 h_0$,且 $N \leqslant N_b$。

在Ⅰ、Ⅱ区内 $\eta e_i > 0.3 h_0$,仅从偏心距角度看,可能为大偏心受压。用 N 与 N_b 比较应为准确的判断,当 $N \leqslant N_b$ 时,可以确定为大偏心受压;当 $N > N_b$ 时,判定为小偏心受压。

在Ⅲ区内 $\eta e_i \leqslant 0.3 h_0$,且 $N > N_b$,两个判别条件所得结论是一致的,故确定为小偏心受压。

在Ⅳ区内 $\eta e_i \leqslant 0.3 h_0$,应该属于小偏心受压,但是 $N \leqslant N_b$,又属于大偏心受压范围。这两个判别条件所得结论是矛盾的。出现这种情况的原因:虽然轴向压力的偏心距较小,实际应为小偏心受压构件,但由于截面尺寸比较大,N 与 $\alpha_1 f_c b h_0$ 相比偏小,所以又出现了 $N \leqslant N_b$ 的情况。从图中可以很清楚地看出,Ⅳ区内的 N 和 M 均很小,此时,不论按大偏心受压还是按小偏心受压构件计算,都在构造配筋范围内。

综上所述,对于矩形截面对称配筋偏心受压构件,当进行截面配筋计算时,可以仅根据 N 与 N_b 的比较判别偏压类型。

6.8　I形截面对称配筋偏心受压构件正截面承载力计算

当柱截面尺寸较大时,为了节省混凝土,减轻结构自重,往往将柱的截面取为I形,这种I形截面柱一般都采用对称配筋。I形截面偏心受压构件的受力性能、破坏形态及计算原理与矩形截面偏心受压构件相同,仅由于截面形状不同而使基本计算公式稍有差别。

6.8.1　基本计算公式及适用条件

1.大偏心受压构件

（1）中和轴在受压翼缘内（$x \leqslant h'_f$）

截面应力计算图形如图6-25（a）所示,由平衡条件得到如下基本计算公式:

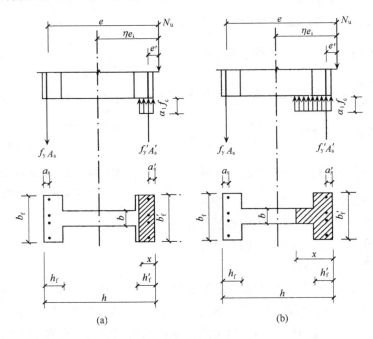

图 6-25　I形截面大偏心受压构件截面应力计算图形

$$N \leqslant N_u = \alpha_1 f_c b'_f x \tag{6-54}$$

$$Ne \leqslant N_u e = \alpha_1 f_c b'_f x \left(h_0 - \frac{x}{2} \right) + f'_y A'_s (h_0 - a'_s) \tag{6-55}$$

（2）中和轴在腹板内（$h'_f < x \leqslant \xi_b h_0$）

截面应力计算图形如图6-25（b）所示,由平衡条件得到如下基本计算公式:

$$N \leqslant N_u = \alpha_1 f_c b x + \alpha_1 f_c (b'_f - b) h'_f \tag{6-56}$$

$$Ne \leqslant N_u e = \alpha_1 f_c b x \left(h_0 - \frac{x}{2} \right) + \alpha_1 f_c (b'_f - b) h'_f \left(h_0 - \frac{h'_f}{2} \right) + f'_y A'_s (h_0 - a'_s) \tag{6-57}$$

式（6-54）~（6-57）的适用条件仍然是:

$$x \leqslant \xi_b h_0$$

$$x \geqslant 2a'_s$$

2. 小偏心受压构件

（1）中和轴在腹板内（$\xi_b h_0 < x \leqslant h - h_f$）

截面应力计算图形如图 6-26（a）所示，由平衡条件得到如下基本计算公式：

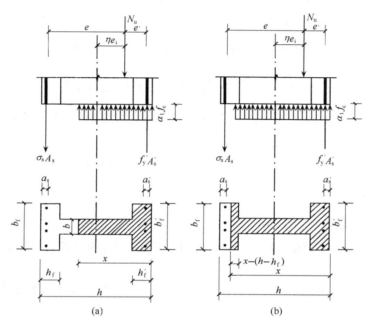

图 6-26　I 形截面小偏心受压构件截面应力计算图形

$$N \leqslant N_u = \alpha_1 f_c b h_0 \xi + \alpha_1 f_c (b'_f - b) h'_f + f'_y A'_s - \sigma_s A'_s \tag{6-58}$$

$$Ne \leqslant N_u e = \alpha_1 f_c b h_0^2 \xi \left(1 - \frac{\xi}{2}\right) + \alpha_1 f_c (b'_f - b) h'_f \left(h_0 - \frac{h'_f}{2}\right) + f'_y A'_s (h_0 - a'_s) \tag{6-59}$$

上述两方程联解可得到 ξ 和 A'_s，但仍然要解 ξ 的三次方程，计算较烦琐。将式（6-58）和式（6-59）写成如下形式：

$$N - \alpha_1 f_c (b'_f - b) h'_f = \alpha_1 f_c b h_0 \xi + f'_y A'_s - \sigma_s A'_s$$

$$Ne - \alpha_1 f_c (b'_f - b) h'_f \left(h_0 - \frac{h'_f}{2}\right) = \alpha_1 f_c b h_0^2 \xi \left(1 - \frac{\xi}{2}\right) + f'_y A'_s (h_0 - a'_s)$$

与矩形截面对称配筋小偏心受压构件基本计算公式（6-43）和式（6-44）对比，可见如将 $N - \alpha_1 f_c (b'_f - b) h'_f$ 看作作用于截面上的轴向压力设计值 N，将 $Ne - \alpha_1 f_c (b'_f - b) h'_f \left(h_0 - \frac{h'_f}{2}\right)$ 看作轴向压力设计值 N 对于 A_s 合力点的矩，则可仿照式（6-47）写出 I 形对称配筋截面小偏心受压构件 ξ 的近似计算公式，即

$$\xi = \cfrac{N - \alpha_1 f_c (b_f' - b) h_f' - \alpha_1 f_c b h_0 \xi_b}{\cfrac{Ne - \alpha_1 f_c (b_f' - b) h_f' (h_0 - \dfrac{h_f'}{2}) - 0.43 \alpha_1 f_c b h_0^2}{(\beta_1 - \xi_b)(h_0 - a_s')} + \alpha_1 f_c b h_0} + \xi_b \tag{6-60}$$

（2）中和轴在距离 N 较远一侧的翼缘内（$h - h_f < x \leqslant h$）

截面应力计算图形如图 6-26(b)所示,由平衡条件得到如下基本计算公式:

$$N \leqslant N_u = \alpha_1 f_c b h_0 \xi + \alpha_1 f_c (b_f' - b) h_f' + \alpha_1 f_c (b_f - b)[\xi h_0 - (h - h_f)] + f_y' A_s' - \sigma_s A_s' \tag{6-61}$$

$$Ne \leqslant N_u e = \alpha_1 f_c b h_0^2 \xi (1 - \frac{\xi}{2}) + \alpha_1 f_c (b_f' - b) h_f' (h_0 - \frac{h_f'}{2}) + \alpha_1 f_c (b_f - b)[\xi h_0 - (h - h_0)]$$

$$\times \left[h_f - a_s - \frac{\xi h_0 - (h - h_f)}{2} \right] + f_y' A_s' (h_0 - a_s') \tag{6-62}$$

注意,式(6-61)和式(6-62)中的 ξ 应由这两式联立求解而得,而不能应用式(6-60)计算。

式(6-58)、式(6-61)中的 σ_s 仍按式(6-21)计算,且应满足式(6-22)的要求。

6.8.2　截面设计

1. 大偏心受压构件

对称配筋 I 形截面大偏心受压构件可按如下步骤计算,构件偏心类型的判别包含在计算过程中。

① 设混凝土受压区在受压翼缘内,即 $x \leqslant h_f'$,由大偏心受压构件基本计算公式(6-54)得

$$x = \frac{N}{\alpha_1 f_c b_f'} \tag{6-63}$$

如果 $2a_s' \leqslant x \leqslant h_f'$,则判定为大偏心受压,且 x 计算值有效,代入式(6-55)即可求得 A_s',然后取 $A_s = A_s'$。

如果 $x < 2a_s'$,则近似取 $x = 2a_s'$,按式(6-20)计算 A_s,然后取 $A_s' = A_s$。

② 如果用式(6-63)计算的 x 超出了受压翼缘高度,即 $x > h_f'$,则此 x 计算值无效,应重新计算。仍用大偏心受压的基本计算公式,再设受压区已进入腹板,即 $h_f' < x \leqslant \xi_b h_0$,由式(6-56)得

$$x = \frac{N - \alpha_1 f_c (b_f' - b) h_f'}{\alpha_1 f_c b} \tag{6-64}$$

如果 $h_f' < x \leqslant \xi_b h_0$,则判定为大偏心受压,且 x 计算值有效,用此 x 值代入式(6-57)得到 A_s',取 $A_s = A_s'$。

如果 $x > \xi_b h_0$,则属于小偏心受压构件,x 计算值无效,应按小偏心受压重新计算。

2. 小偏心受压构件

当按式(6-64)计算的 $x > \xi_b h_0$ 时,判为小偏心受压。采用对称配筋 I 形截面小偏心受压构件 ξ 的近似公式(6-60)计算 ξ,如果 $\xi_b < \xi \leqslant \dfrac{h - h_f}{h_0}$,说明 A_s 受拉且应力未达到屈服强度,将 ξ 代入式(6-59)计算 A_s'。

如果由近似公式算得的 $\xi > \dfrac{h - h_{\mathrm{f}}}{h_0}$，说明受压区已进入离轴向力较远一侧翼缘内，则由式（6-61）和式（6-62）联立重解 ξ，再代入式（6-21）算出 σ_{s}，而后，根据不同 σ_{s} 及 ξ 不同的分别计算。

① 如果 $-f'_{\mathrm{y}} \leqslant \sigma_{\mathrm{s}} < f_{\mathrm{y}}$，且 $\dfrac{h - h_{\mathrm{f}}}{h_0} < \xi \leqslant \dfrac{h}{h_0}$，将 ξ 代入式（6-62）计算 A'_{s}。

② 如果 $\sigma_{\mathrm{s}} < -f'_{\mathrm{y}}$，且 $\dfrac{h - h_{\mathrm{f}}}{h_0} < \xi \leqslant \dfrac{h}{h_0}$，说明 A_{s} 受压并已达到屈服强度，取 $\sigma_{\mathrm{s}} = -f'_{\mathrm{y}}$，由式（6-61）和（6-62）联立重求 ξ 和 A'_{s}。

③ 如果 $\sigma_{\mathrm{s}} < -f'_{\mathrm{y}}$，且 $\xi > \dfrac{h}{h_0}$，此时，全截面受压，A_{s} 已达到屈服强度。将 $\sigma_{\mathrm{s}} = -f'_{\mathrm{y}}$ 及 $\xi = \dfrac{h}{h_0}$ 代入式（6-61）和式（6-62），两式各解一个 A'_{s}，取其大者。

6.8.3　截面承载力复核

I 形截面对称配筋偏心受压构件正截面受压承载力复核方法与矩形截面对称配筋偏心受压构件的相似。在构件截面作用的弯矩设计值和轴向压力设计值以及其他条件为已知时，可以直接由基本计算公式解出 ξ 和 N_{u}。

【例 6-12】　I 形截面钢筋混凝土偏心受压柱，柱计算长度 $l_0 = 5.5$ m，截面尺寸 $b = 100$ mm，$h = 900$ mm，$b_{\mathrm{f}} = b'_{\mathrm{f}} = 400$ mm，$h_{\mathrm{f}} = h'_{\mathrm{f}} = 150$ mm，$a_{\mathrm{s}} = a'_{\mathrm{s}} = 40$ mm。截面尺寸见图 6-27。混凝土强度等级为 C35，纵筋采用 HRB400 级钢筋。截面承受轴向压力设计值 $N = 877$ kN，弯矩设计值 $M = 914$ kN·m，采用对称配筋，求受拉和受压钢筋。

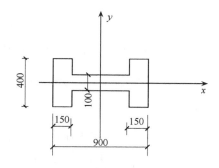

图 6-27　例 6-12 I 形截面

【解】　HRB400 级钢筋，$f_{\mathrm{y}} = f'_{\mathrm{y}} = 360$ N/mm²，C35 混凝土，$f_{\mathrm{c}} = 16.7$ N/mm²。

（1）计算 η、e

$$A = bh + 2(b_{\mathrm{f}} - b)h_{\mathrm{f}} = \left[100 \times 900 + 2 \times (400 - 100) \times 150 \right] \mathrm{mm}^2 = 18 \times 10^4 \ \mathrm{mm}^2$$

$$I_y = \frac{1}{12}bh^3 + 2\left[\frac{1}{12}(b_{\mathrm{f}} - b)h_{\mathrm{f}}^3 + (b_{\mathrm{f}} - b)h_{\mathrm{f}}\left(\frac{h}{2} - \frac{h_{\mathrm{f}}}{2} \right)^2 \right]$$

$$= \left\{ \frac{1}{12} \times 100 \times 900^3 + 2 \times \left[\frac{1}{12} \times (400 - 100) \times 150^3 + (400 - 100) \times 150 \times \left(\frac{900}{2} - \frac{150}{2} \right)^2 \right] \right\} \mathrm{mm}^4$$

$$= 189 \times 10^8 \ \mathrm{mm}^4$$

$$i_y = \sqrt{\frac{I_y}{A}} = \sqrt{\frac{189 \times 10^8}{18 \times 10^4}} \mathrm{mm} = 324 \ \mathrm{mm}$$

$$\frac{l_0}{i_y} = \frac{5\,500}{324} = 17 < 17.5，取 \ \eta = 1$$

$$h_0 = h - a_{\mathrm{s}} = (900 - 40) \mathrm{mm} = 860 \ \mathrm{mm}$$

$$e_0 = \frac{M}{N} = \frac{914 \times 10^6}{877 \times 10^3} \text{mm} = 1\ 042\ \text{mm}$$

$$\frac{h}{30} = \frac{900}{30} = 30\ \text{mm} > 20\ \text{mm},\text{取}\ e_a = 30\ \text{mm}$$

$$e_i = e_0 + e_a = (1\ 042 + 30)\text{mm} = 1\ 072\ \text{mm}$$

$$e = \eta e_i + \frac{h}{2} - a_s = (1 \times 1\ 072 + \frac{900}{2} - 40)\text{mm} = 1\ 482\ \text{mm}$$

（2）判别偏压类型，计算 A_s 和 A_s'

先假定中和轴在受压翼缘内，按式（6-54）计算受压区高度，即

$$x = \frac{N}{\alpha_1 f_c b_f'} = \frac{877 \times 10^3}{1 \times 16.7 \times 400}\text{mm} = 131\ \text{mm} < h_f' = 150\ \text{mm}$$

且 $x > 2a_s' = 2 \times 40\ \text{mm} = 80\ \text{mm}$，为大偏心受压构件，受压区在受压翼缘内，将 x 代入式（6-55）得

$$A_s = A_s' = \frac{Ne - \alpha_1 f_c b_f' x (h_0 - \frac{x}{2})}{f_y'(h_0 - a_s')}$$

$$= \frac{877 \times 10^3 \times 1\ 482 - 1 \times 16.7 \times 400 \times 131 \times (860 - \frac{131}{2})}{360 \times (860 - 40)}\text{mm}^2$$

$$= 2\ 048\ \text{mm}^2 > \rho_{\min} A = 0.002 \times 18 \times 10^4\ \text{mm}^2 = 360\ \text{mm}^2$$

选 2 ⫶ 28 + 2 ⫶ 25（$A_s = A_s' = 2\ 214\ \text{mm}^2$），截面总配筋率

$$\rho = \frac{A_s + A_s'}{A} = \frac{2\ 214 \times 2}{18 \times 10^4} = 0.025 > 0.005$$

满足要求。

（3）验算垂直于弯矩作用平面的受压承载力

$$I_x = \frac{1}{12}(h - 2h_f)b^3 + 2 \times \frac{1}{12}h_f b_f^3$$

$$= (\frac{1}{12} \times (900 - 2 \times 150) \times 100^3 + 2 \times \frac{1}{12} \times 150 \times 400^3)\ \text{mm}^4$$

$$= 16.5 \times 10^8\ \text{mm}^4$$

$$i_x = \sqrt{\frac{I_x}{A}} = \sqrt{\frac{16.5 \times 10^8}{18 \times 10^4}}\ \text{mm} = 95.7\ \text{mm},$$

$$\frac{l_0}{i_x} = \frac{5\ 500}{95.7},\text{查表 6-1 得}\ \varphi = 0.849。$$

$$N_u = 0.9\varphi(f_c A + f_y' A_s')$$

$$= 0.9 \times 0.849 \times (16.7 \times 18 \times 10^4 + 360 \times 2\ 214 \times 2)\text{N}$$

$$= 3\ 514.92 \times 10^3\ \text{N}$$

$$= 3\ 514.9\ \text{kN} > N = 877\ \text{kN}$$

满足要求。

【例 6-13】　已知条件同例 6-12,截面承受轴向压力设计值 $N = 1\,350$ kN,弯矩设计值 $M = 960$ kN·m,采用对称配筋,求受拉和受压钢筋。

【解】(1) 计算 e

$$e_0 = \frac{M}{N} = \frac{960 \times 10^6}{1\,350 \times 10^3} \text{ mm} = 711 \text{ mm}$$

$$e_i = e_0 + e_a = (711 + 30) \text{ mm} = 741 \text{ mm}$$

$$e = \eta e_i + \frac{h}{2} - a_s = (1 \times 741 + \frac{900}{2} - 40) \text{mm} = 1\,151 \text{ mm}$$

(2) 判别偏压类型,计算 A_s 和 A_s'

先假定中和轴在受压翼缘内,按式(6-54)计算受压区高度:

$$x = \frac{N}{\alpha_1 f_c b_f'} = \frac{1\,350 \times 10^3}{1 \times 16.7 \times 400} \text{mm} = 202 \text{ mm} > h_f' = 150 \text{ mm}$$

说明受压区已进入腹板,再按大偏心受压式(6-56)计算受压区高度。

$$x = \frac{N - \alpha_1 f_c (b_f' - b) h_f'}{\alpha_1 f_c b}$$

$$= \frac{1\,350 \times 10^3 - 1 \times 16.7 \times (400 - 100) \times 150}{1 \times 16.7 \times 100} \text{ mm}$$

$$= 358 \text{ mm} < \xi_b h_0 = 0.518 \times 860 \text{ mm} = 445 \text{ mm}$$

判为大偏心受压构件,将 x 代入式(6-57)得:

$$A_s = A_s' = \frac{Ne - \alpha_1 f_c b x (h_0 - \frac{x}{2}) - \alpha_1 f_c (b_f' - b) h_f' (h_0 - \frac{h_f'}{2})}{f_y' (h_0 - a_s')}$$

$$= \frac{1\,350 \times 10^3 \times 1\,151 - 1 \times 16.7 \times 100 \times 358 \times (860 - \frac{358}{2}) - 1 \times 16.7 \times (400 - 100) \times 150 \times (860 - \frac{150}{2})}{360 \times (860 - 40)} \text{mm}^2$$

$$= 1\,886 \text{ mm}^2 > \rho_{\min} A = 360 \text{ mm}^2$$

选 4 Φ 25 ($A_s = A_s' = 1\,964$ mm²),截面总配筋率

$$\rho = \frac{A_s + A_s'}{A} = \frac{1\,964 \times 2}{18 \times 10^4} = 0.022 > 0.005$$

满足要求。

(3) 验算垂直于弯矩作用平面的受压承载力

由式(6-1)得

$$N_u = 0.9 \varphi (f_c A + f_y' A_s')$$

$$= 0.9 \times 0.849 \times (16.7 \times 18 \times 10^4 + 360 \times 1\,964 \times 2) \text{ N}$$

$$= 3\,377.38 \times 10^3 \text{ N}$$

$$= 3\,377.38 \text{ kN} > N = 1\,350 \text{ kN}$$

满足要求。

【例 6-14】　已知条件同例 6-12,截面承受轴向压力设计值 $N = 2\,100$ kN,弯矩设计值 M

＝800 kN·m,采用对称配筋,求受拉和受压钢筋。

【解】(1) 计算 e

由例6-12 知 $\eta = 1$。

$$e_0 = \frac{M}{N} = \frac{800 \times 10^5}{2\ 100 \times 10^3} \text{mm} = 381\ \text{mm}$$

$$e_i = e_0 + e_a = (381 + 30)\text{mm} = 411\ \text{mm}$$

$$e = \eta e_i + \frac{h}{2} - a_s = (1 \times 411 + \frac{900}{2} - 40)\text{mm} = 821\ \text{mm}$$

(2) 判别偏压类型,计算 A_s 和 A_s'

先按式(6-54)计算受压区高度。

$$x = \frac{N}{\alpha_1 f_c b_f'} = \frac{2\ 100 \times 10^3}{1 \times 16.7 \times 400}\text{mm} = 314\ \text{mm} > h_f' = 150\ \text{mm}$$

说明受压区已进入腹板,再按大偏心受压式(6-56)计算受压区高度。

$$x = \frac{N - \alpha_1 f_c (b_f' - b) h_f'}{\alpha_1 f_c b}$$

$$= \frac{2\ 100 \times 10^3 - 1 \times 16.7 \times (400 - 100) \times 150}{1 \times 16.7 \times 100}\text{mm}$$

$$= 807\ \text{mm} > \xi_b h_0 = 445\ \text{mm}$$

判定为小偏心受压构件,应按小偏心受压重新计算受压区高度。

(3) 计算 ξ

按 I 形截面对称配筋小偏心受压构件近似公式(6-60)计算 ξ,即

$$\xi = \frac{N - \alpha_1 f_c (b_f' - b) h_f' - \alpha_1 f_c b h_0 \xi_b}{\dfrac{Ne - \alpha_1 f_c (b_f' - b) h_f' (h_0 - \dfrac{h_f'}{2}) - 0.43 \alpha_1 f_c b h_0^2}{(\beta_1 - \xi_b)(h_0 - a_s')} + \alpha_1 f_c b h_0} + \xi_b$$

$$= \frac{2\ 100 \times 10^3 - 1 \times 16.7 \times (400 - 100) \times 150 - 1 \times 16.7 \times 100 \times 860 \times 0.518}{\dfrac{2\ 100 \times 10^3 \times 821 - 1 \times 16.7 \times (400 - 100) \times 150 \times (860 - \dfrac{150}{2}) - 0.43 \times 1 \times 16.7 \times 100 \times 860^2}{(0.8 - 0.518) \times (860 - 40)} + 1 \times 16.7 \times 100 \times 860} + 0.518$$

$$= 0.667 > \xi_b = 0.518$$

且 $\xi = 0.667 < \dfrac{h - h_f}{h_0} = \dfrac{900 - 150}{860} = 0.872$,说明 A_s 受拉且应力未达到屈服强度。

(4) 计算 A_s 和 A_s'

将 ξ 代入式(6-59),得

$$A = A_s' = \frac{Ne - \alpha_1 f_c b h_0^2 \xi \left(1 - \dfrac{\xi}{2}\right) - \alpha_1 f_c (b_f' - b) h_f' \left(h_0 - \dfrac{h_f'}{2}\right)}{f_y'(h_0 - a_s')}$$

$$= \frac{2\ 100 \times 10^3 \times 821 - 1 \times 16.7 \times 100 \times 860^2 \times 0.667 \times \left(1 - \dfrac{0.667}{2}\right) - 1 \times 16.7 \times (400 - 100) \times 150 \times \left(860 - \dfrac{150}{2}\right)}{360 \times (860 - 40)}\text{mm}^2$$

$= 1\ 982\ \text{mm}^2 > \rho_{\min}A = 360\ \text{mm}^2$

选 2 Φ 28 + 2 Φ 2($A_s = A'_s = 1\ 232 + 760\ \text{mm}^2 = 1\ 992\ \text{mm}^2$)。

由例 6-13 知,截面总配筋率满足要求,且垂直于弯矩作用平面的受压承载力 $N_u > N = 2$ 100 kN,亦满足要求。

6.9　均匀配筋偏心受压构件承载力计算

对于截面高度较大的构件如剪力墙、筒体等,除了在弯矩作用方向截面的两端集中布置纵向钢筋 A_s 和 A'_s 以外,还沿截面腹部均匀布置等直径、等间距的纵向钢筋,如图6-28所示。

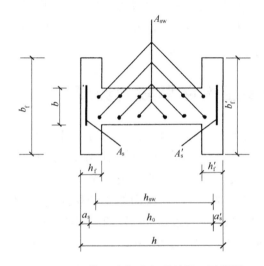

图 6-28　沿截面腹部均匀配筋的 I 形截面

这种构件可以根据平截面假定求出纵向钢筋的应力表达式,然后列出平衡方程计算其正截面承载力。但由于计算公式较烦琐,不便于设计应用。为此,《混凝土结构设计规范》给出经过简化后的近似计算公式。对于沿截面腹部均匀配置纵向钢筋的矩形、T 形或 I 形截面钢筋混凝土偏心受压构件,其正截面受压承载力均可按下列公式计算:

$$N \leqslant N_u = \alpha_1 f_c \left[\xi bh_0 + (b'_f - b) h'_f \right] + f'_y A'_s - \sigma_s A_s + N_{sw} \tag{6-65}$$

$$Ne \leqslant N_u e = \alpha_1 f_c \left[\xi(1 - 0.5\xi) bh_0^2 + (b'_f - b) h'_f \left(h_0 - \frac{h'_f}{2} \right) \right] + f'_y A'_s (h_0 - a'_s) + M_{sw} \tag{6-66}$$

$$N_{sw} = \left(1 + \frac{\xi - \beta_1}{0.5\beta_1 \omega} \right) f_{yw} A_{sw} \tag{6-67}$$

$$M_{sw} = \left[0.5 - \left(\frac{\xi - \beta_1}{\beta_1 \omega} \right)^2 \right] f_{yw} A_{sw} h_{sw} \tag{6-68}$$

式中　A_{sw}——沿截面腹部均匀配置的全部纵向钢筋截面面积;

　　　f_{yw}——沿截面腹部均匀配置的纵向钢筋强度设计值;

　　　N_{sw}——沿截面腹部均匀配置的纵向钢筋所承担的轴向压力,当 $\xi > \beta_1$ 时,取 $\xi = \beta_1$ 计算;

M_{sw}——沿截面腹部均匀配置的纵向钢筋的内力对 A_s 重心的力矩,当 $\xi > \beta_1$ 时,取 $\xi = \beta_1$ 计算;

ω ——均匀配置纵向钢筋区段的高度 h_{sw} 与截面有效高度 h_0 的比值,宜选取 $h_{sw} = h_0 - a'_s$。

上述计算适用于截面腹部均匀配置纵向钢筋数量每侧不少于 4 根的情况。

受拉边或受压较小边钢筋(A_s)中的应力 σ_s 仍按式(6-21)计算。当为大偏心受压时,式(6-65)中取 $\sigma_s = f_y$。当受压区计算高度相对值 $\xi > \dfrac{h - h_f}{h_0}$ 时,其正截面受压承载力应计入受压较小边翼缘受压部分的作用。

从式(6-65)、式(6-66)可以看出,与一般偏心受压构件相比,只是多了一项腹部纵筋的作用,其他完全相同。设计时,一般先按构造要求确定腹部纵筋的数量,然后再由式(6-65)和式(6-66)计算 A_s 和 A'_s。

6.10 　双向偏心受压构件承载力计算

当轴向压力在截面的两个主轴方向都有偏心或构件同时承受轴心压力及两个主轴方向的弯矩时,则为双向偏心受压构件。在实际结构工程中,框架房屋的角柱、地震作用下的边柱和支承水塔的空间框架的支柱等均属于双向偏心受压构件。

双向偏心受压构件的中和轴一般不与截面的主轴相互垂直,而是斜交。受压区的形状变化较大、较复杂,对于矩形截面,可能为三角形、四边形或五边形;对于 L 形、T 形截面则更复杂。同时,由于各根钢筋到中和轴的距离不等,且往往相差悬殊,致使纵向钢筋应力不均匀。

对于双向偏心受压构件正截面承载力计算,《混凝土结构设计规范》给出了两种计算方法,下面仅介绍近似计算法。

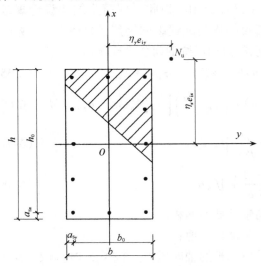

图 6-29　双向偏心受压构件截面

双向偏心受压构件截面如图 6-29 所示,截面面积为 A_0,两个方向的截面抵抗矩分别为 W_x 及 W_y,假设构件截面能够承受的最大压应力为 σ。按照材料力学公式,在不同情况下截面的破坏条件分别如下。

当轴心受压时

$$\frac{N_{u0}}{A_0} = \sigma$$

当单向偏心受压时

$$\frac{N_{ux}}{A_0} + \frac{N_{ux}\eta_x e_{ix}}{W_x} = \sigma$$

$$\frac{N_{uy}}{A_0} + \frac{N_{uy}\eta_y e_{iy}}{W_y} = \sigma$$

当双向偏心受压时

$$\frac{N_u}{A_0} + \frac{N_{ux}\eta_x e_{ix}}{W_x} + \frac{N_{uy}\eta_y e_{iy}}{W_y} = \sigma$$

将上式改写为

$$\frac{\sigma}{N_u} = \frac{1}{A_0} + \frac{\eta_x e_{ix}}{W_x} + \frac{1}{A_0} + \frac{\eta_y e_{iy}}{W_y} - \frac{1}{A_0} = \frac{\sigma}{N_{ux}} + \frac{\sigma}{N_{uy}} - \frac{\sigma}{N_{u0}}$$

或

$$\frac{1}{N_u} = \frac{1}{N_{ux}} + \frac{1}{N_{uy}} - \frac{1}{N_{u0}}$$

即

$$N_u = \frac{1}{\dfrac{1}{N_{ux}} + \dfrac{1}{N_{uy}} - \dfrac{1}{N_{u0}}} \tag{6-69}$$

式中　N_{u0}——构件的截面轴心受压承载力设计值;

　　　N_{ux}——轴向压力作用于 x 轴并考虑相应的计算偏心距 $\eta_x e_{ix}$ 后,按全部纵向钢筋计算的构件偏心受压承载力设计值,此处 η_x 应按式(6-8)计算;

　　　N_{uy}——轴向压力作用于 y 轴并考虑相应的计算偏心距 $\eta_y e_{iy}$ 后,按全部纵向钢筋计算的构件偏心受压承载力设计值,此处 η_y 应按式(6-8)计算。

其实,当构件处于承载能力极限状态时,截面应力分布已不符合弹性规律,理论上已不能采用叠加原理,因此,上式只是一种近似计算方法。

构件的截面轴心受压承载力设计值 N_{u0},可按式(6-1)计算,不考虑稳定系数 φ 及系数 0.9。

构件的偏心受压承载力设计值 N_{ux},可按下列情况计算:

① 当纵向钢筋沿截面两对边配置时,N_{ux} 可按一般配筋单向偏心受压构件计算。

② 当纵向钢筋沿截面腹部均匀配置时,N_{ux} 可按式(6-65)~(6-68)进行计算。

N_{uy} 可采用与 N_{ux} 相同的方法计算。

截面复核时,将已知条件代入式(6-69),就可直接算出 N_u。而当截面设计时,必须先拟定截面尺寸、钢筋数量及布置方案,然后经过若干次试算才能获得满意结果。

6.11　偏心受压构件的斜截面承载力计算

6.11.1　轴向压力对柱受剪承载力的影响

框架结构在竖向荷载和水平荷载共同作用下,柱截面上不仅有轴力和弯矩,而且还有剪力。因此,对偏心受压构件还应计算斜截面受剪承载力。

试验研究表明,轴向压力对构件的受剪承载力有提高作用。这主要是轴向压力能够阻滞斜裂缝的出现和开展,增加了混凝土剪压区高度,从而提高混凝土所承担的剪力。轴向压力对箍筋所承担的剪力没有明显影响。由框架柱截面受剪承载力与轴压比的关系可知,当轴压比 $N/(f_c bh) = 0.3 \sim 0.5$ 时,受剪承载力达到最大值。但是轴向压力对受剪承载力的有利作用是有限度的,若再增加轴向压力,则受剪承载力会随着轴压比的增大而降低。因此,计算偏压构件斜截面受剪承载力时,既要考虑轴向压力的有利作用,又应对轴向压力的受剪承载力提高范围予以限制。

6.11.2 矩形、T形和Ⅰ形截面偏心受压构件的斜截面受剪承载力

根据试验研究,对这类构件的斜截面受剪承载力应按下式计算:

$$V \leqslant V_u = \frac{1.75}{\lambda + 1} f_t b h_0 + f_{yv} \frac{A_{sv}}{s} h_0 + 0.07N \tag{6-70}$$

式中 λ ——偏心受压构件计算截面的剪跨比;

N ——与剪力设计值 V 相应的轴向压力设计值,当 $N > 0.3 f_c A$ 时,取 $N = 0.3 f_c A$,此处 A 为构件的截面面积。

计算截面的剪跨比应根据下列规定取用。

① 对各类结构的框架柱,宜取 $\lambda = M/(V h_0)$;对框架结构中的框架柱,当其反弯点在层高范围内时,可取 $\lambda = H_n/(2h_0)$;当 $\lambda < 1$ 时,取 $\lambda = 1$;当 $\lambda > 3$ 时,取 $\lambda = 3$。式中,M 为计算截面上与剪力设计值 V 相应的弯矩设计值,H_n 为柱净高。

② 对其他偏心受压构件,当承受均布荷载时,取 $\lambda = 1.5$;当承受集中荷载(包括作用有多种荷载,其中集中荷载对支座截面或节点边缘所产生的剪力值占总剪力值的75%以上的情况)时,取 $\lambda = a/h_0$,当 $\lambda < 1.5$ 时,取 $\lambda = 1.5$;当 $\lambda > 3$ 时,取 $\lambda = 3$。此处,a 为集中荷载作用点至支座或节点边缘的距离。

与受弯构件类似,为防止出现斜压破坏,偏心受压构件的受剪截面同样应满足式(5-14)和式(5-15)的要求。当符合下列公式的要求时:

$$V \leqslant \frac{1.75}{\lambda + 1} f_t b h_0 + 0.07N \tag{6-71}$$

可不进行斜截面受剪承载力计算,仅需按构造要求配置箍筋。

6.12 受压构件的基本构造要求

受压构件除满足承载力计算要求外,还应满足相应的构造要求。本节仅介绍与受压构件有关的基本构造要求。

6.12.1 材料强度等级

混凝土强度等级对受压构件正截面承载力的影响较大。为了减小构件的截面尺寸及节省钢材,宜采用较高强度等级的混凝土,一般采用 C25~C40。对多层及高层建筑结构的下层柱必要时可以采用更高强度等级的混凝土。

纵向钢筋通常采用 HRB335 级和 HRB400 级或 RRB400 级。由于在承载力计算时受到混凝土峰值压应变的限制,采用高强度钢筋不能充分发挥作用,故不宜选用高强度钢筋。箍筋一般采用 HRB335 级。

6.12.2　截面形式及尺寸

钢筋混凝土受压构件的截面形式要考虑到受力合理和模板制作方便。轴心受压构件的截面可采用方形,如果建筑上有特殊要求,也可以采用圆形或多边形。偏心受压构件的截面形式一般多采用矩形截面。为了节省混凝土及减轻结构自重,装配式受压构件也常采用 I 字形截面或双肢截面形式。

钢筋混凝土受压构件截面尺寸一般不宜小于 250 mm × 250 mm,以避免长细比过大。同时截面的长边 h 与短边 b 的比值常选用为 $h/b = 1.5 \sim 3.0$。一般截面应控制 $l_0/b \leqslant 30$,$l_0/h \leqslant 25$,此处,l_0 为构件计算长度。I 形截面柱的翼缘高度不宜小于 120 mm,腹板厚度不宜小于 100 mm。柱的截面尺寸宜符合模数,800 mm 及以下时,取 50 mm 的倍数,800 mm 以上时可取 100 mm 的倍数。

6.12.3　纵向钢筋

《混凝土结构设计规范》对柱中纵筋的直径、根数及配筋率均有最低要求。在满足这些要求的同时还应注意合理布置钢筋,并考虑施工的可行性。

在受压构件中,为了增加钢筋骨架的刚度,减小钢筋在施工时的纵向弯曲,宜采用较粗直径的钢筋,纵向受力钢筋的直径不宜小于 12 mm,一般在 12 ~ 32 mm 范围内选用。

轴心受压构件中的纵向钢筋应沿构件截面周边均匀布置,偏心受压构件中的纵向钢筋应布置在偏心方向的两侧。矩形截面受压构件中纵向受力钢筋根数不得少于 4 根,以便与箍筋形成钢筋骨架。圆形截面受压构件中纵向钢筋一般应沿周边均匀布置。纵筋根数不宜少于 8 根,且不应少于 6 根。

当偏心受压构件的截面高度 $h \geqslant 600$ mm 时,在柱的侧面上应设置直径为 10 ~ 16 mm 的纵向构造钢筋,以防止构件因温度和混凝土收缩应力而产生裂缝,并相应地设置复合箍筋或拉筋,如图 6-30 所示。

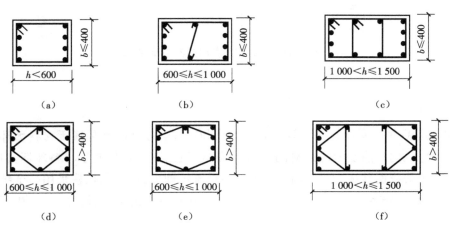

图 6-30　纵向构造钢筋及复合箍筋

柱内纵筋的净距不应小于 50 mm,对水平浇筑混凝土的预制柱,纵筋净距不应小于 30 mm 和 1.5 倍纵筋直径。在偏心受压柱中,垂直于弯矩作用平面的侧面上的纵向受力钢筋以及轴心受压柱中各边的纵向受力钢筋,其中距不宜大于 300 mm。

对于受压构件,全部纵向钢筋的配筋率不应小于 0.6%,同时一侧纵向钢筋的配筋率不应小于 0.2%。全部纵向钢筋配筋率不宜超过 5%,一般配筋率控制在 1% ~2% 之间为宜。

6.12.4 箍筋

箍筋的作用是防止纵向钢筋受压时压曲,同时保证纵向钢筋的正确位置并与纵向钢筋组成整体骨架。受压构件中的周边箍筋应做成封闭式,箍筋间距不应大于 400 mm 及构件截面的短边尺寸,且不应大于 15d(d 为纵向受力钢筋的最小直径)。

箍筋的直径不应小于 d/4(d 为纵向钢筋的最大直径),且不应小于 6 mm。

当柱中全部纵向受力钢筋的配筋率大于 3% 时,箍筋直径不应小于 8 mm,间距不应大于纵向受力钢筋最小直径的 10 倍,且不应大于 200 mm;箍筋末端应做成 135° 弯钩且弯钩末端平直段长度不应小于箍筋直径的 10 倍;箍筋也可焊成封闭环式。

当柱截面短边尺寸大于 400 mm 且各边纵向钢筋多于 3 根时,或当柱截面短边尺寸不大于 400 mm 但各边纵向钢筋多于 4 根时,应按图 6-30 所示设置复合箍筋。

在配有螺旋式或焊接环式间接钢筋的柱中,如计算中考虑间接钢筋的作用,则间接钢筋的间距不应大于 80 mm 及 $d_{cor}/5$(d_{cor} 为按间接钢筋内表面确定的核心截面直径),且不宜小于 40 mm;间接钢筋的直径不应小于 d/4(d 为纵向钢筋的最大直径),且不应小于 6 mm。

对于截面复杂的柱,不可采用含有内折角的箍筋(图 6-31(c)),避免产生向外的拉力,致使折角处的混凝土破损,而应采用分离式箍筋,如图 6-31(a)和(b)所示。

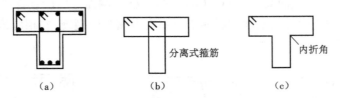

(a)   (b) 分离式箍筋   (c) 内折角

图 6-31 柱有内折角时的箍筋设置

【本章小结】

① 普通箍筋轴心受压柱在计算上分为长柱和短柱。短柱的破坏属于材料破坏。对于长柱必须考虑纵向弯曲变形的影响,工程中常见的长柱,其破坏仍属于材料破坏,但特别细长的柱会由于失稳而破坏。对于轴心受压柱的受压承载力,短柱和长柱采用一个统一公式计算,其中采用稳定系数 φ 表示纵向弯曲变形对受压承载力的影响,短柱 $\varphi = 1.0$,长柱 $\varphi <$ 1.0。

② 在螺旋箍筋轴心受压构件中,由于螺旋箍筋对核心混凝土的约束作用提高了核心混凝土的抗压强度,从而使构件的承载力有所增加。螺旋箍筋对构件抗压承载力的提高是一

种间接作用,可称为间接配筋。核心混凝土抗压强度的提高程度与螺旋箍筋的数量及其抗拉强度有关。螺旋箍筋只有在一定条件下才能发挥作用:构件的长细比 $l_0/d \leqslant 12$,螺旋箍筋的换算截面面积 $A_{ss0} > 0.25A'_s$,箍筋的间距 $s \leqslant 80$ mm 且 $s \leqslant d_{cor}/5$。

③ 偏心受压构件正截面破坏有受拉破坏和受压破坏两种形态。当纵向压力 N 的相对偏心距 e_0/h_0 较大,且 A_s 不过多时发生受拉破坏,也称大偏心受压破坏。其特征为受拉钢筋首先屈服,而后受压区边缘混凝土达到极限压应变,受压钢筋应力能达到屈服强度。当纵向压力 N 的相对偏心距 e_0/h_0 较大,但受拉钢筋 A_s 数量过多;或者相对偏心距 e_0/h_0 较小时发生受压破坏,也称小偏心受压破坏。其特征为受压区混凝土被压坏,压应力较大一侧钢筋应力能够达到屈服强度,而另一侧钢筋受拉不屈服或者受压不屈服。界限破坏指受拉钢筋应力达到屈服强度的同时受压区边缘混凝土刚好达到极限压应变,此时,受压区混凝土相对计算高度 $\xi = \xi_b$。

④ 大、小偏心受压破坏的判别条件:$\xi \leqslant \xi_b$ 时,属于大偏心受压破坏;$\xi > \xi_b$ 时,属于小偏心受压破坏。两种偏心受压构件的计算方法不同,截面设计时应首先判别偏压类型。非对称配筋在设计之前,无法求出 ξ,因此,可近似用偏心距大小来判别:当 $\eta e_i > 0.3h_0$ 时,可按大偏心受压构件设计;当 $\eta e_i \leqslant 0.3h_0$ 时,按小偏心受压构件设计。

⑤ 由于工程中实际存在着荷载作用位置的不定性、混凝土质量的不均匀性及施工的偏差等因素,在偏心受压构件的正截面承载力计算中,应计入轴向压力在偏心方向存在的附加偏心距 e_a,其值取 20 mm 和偏心方向最大尺寸的 1/30 两者中的较大者。初始偏心距 $e_i = e_0 + e_a$。

⑥ 当受压构件产生侧向位移和挠曲变形时,轴向压力将在构件中引起附加内力。一种考虑二阶效应的方法是 $\eta - l_0$ 法,η 称为偏心距增大系数,当矩形截面 $\dfrac{l_0}{h} \leqslant 5$ 或者对于任意截面 $\dfrac{l_0}{i} \leqslant 17.5$ 时,取 $\eta = 1$。柱的计算长度 l_0 则是与所计算的结构柱段实际受力状态所对应的等效标准柱长度,可在《混凝土结构设计规范》或《混凝土结构设计》教材中查到。采用 $\eta - l_0$ 法时,纵向压力到截面形心的距离用 ηe_i 代替 e_0。

⑦ 大、小偏心受压构件的基本公式实际上是统一的,建立公式的基本假定也相同,只是小偏心受压时离纵向力较远一侧钢筋 A_s 的应力 σ_s 不明确,在 $-f'_y \leqslant \sigma_s \leqslant f_y$ 范围内变化,使小偏心受压构件的计算较复杂。

⑧ 对于各种截面形式的大、小偏心受压构件,非对称和对称配筋、截面设计和截面复核时,应牢牢地把握住基本公式,根据不同情况,直接运用基本公式进行运算。在计算中,一定要注意公式的适用条件,出现不满足适用条件或不正常的情况时,应对基本公式作相应变化后再进行运算,在理解的基础上熟练掌握计算方法和步骤。

⑨ 对于 I 形截面偏心受压构件,受压区计算高度有三种情况:当大偏心受压且 $x \leqslant h'_f$ 时,与 $b'_f \times h$ 的矩形截面偏心受压构件计算完全相同;当大偏心受压且 $h'_f < x \leqslant \xi_b h_0$ 和小偏心受压且 $\xi_b h_0 < x < h - h_f$ 时,与 $b \times h$ 的矩形截面偏心受压构件计算完全相仿,只是需另外考虑 $(b'_f - b)h'_f$ 部分混凝土的受压作用;当小偏心受压且 $h - h_f < x \leqslant h$ 时,还应考虑 $(b_f - b)$

$[x-(h-h_f)]$ 部分混凝土的受压作用。

⑩ 均匀配筋偏心受压构件的计算特点是要考虑腹部纵筋的作用,其他与一般配筋的偏心受压构件相同。

⑪ 双向偏心受压构件承载力的近似计算方法,用于截面复核较方便,用于截面设计则需多次试算。

⑫ 轴向压力对构件的斜截面受剪承载力有提高作用。但当轴压力超过一定数值时,则受剪承载力会随着轴压比的增大而降低。因此,既要考虑轴向压力的有利作用,又应对轴向压力的受剪承载力提高范围予以限制。矩形、T 形和 I 形截面偏心受压构件的斜截面受剪承载力的计算公式在受弯构件斜截面受剪承载力公式的基础上,加一项轴向压力所提高的受剪承载力设计值。

【思考题】

6-1　在普通箍筋柱和螺旋箍筋柱中,箍筋各有什么作用? 对箍筋有哪些构造要求?

6-2　在轴心受压构件中,受压纵筋应力在什么情况下会达到屈服强度? 什么情况下达不到屈服强度? 设计中如何考虑?

6-3　轴心受压普通箍筋短柱与长柱的破坏形态有何不同? 计算中如何考虑长柱的影响?

6-4　为什么螺旋箍筋柱的受压承载力比同等条件下的普通箍筋柱的承载力提高较大? 什么情况下不能考虑螺旋箍筋的作用?

6-5　螺旋箍筋柱受压承载力计算公式中的 α 是什么系数? 考虑什么影响因素? 如何取值?

6-6　说明大、小偏心受压破坏的发生条件和破坏特征。

6-7　什么是界限破坏? 与界限状态对应的 ξ_b 是如何确定的?

6-8　钢筋混凝土偏心受压构件中的附加偏心距 e_a 考虑了哪些因素? 计算时如何取值?

6-9　钢筋混凝土偏心受压构件的偏心距增大系数 η 考虑了哪些因素? 怎样计算? 什么情况下取 $\eta=1$?

6-10　画出矩形截面大、小偏心受压破坏时截面应力计算图形,并标明钢筋和受压混凝土的应力值。

6-11　比较大偏心受压构件和双筋受弯构件的截面应力计算图形和计算公式有何异同。

6-12　钢筋混凝土小偏心受压构件受压承载力计算公式中,离纵向压力 N 较远一侧钢筋 A_s 的应力 σ_s 怎样确定? 应满足什么条件? 不满足该条件时怎么办?

6-13　钢筋混凝土矩形截面非对称配筋偏心受压构件,在截面设计和截面复核时,应如何判别大、小偏心受压?

6-14　大偏心受压非对称配筋截面设计,当 A_s 和 A'_s 均未知时如何处理?

6-15　钢筋混凝土矩形截面大偏心受压构件非对称配筋时,在 A'_s 已知条件下如果出现 $\xi > \xi_b$,说明什么问题? 这时应如何计算?

6-16　小偏心受压非对称配筋截面设计,当 A_s 和 A'_s 均未知时,为什么可以首先确定 A_s 的数量? 如何确定?

6-17　钢筋混凝土矩形、I 形截面大偏心受压构件,非对称、对称配筋截面设计时,当出现 x < $2a_s'$ 时,应怎样计算?

6-18　钢筋混凝土矩形、I 形截面对称配筋偏心受压构件,在截面设计和截面复核时,应如何判别大、小偏心受压?

6-19　写出矩形截面对称配筋和 I 形截面对称配筋在界限破坏时的轴向压力设计值 N_b 的计算公式。

6-20　为什么要对垂直于弯矩作用方向的截面受压承载力进行验算?

6-21　钢筋混凝土矩形截面对称配筋偏心受压构件受弯承载力 M 和受压承载力 N 以及配筋 A_s 之间的关系是什么?

6-22　解释为什么会出现 $\eta e_i \leq 0.3h_0$ 且 $N \leq N_b$ 的现象,这种情况下应怎样计算?

6-23　什么情况下要采用复合箍筋?为什么要采用这样的箍筋?

6-24　轴向压力对偏心受压构件的受剪承载力有何影响?原因何在?计算上如何考虑?

【习题】

6-1　轴心受压柱,计算长度 $l_0 = 4.5$ m,$b \times h = 300$ mm × 300 mm,混凝土强度等级为 C25,纵向钢筋为 HRB335 级钢筋,承受的轴向压力设计值 $N = 1\,300$kN,试求该柱的纵向钢筋面积 A_s'。

6-2　某宾馆门厅内轴心受压柱,截面如图 6-32 所示,计算长度 $l_0 = 4.2$ m,混凝土强度等级为 C30,纵向钢筋为 HRB400 级钢筋,螺旋箍筋为 HRB335 级钢筋,柱混凝土保护层厚度 $c = 30$ mm。求该柱的正截面受压承载力设计值 N_u。

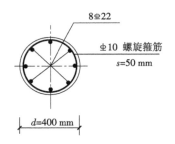

图 6-32　习题 6-2 截面配筋图

6-3　某钢筋混凝土偏心受压柱,截面尺寸 $b = 350$ mm,$h = 500$ mm,计算长度 $l_0 = 4.2$ m。柱承受轴向压力设计值 $N = 1\,200$ kN,弯矩设计值 $M = 250$ kN·m。混凝土强度等级为 C30,纵筋采用 HRB400 级钢筋,混凝土保护层厚度 $c = 30$ mm。求钢筋截面面积 A_s' 和 A_s。

6-4　已知条件同习题 6-3,已知截面受压区已配有 3 Φ 22 的钢筋,求受拉钢筋截面面积 A_s。

6-5　钢筋混凝土偏心受压柱,截面尺寸 $b = 400$ mm,$h = 600$ mm,$a_s = a_s' = 40$ mm,柱计算长度 $l_0 = 6$ m。截面承受轴向压力设计值 $N = 3\,200$ kN,弯矩设计值 $M = 85$ kN·m。混凝土强度等级为 C30,纵筋采用 HRB400 级钢筋。求钢筋截面面积 A_s 和 A_s'。

6-6　钢筋混凝土偏心受压柱,截面尺寸 $b = 300$ mm,$h = 500$ mm,$a_s = a_s' = 40$ mm,计算长度 $l_0 = 4.0$ m,纵向压力的偏心距 $e_0 = 320$ mm。混凝土强度等级为 C30。已配有受压钢筋 4 Φ 14,受拉钢筋 4 Φ 18。要求确定截面能够承受的偏心压力设计值 N_u。

6-7　钢筋混凝土偏心受压柱,截面承受轴向压力设计值 $N = 2\,200$ kN,弯矩设计值 $M = 540$ kN·m。混凝土强度等级为 C35,纵筋采用 HRB400 级钢筋。柱计算长度 $l_0 = 4.5$ m,

截面尺寸 $b=500$ mm，$h=600$ mm，$a_s=a'_s=40$ mm，混凝土保护层厚度 $c=30$ mm。采用对称配筋，求受拉钢筋截面面积 A_s 和受压钢筋截面面积 A'_s。

6-8 已知条件同习题6-5，采用对称配筋，求 A_s、A'_s。

6-9 I形截面钢筋混凝土偏心受压柱，柱计算长度 $l_0=7.7$ m，截面尺寸 $b=100$ mm，$h=700$ mm，$b_f=b'_f=400$ mm，$h_f=h'_f=120$ mm，$a_s=a'_s=40$ mm。混凝土强度等级为C35，纵筋采用HRB400级钢筋。截面承受轴向压力设计值 $N=955$ kN，弯矩设计值 $M=360$ kN·m，采用对称配筋，求受拉和受压钢筋截面面积。

6-10 已知条件同习题6-9，截面承受轴向压力设计值 $N=1\ 500$ kN，弯矩设计值 $M=240$ kN·m，采用对称配筋，求受拉和受压钢筋截面面积。

6-11 钢筋混凝土双向偏心受压柱，截面尺寸为450 mm×450 mm，混凝土强度等级为C30，纵筋采用HRB400级。$a_{sx}=a'_{sx}=a_{sy}=a'_{sy}=40$ mm，$\eta_x=\eta_y=1$，$e_{ix}=e_{iy}=450$ mm。截面已配有8 ⌀20，每边布置3根钢筋。求该截面能够承受的轴向压力设计值 N_u。

第7章　受拉构件截面承载力计算

【学习要求】

① 掌握轴心受拉构件的受力全过程、破坏形态,熟练掌握正截面受拉承载力的计算方法与配筋的主要构造要求。

② 掌握偏心受拉构件的受力全过程、两种破坏形态的特征,熟练掌握矩形截面对称配筋偏心受拉构件正截面受拉承载力的计算方法与配筋的主要构造要求。掌握偏心受拉构件斜截面受剪承载力的计算方法。

受到纵向拉力的构件,称为受拉构件。如果纵向拉力作用线与构件正截面形心重合,则为轴心受拉构件;如果纵向拉力作用线与构件正截面形心不重合或构件截面上同时作用有纵向拉力和弯矩时,则称为偏心受拉构件。

7.1　轴心受拉构件正截面承载力计算

在工程实际中,理想的轴心受拉构件是不存在的。但是,对于桁架式屋架或托架的受拉弦杆和腹杆以及拱的拉杆,当自重和节点约束引起的弯矩很小时,可近似地按轴心受拉构件计算。此外圆形水池的池壁,在静水压力的作用下,池壁的垂直截面在水平方向处于环向受拉状态,也可按轴心受拉构件计算,如图 7-1 所示。

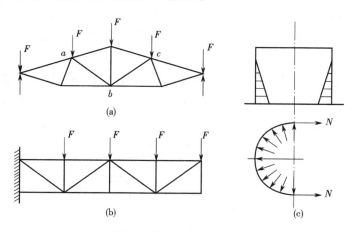

图 7-1　轴心受拉构件示例

由于混凝土的抗拉强度很低,在较小的拉力作用下就会开裂,而且随着拉力的增加构件的裂缝宽度不断加大。因此,用普通钢筋混凝土构件作为受拉构件是不合理的,一般采用预应力混凝土或钢结构。但在实际工程中,钢筋混凝土屋架或托架结构的受拉弦杆以及拱的拉杆仍采用钢筋混凝土,而不是将局部受拉构件做成钢结构,这样做可以免去施工的不便,并且使构件的刚度增大。但在设计时应采取措施,控制构件的裂缝开展宽度。

1. 受力特点

图 7-2 所示为由钢筋混凝土轴心受拉构件试验得到的轴向拉力与变形的关系曲线。曲线上有两个明显的转折点,因此,轴心受拉构件可以大致划分为如下三个受力和变形阶段。

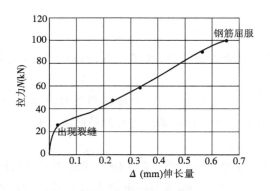

图 7-2 轴心受拉构件的受力特点

第一阶段:从加载开始到裂缝出现前。这一阶段混凝土与钢筋共同承受拉力,轴向拉力与变形基本为线性关系。随着荷载的增加,混凝土很快达到极限拉应变,构件即将出现裂缝。对于使用阶段不允许开裂的构件,应以此受力状态作为抗裂验算的依据。

第二阶段:从混凝土开裂到受拉钢筋屈服前。构件一旦出现裂缝,则裂缝截面处的混凝土退出工作,截面上的拉力全部由钢筋承受。随着轴力的增加裂缝宽度逐渐加大,对于使用阶段允许出现裂缝的构件,应以此阶段作为裂缝宽度验算的依据。

第三阶段:从受拉钢筋屈服到构件破坏。构件某一裂缝截面的受拉钢筋应力首先达到屈服强度,随即裂缝迅速开展,裂缝宽度剧增,可以认为构件达到了破坏状态,即达到极限承载力 N_u。轴心受拉构件截面承载力应以此时的应力状态作为计算依据。

2. 承载力计算公式

图 7-3 为轴心受拉构件截面承载力计算时的应力图形,轴心受拉构件破坏时,混凝土完全退出工作,全部拉力由钢筋承受且钢筋达到屈服强度。因此,钢筋应力取抗拉强度设计值 f_y,正截面受拉承载力设计表达式为

$$N \leqslant N_u = f_y A_s \tag{7-1}$$

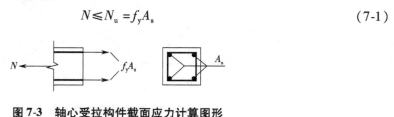

图 7-3 轴心受拉构件截面应力计算图形

式中　N ——轴心拉力设计值;

　　　N_u ——轴心受拉承载力设计值;

　　f_y ——钢筋抗拉强度设计值；

　　A_s ——受拉钢筋的全部截面面积。

【例 7-1】　某钢筋混凝土屋架下弦,截面尺寸 $b \times h = 200$ mm $\times 150$ mm,承受的轴心拉力设计值为 301 kN,混凝土强度等级 C25,纵向钢筋为 HRB335。求钢筋截面面积并配筋。

【解】　查附表 1.3,HRB335 级钢筋,$f_y = 300$ N/mm^2,代入式(7-1),得

$$A_s = \frac{N}{f_y} = \frac{301 \times 10^3}{300} \text{mm}^2 = 1\ 003\ \text{mm}^2$$

选用 4 Φ 18,$A_s = 1\ 018$ mm^2。

7.2　偏心受拉构件正截面承载力计算

7.2.1　偏心受拉构件正截面的破坏形态

　　偏心受拉构件是一种介于轴心受拉构件与受弯构件之间的受力构件,截面上既有弯矩又有轴向拉力。实际工程中承受节间荷载的屋架下弦杆、矩形水池的池壁、浅仓的墙壁以及工业厂房中双肢柱的受拉肢杆都是按偏心受拉构件计算的。偏心受拉构件纵向钢筋的布置方式与偏心受压构件相同,离纵向拉力较近一侧所配置的钢筋一般称为受拉钢筋,其截面面积用 A_s 表示;离纵向拉力较远一侧所配置的钢筋称为受压钢筋,其截面面积用 A_s' 表示。根据偏心距大小的不同,分为小偏心受拉破坏和大偏心受拉破坏两种情况。

1. 小偏心受拉破坏

　　小偏心受拉破坏的发生条件:纵向拉力 N 作用于 A_s 合力点及 A_s' 合力点以内,即偏心距 $e_0 \leqslant \dfrac{h}{2} - a_s$。

　　如图 7-4 所示,纵向拉力偏心作用于构件截面上,偏心距为 e_0,纵向拉力位于受拉钢筋合力点和受压钢筋合力点以内。将纵向拉力从零开始逐渐增大,当达到一定数值时,离纵向拉力较近一侧截面边缘混凝土达到极限拉应变,混凝土随即开裂,而且整个截面裂通,混凝土退出工作,拉力全部由钢筋承受,两侧钢筋 A_s 和 A_s' 均受拉。其后的破坏情况与截面配筋方式有关。

　　采用非对称配筋时,只有当纵向拉力恰好作用于钢筋截面面积的"塑性中心"时,两侧纵向钢筋的应力才会同时达到屈服强度,否则,纵向拉力近侧钢筋 A_s 的应力可以达到受拉屈服强度,而远侧钢筋 A_s' 的应力则达不到屈服强度。

　　如果采用对称配筋方式,则构件破坏时,只有纵向拉力近侧钢筋 A_s 的应力能达到屈服强度,而另一侧钢筋 A_s' 则达不到屈服强度。

　　图 7-4 中的 T 表示构件破坏时 A_s 承受的拉力的合力,T' 表示 A_s' 承受的拉力的合力。

2. 大偏心受拉破坏

　　大偏心受拉破坏的发生条件:纵向拉力 N 作用于 A_s 合力点及 A_s' 合力点以外,即偏心距 $e_0 > \dfrac{h}{2} - a_s$。

如图 7-5 所示，纵向拉力位于受拉钢筋合力点和受压钢筋合力点以外，偏心距为 e_0。加载开始后，随着纵向拉力的增大，裂缝首先从拉应力较大一侧开始，但截面不会裂通，离纵向拉力较远一侧仍保留有受压区，否则对拉力 N 的作用点取矩将不满足平衡条件。其破坏特征与 A_s 的数量多少有关。

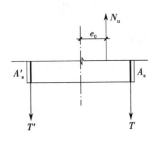

图 7-4　小偏心受拉破坏

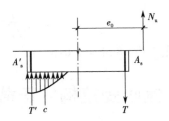

图 7-5　大偏心受拉破坏

当 A_s 数量适当时，受拉钢筋 A_s 首先屈服，然后受压钢筋 A'_s 应力达到受压屈服强度，接着受压区边缘混凝土达到极限压应变而破坏，这与大偏心受压破坏的特征类似。设计时应以这种破坏形式为依据。

当 A_s 数量过多时，破坏首先从受压区开始，混凝土被压坏，此时，受压钢筋 A'_s 的应力能够达到屈服强度，但受拉钢筋 A_s 不会屈服，这种破坏形式具有脆性性质，设计时应予以避免。

7.2.2　偏心受拉构件正截面承载力计算

1. 小偏心受拉

小偏心受拉构件截面承载能力计算时，截面应力计算图形如图 7-6 所示。为了使钢筋应力在破坏时都能够达到屈服强度，设计时应使纵向拉力 N 与钢筋截面面积的"塑性中心"重合。于是，小偏心受拉构件截面应力计算图形中两侧钢筋的应力均可以取为 f_y。

根据内外力分别对两侧钢筋的合力点取矩的平衡条件，可得基本计算公式：

$$Ne \leqslant N_u e = f_y A'_s (h_0 - a'_s) \tag{7-2}$$

$$Ne' \leqslant N_u e' = f_y A_s (h'_0 - a_s) \tag{7-3}$$

式中

$$e = \frac{h}{2} - a_s - e_0 \tag{7-4}$$

$$e' = \frac{h}{2} - a'_s + e_0 \tag{7-5}$$

注意：当小偏心受拉构件所采用的钢筋抗拉强度设计值大于 300 N/mm² 时，计算中仍应按 300 N/mm 取用。这一限制主要是因为一旦开裂，构件将全部裂通，若钢筋强度过高，将使裂缝宽度无法控制。

2. 大偏心受拉

根据前述大偏心受拉破坏的情况，截面承载力计算时，纵向受拉钢筋 A_s 的应力取抗拉

强度设计值 f_y,纵向受压钢筋 A_s' 的应力取抗压强度设计值 f_y',混凝土压应力分布仍用换算的矩形应力分布图形,其应力值为 $\alpha_1 f_c$,受压区计算高度为 x,截面应力计算图形如图 7-7 所示。

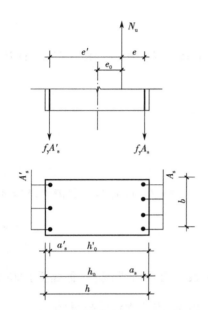

图 7-6 小偏心受拉构件截面
应力计算图形

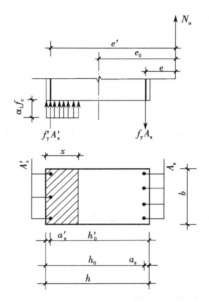

图 7-7 大偏心受拉构件截面
应力计算图形

由截面平衡条件可得

$$\sum N = 0 \qquad N \leqslant N_u = f_y A_s - f_y' A_s' - \alpha_1 f_c bx \tag{7-6}$$

$$\sum M_{A_s} = 0 \qquad Ne \leqslant N_u e = \alpha_1 f_c bx \left(h_0 - \frac{x}{2} \right) + f_y' A_s' (h_0 - a_s') \tag{7-7}$$

$$e = e_0 - \frac{h}{2} + a_s \tag{7-8}$$

将 $x = \xi h_0$ 代入式(7-6)和式(7-7)中,并令 $\alpha_s = \xi(1 - 0.5\xi)$,则基本公式还可写成如下形式:

$$N \leqslant N_u = f_y A_s - f_y' A_s' - \alpha_1 f_c b h_0 \xi \tag{7-9}$$

$$Ne \leqslant N_u e \leqslant \alpha_1 f_c \alpha_s b h_0^2 + f_y' A_s' (h_0 - a_s') \tag{7-10}$$

上述基本公式的适用条件是

$$x \leqslant \xi_b h_0 (\text{或} \ \xi \leqslant \xi_b) \tag{7-11}$$

$$x \geqslant 2a_s' \left(\text{或} \ \xi \geqslant \frac{2a_s'}{h_0} \right) \tag{7-12}$$

要求满足 $x \leqslant \xi_b h_0$ 是为了防止发生超筋破坏;要求 $x \geqslant 2a_s'$ 是为了保证构件在破坏时,受压钢筋的应力能够达到屈服强度。如果计算中出现 $x < 2a_s'$ 的情况,则和大偏心受压构件截面设计时相同,近似地取 $x = 2a_s'$,并对受压钢筋 A_s' 的合力点取矩,得

$$Ne' \leqslant N_u e' = f_y A_s (h_0 - a_s') \tag{7-13}$$

$$e' = e_0 + \frac{h}{2} - a'_s \qquad\qquad (7\text{-}14)$$

式中　e'——纵向拉力作用点至受压区纵向钢筋 A'_s 合力点的距离。

7.2.3　截面设计

当采用对称配筋方式时,不论是大偏心受拉还是小偏心受拉构件均按式(7-3)计算 A_s,并取 $A'_s = A_s$,即

$$A'_s = A_s = \frac{Ne'}{f_y(h'_0 - a_s)}$$

当采用非对称配筋方式时,按以下方法计算。

1. 小偏心受拉

当 $e_0 \leqslant \dfrac{h}{2} - a_s$ 时,说明为小偏心受拉构件。分别应用式(7-2)和(7-3)即可以解得 A'_s 和 A_s。钢筋 A_s 和 A'_s 均应满足最小配筋率的要求。

2. 大偏心受拉

当 $e_0 > \dfrac{h}{2} - a_s$ 时,说明为大偏心受拉构件。截面设计有两种情况:一种是受拉和受压钢筋均未知,另一种是由于某种原因受压钢筋 A'_s 已经确定,需要确定受拉钢筋 A_s。

(1) A_s 和 A'_s 均未知

由式(7-9)和式(7-10)可以看出,共有 ξ、A_s 和 A'_s 三个未知数,以 $(A_s + A'_s)$ 总量最小为补充条件,解得 $\xi = 0.5h/h_0$,同时还应满足 $\xi \leqslant \xi_b$。为了简化计算,仍可以直接取 $\xi = \xi_b$ 计算,代入式(7-9)和(7-10)后,则该两式可以写成

$$N \leqslant N_u = f_y A_s - f'_y A'_s - \alpha_1 f_c b h_0 \xi_b \qquad\qquad (7\text{-}9a)$$

$$Ne \leqslant N_u e \leqslant \alpha_1 f_c \alpha_{sb} b h_0^2 + f'_y A'_s (h_0 - a'_s) \qquad\qquad (7\text{-}10a)$$

式中　　　　　　　　　　　$\alpha_{sb} = \xi_b(1 - 0.5\xi_b)$

从式(7-10a)首先解得 A'_s,然后代入式(7-9a)计算 A_s。两种钢筋均应满足最小配筋率的要求。

如果出现 $A'_s < \rho_{min}bh$ 且 A'_s 与 $\rho_{min}bh$ 数值相差较多时,则取 $A'_s = \rho_{min}bh$,改按第二种情况(已知 A'_s 求 A_s)计算 A_s。

(2) 已知 A'_s,要求确定 A_s

由式(7-9)和式(7-10)可以看出,只有 ξ 和 A_s 两个未知数,应用基本计算公式可以直接解得。计算步骤如下。

① 将已知条件代入式(7-10)计算 α_s。

② 计算 ξ,$\xi = 1 - \sqrt{1 - 2\alpha_s}$,同时验算适用条件。

③ 计算 A_s。

如果 $\dfrac{2a'_s}{h_0} \leqslant \xi \leqslant \xi_b$,则将 ξ、A'_s 及其他条件代入式(7-9)求出 A_s,同时,应满足 $A_s \geqslant \rho_{min}bh$。

如果 $\xi > \xi_b$，则说明受压钢筋数量不足，应增加 A_s' 的数量。这时，改按第一种情况（A_s 和 A_s' 均未知）或增大截面尺寸后重新计算。

如果 $\xi < \dfrac{2a_s'}{h_0}$，则说明受压钢筋过多，破坏时其应力不能达到屈服强度，应按式（7-13）计算 A_s。

【例 7-2】 钢筋混凝土偏心受拉构件，截面尺寸 $b = 250$ mm，$h = 400$ mm，$a_s = a_s' = 40$ mm。构件承受轴向拉力设计值 $N = 715$ kN，弯矩设计值 $M = 86$ kN·m，混凝土强度等级为 C30。纵筋采用 HRB335 级钢筋，混凝土保护层厚度 $c = 300$ mm。求钢筋截面面积 A_s' 和 A_s。

【解】 查附表 1.3，$f_y = f_y' = 300$ N/mm²；查附表 1.9，$f_t = 1.43$ N/mm²。

（1）判别偏心受拉类型

$$e_0 = \frac{M}{N} = \frac{86 \times 10^6}{715 \times 10^3} \text{ mm} = 120 \text{ mm} < \frac{h}{2} - a_s = \left(\frac{400}{2} - 40\right) \text{ mm} = 160 \text{ mm}，故属于小偏心受拉构件。$$

$$e = \frac{h}{2} - a_s - e_0 = \left(\frac{400}{2} - 40 - 120\right) \text{ mm} = 40 \text{ mm}$$

$$e' = \frac{h}{2} - a_s' + e_0 = \left(\frac{400}{2} - 40 + 120\right) \text{ mm} = 280 \text{ mm}$$

（2）计算钢筋 A_s' 和 A_s

$$A_s' = \frac{Ne}{f_y(h_0 - a_s')} = \frac{715 \times 10^3 \times 40}{300 \times (360 - 40)} \text{ mm}^2 = 298 \text{ mm}^2$$

$$A_s = \frac{Ne'}{f_y(h_0' - a_s)} = \frac{715 \times 10^3 \times 280}{300 \times (360 - 40)} \text{ mm}^2 = 2\,085 \text{ mm}^2$$

钢筋 A_s' 选用 3 Φ 12（$A_s' = 339$ mm²），钢筋 A_s 选用 2 Φ 28 + 2 Φ 25（$A_s = 2\,214$ mm²）。

（3）验算最小配筋率

$$0.45 \frac{f_t}{f_y} = 0.45 \times \frac{1.43}{300} = 0.002\,1 > 0.002，取 \rho_{min}' = \rho_{min} = 0.002\,1$$

$$A_{smin}' = A_{smin} = \rho_{min} bh = 0.002\,1 \times 250 \times 400 \text{ mm}^2 = 210 \text{ mm}^2 \begin{cases} < A_s' = 339 \text{ mm}^2 \\ < A_s = 2\,214 \text{ mm}^2 \end{cases}$$

满足要求。

【例 7-3】 钢筋混凝土偏心受拉构件，截面尺寸 $b = 250$ mm，$h = 400$ mm，$a_s = a_s' = 40$ mm。构件承受轴向拉力设计值 $N = 443$ kN，弯矩设计值 $M = 121$ kN·m。混凝土强度等级为 C30，纵筋采用 HRB335 级钢筋。受压区已经配有 2 Φ 14（$A_s' = 308$ mm²），求受拉钢筋 A_s。

【解】 查附表 1.3，$f_y = f_y' = 300$ N/mm²；查附表 1.9，$f_c = 14.3$ N/mm²，$f_t = 1.43$ N/mm²。

（1）判别偏心受拉类型

$$e_0 = \frac{M}{N} = \frac{121 \times 10^6}{443 \times 10^3} \text{ mm} = 273 \text{ mm} > \frac{h}{2} - a_s = \left(\frac{400}{2} - 40\right) \text{ mm} = 160 \text{ mm}，属于大偏心受拉构件。$$

$$e = e_0 - \frac{h}{2} + a_s = \left(273 - \frac{400}{2} + 40\right) \text{ mm} = 113 \text{ mm}$$

（2）计算受拉钢筋 A_s

$$\alpha_s = \frac{Ne - f'_y A'_s (h_0 - a_s)}{\alpha_1 f_c b h_0^2} = \frac{443 \times 10^3 \times 113 - 300 \times 308 \times (360 - 40)}{1 \times 14.3 \times 250 \times 360^2} = 0.044$$

$$\xi = 1 - \sqrt{1 - 2\alpha_s} = 1 - \sqrt{1 - 2 \times 0.044} = 0.045 < \frac{2a'_s}{h_0} = \frac{2 \times 40}{360} = 0.222$$

按 $x = 2a'_s$ 计算，$e' = e_0 + \frac{h}{2} - a'_s = \left(273 + \frac{400}{2} - 40\right) \text{ mm} = 433 \text{ mm}$

$$A_s = \frac{Ne'}{f_y(h_0 - a'_s)} = \frac{443 \times 10^3 \times 433}{300 \times (360 - 40)} \text{ mm}^2 = 1\ 998 \text{ mm}^2$$

受拉钢筋选用 4 Φ 20（$A_s = 1\ 998 \text{ mm}^2$）。

（3）验算最小配筋率

$$0.45 \frac{f_t}{f_y} = 0.45 \times \frac{1.43}{300} = 0.002\ 1 > 0.002, \text{取} \rho'_{\min} = \rho_{\min} = 0.002\ 1$$

$$A'_{s\min} = \rho_{s\min} = \rho_{\min} bh = 0.002\ 1 \times 250 \times 400 \text{ mm}^2 = 210 \text{ mm}^2 < A_s = 1\ 998 \text{ mm}^2$$

满足要求。

7.2.4 截面复核

偏心受拉构件截面承载力复核时，截面尺寸 $b \times h$、截面配筋 A_s 和 A'_s、混凝土强度等级和钢筋种类以及截面上作用的 N 和 M 均为已知，要求验算是否满足承载力的要求。

1. 小偏心受拉

当 $e_0 \leqslant \frac{h}{2} - a_s$ 时，按小偏心受拉构件计算。利用基本计算公式（7-2）和（7-3）各解一个 N_u，取其中较小者，即为该截面能够承受的纵向拉力设计值。

2. 大偏心受拉

当 $e > \frac{h}{2} - a_s$ 时，按大偏心受拉构件计算。由基本计算公式（7-9）和（7-10）中消去 N_u，解出 ξ，得

$$\xi = \left(1 + \frac{e}{h_0}\right) - \sqrt{\left(1 + \frac{e}{h_0}\right)^2 - \frac{2(f_y A_s e - f'_y A'_s e')}{\alpha_1 f_c b h_0^2}} \tag{7-15}$$

如果 $\frac{2a'_s}{h_0} \leqslant \xi \leqslant \xi_b$，将 ξ 代入（7-9）式计算 N_u。

如果 $\xi < \frac{2a'_s}{h_0}$，则按上式计算的 ξ 值无效，应按式（7-13）计算 N_u。

如果 $\xi > \xi_b$，则说明受压钢筋数量不足，可近似取 $\xi = \xi_b$，由式（7-9）和式（7-10）各计算一个 N_u，取其中较小者。

【**例 7-4**】 钢筋混凝土偏心受拉构件，截面尺寸 $b = 250 \text{ mm}$，$h = 400 \text{ mm}$，$a_s = a'_s = 40$

mm,$A'_s = 603$ mm^2（3 Φ 16），$A_s = 1\,520$ mm^2（4 Φ 22）。构件承受轴向拉力设计值 $N = 115$ kN,弯矩设计值 $M = 92$ kN·m。混凝土强度等级为 C25,纵筋采用 HRB335 级钢筋。试验算截面受拉承载力。

【解】　查附表 1.3,$f_y = f'_y = 300$ N/mm^2;附表 1.9,$f_c = 11.9$ N/mm^2。

（1）判别偏心受拉类型

$$e_0 = \frac{M}{N} = \frac{92 \times 10^6}{115 \times 10^3}\ \text{mm} = 800\ \text{mm} > \frac{h}{2} - a_s = \left(\frac{400}{2} - 40\right)\ \text{mm} = 160\ \text{mm}$$

故属于大偏心受拉构件。

$$e = e_0 - \frac{h}{2} + a_s = \left(800 - \frac{400}{2} + 40\right)\ \text{mm} = 640\ \text{mm}$$

$$e' = e_0 + \frac{h}{2} - a'_s = \left(800 + \frac{400}{2} - 40\right)\ \text{mm} = 960\ \text{mm}$$

（2）计算截面承载力设计值 N_u

将已知条件代入式（7-15）计算 ξ

$$\xi = \left(1 + \frac{e}{h_0}\right) - \sqrt{\left(1 + \frac{e}{h_0}\right)^2 - \frac{2(f_y A_y e - f'_s A'_s e')}{\alpha_1 f_c b h_0^2}}$$

$$= \left(1 + \frac{640}{360}\right) - \sqrt{\left(1 + \frac{640}{360}\right)^2 - \frac{2 \times (300 \times 1\,520 \times 640 - 300 \times 603 \times 960)}{1 \times 11.9 \times 250 \times 360^2}}$$

$$= 0.113 < \frac{2a'_s}{h_0} = \frac{2 \times 40}{360} = 0.222$$

应按式（7-13）计算 N_u,即

$$N_u = \frac{f_y A_s (h_0 - a'_s)}{e'} = \frac{300 \times 1\,520 \times (360 - 40)}{960}\ \text{N} = 152\,000\ \text{N}$$

$$= 152\ \text{kN} > N = 115\ \text{kN}$$

满足要求。

7.3　偏心受拉构件斜截面承载力计算

一般的偏心受拉构件,在承受拉力的同时还承受剪力作用,因此还需进行斜截面受剪承载力计算。与受弯构件相比,偏心受拉构件作用有拉力,故斜裂缝出现得更早,斜裂缝的宽度和倾角比受弯构件要大一些,混凝土剪压区高度明显比受弯构件小,有时甚至无剪压区。因此轴向拉力使构件的抗剪能力明显降低,降低的幅度随轴向拉力的增大而增加,但轴向拉力对箍筋的抗剪能力几乎没有影响。

根据上述特点,《混凝土结构设计规范》规定,矩形截面钢筋混凝土偏心受拉构件,其斜截面受剪承载力应按下式计算:

$$V \leqslant V_u = \frac{1.75}{\lambda + 1} f_t b h_0 + f_{yv} \frac{A_{sv}}{s} h_0 - 0.2N \tag{7-16}$$

式中　N——与剪力设计值 V 相应的轴向拉力设计值;

λ ——计算截面的剪跨比,按偏心受压构件的规定取用。

由于轴向拉力主要降低了混凝土的受剪承载力,对箍筋基本无影响,因此当 N 较大,亦即

$$\frac{1.75}{\lambda + 1}f_t bh_0 - 0.2N < 0$$

时,构件受剪承载力应按下式计算:

$$V \leqslant V_u = f_{yv}\frac{A_{sv}}{s}h_0 \tag{7-17}$$

且 $f_{yv}\dfrac{A_{sv}}{s}h_0$ 值不得小于 $0.36f_t bh_0$,即

$$f_{yv}\frac{A_{sv}}{s}h_0 \geqslant 0.36f_t bh_0$$

也就是说最小配箍率为

$$\rho_{sv,min} = 0.36\frac{f_t}{f_{yv}} \tag{7-18}$$

与受弯构件类似,为防止出现斜压破坏,偏心受拉构件的受剪截面同样应满足式(5-14)和式(5-15)的要求。

【本章小结】

① 轴心受拉构件的受力过程可以分为三个阶段,正截面承载力计算以第三阶段为依据,此时构件的裂缝贯通整个截面,裂缝截面的纵向拉力全部由纵向钢筋负担,钢筋的应力达到屈服强度时构件即告破坏。

② 偏心受拉构件根据轴向拉力作用位置的不同,分为小偏心受拉和大偏心受拉两种情况。当轴向拉力作用于 A_s 合力点及 A'_s 合力点以内时,发生小偏心受拉破坏。当轴向拉力 N 作用于 A_s 合力点及 A'_s 合力点以外时,发生大偏心受拉破坏。大偏心受拉破坏的计算与大偏心受压计算类似。

③ 偏心受拉构件拉力的存在使构件的抗剪能力明显降低,但对箍筋的抗剪能力几乎没有影响。在集中荷载作用下受弯构件斜截面受剪承载力计算公式的基础上,考虑拉力的不利影响即得到其斜截面受剪承载力的计算公式。

【思考题】

7-1 大、小偏心受拉构件的受力特点和破坏特征有什么不同?

7-2 钢筋混凝土偏心受拉构件进行截面设计和截面复核时,应如何判别大、小偏心受拉?

7-3 钢筋混凝土矩形截面小偏心受拉构件进行截面设计时,对 A_s 和 A'_s 的应力各怎么取值?

7-4 钢筋混凝土大偏心受拉构件非对称配筋,如果计算中出现 $x < 2a'_s$ 或为负值时,应如何计算?出现这种现象的原因是什么?

7-5　钢筋混凝土大偏心受拉构件截面设计求 A_s 和 A_s' 时,如何计算?

7-6　怎样进行钢筋混凝土偏心受拉构件的截面复核?

【习题】

7-1　钢筋混凝土偏心受拉构件,截面尺寸 $b=300$ mm,$h=500$ mm,$a_s=a_s'=40$ mm。截面承受轴向拉力设计值 $N=199$ kN,弯矩设计值 $M=19$ kN·m,混凝土强度等级为 C30,纵筋采用 HRB335 级钢筋。求钢筋截面面积 A_s' 和 A_s。

7-2　钢筋混凝土偏心受拉构件,截面尺寸 $b=300$ mm,$h=500$ mm,$a_s=a_s'=40$ mm。截面承受轴向拉力设计值 $N=380$ kN,弯矩设计值 $M=200$ kN·m,混凝土强度等级为 C30,纵筋采用 HRB400 级钢筋。求钢筋截面面积 A_s' 和 A_s。

第8章　受扭构件截面承载力计算

【学习要求】

①掌握矩形截面纯扭构件的受力特点和主要破坏形态、配筋量对截面破坏特征和受扭承载力的影响。

②掌握钢筋混凝土纯扭构件扭曲截面承载力的计算方法。

③掌握弯剪扭复合受力构件的配筋计算方法。

④理解混凝土剪扭承载力的相关关系。

⑤掌握受扭构件的构造要求。

8.1　概述

扭转是结构构件的一种基本受力形式。工程中,混凝土构件受到的扭转有两类:一类是由外荷载直接作用产生的扭转,称为平衡扭转,图 8-1(a)中支撑雨篷的雨篷梁和图 8-1(b)中受水平制动力作用的吊车梁,截面上承受有扭矩,即属于这一类扭转;另一类是超静定结构中由于变形协调使截面产生的扭转,称为协调扭转,图 8-1(c)中现浇框架的边梁,由于次梁梁端的弯曲转动变形使得边梁产生扭转,截面承受扭矩。

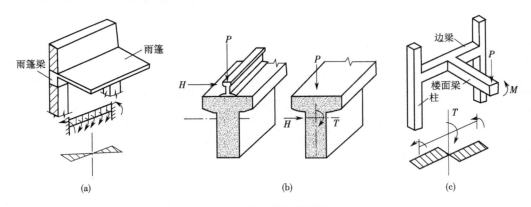

图 8-1　平衡扭转与协调扭转

(a)雨篷梁　(b)吊车梁　(c)框架边梁

在实际工程中,基本上没有混凝土纯扭构件。绝大多数构件都处于弯矩、剪力、扭矩共同作用下的复合受力状态。但纯扭构件的受力性能是复合受扭研究的基础,因此本章仍将首先讨论纯扭问题。

8.2　纯扭构件扭曲截面承载力计算

8.2.1　试验研究

1. 素混凝土纯扭构件的受扭性能

由材料力学可知,弹性材料的矩形截面构件受扭后,在截面上将产生剪应力 τ,相应地产生主拉应力 σ_{tp} 和主压应力 σ_{cp},它们在数值上等于 τ,即 $\sigma_{tp} = \sigma_{cp} = \tau$,并且作用在与构件轴线成 45°的方向上,如图 8-2(a)所示。当主拉应力超过混凝土的抗拉强度时,构件将开裂,首先在截面长边中点附近出现一条沿着 45°方向的斜裂缝,然后迅速向上、向下延伸至构件的顶面与底面,最后形成三面开裂、一面受压的空间扭曲破坏面,如图 8-2(b)所示,构件随即破坏。破坏时截面的承载力很低且表现出明显的脆性破坏特点。

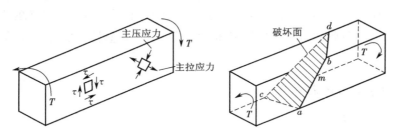

图 8-2　素混凝土纯扭构件的应力情况与破坏面
(a)应力情况　(b)破坏面

2. 钢筋混凝土纯扭构件的受扭性能

在混凝土构件中配置适当的抗扭钢筋,在混凝土开裂后,可由钢筋继续承受拉力,这对提高受扭构件的承载力有很大的作用。由于扭矩在构件中引起的主拉应力轨迹线为一组与构件纵轴大致成 45°角、并绕四周面连续的螺旋线,因此,最合理的配筋应是沿 45°方向布置螺旋箍筋。但在实际工程中,扭矩在构件全长上常常要改变方向,扭矩方向一改变,螺旋箍的旋角方向也要相应地改变,这在配筋构造上就会造成很大的困难。所以,实际工程结构中都采用垂直于构件纵轴的箍筋和沿截面周边布置的纵向钢筋组成的空间钢筋骨架来承担扭矩。

试验表明,对于钢筋混凝土矩形截面受扭构件,其破坏形态根据配置钢筋数量的多少,可分为以下几类。

(1)少筋破坏

当垂直于纵轴的箍筋和沿截面周边布置的纵筋过少或其中之一配置过少时,在扭矩作用下,先在构件截面的长边最薄弱处产生一条与纵轴成 45°左右的斜裂缝,构件一旦开裂,裂缝就迅速向相邻两侧面呈螺旋形延伸,最后受压面上的混凝土被压碎,构件破坏。其破坏扭矩 T_u 基本上等于开裂扭矩 T_{cr}。这种破坏急速而突然,与素混凝土构件的破坏相似,属于脆性破坏,设计中应避免。

（2）适筋破坏

当抗扭钢筋配置适当时，在扭矩作用下，第一条斜裂缝出现后构件并不立即破坏。随着扭矩的增加，将陆续出现多条大体平行的连续螺旋形裂缝。与斜裂缝相交的纵筋和箍筋先后达到屈服，斜裂缝进一步开展，其中一条发展为临界斜裂缝，最后受压面上的混凝土被压碎，构件随之破坏。这种破坏具有一定的塑性，受扭承载力的计算公式即是以这种破坏为依据建立的。

（3）超筋破坏

当抗扭箍筋和纵筋均配置过多时，在扭矩作用下，螺旋形裂缝多而密。在纵筋和箍筋的应力都未达到屈服强度时，混凝土就被压碎，构件立即破坏，属于无预兆的脆性破坏，在设计中也应当避免。

（4）部分超筋破坏

当抗扭箍筋和抗扭纵筋中的一种配置较多而另一种基本适当时，则受压混凝土被压碎、构件破坏时，配筋适当的那种钢筋的应力达到屈服强度，而另一种配置较多的钢筋的应力未达到屈服强度，这种破坏称为部分超筋破坏。它虽也有一定塑性性质，但比适筋破坏时的塑性小。

8.2.2 纯扭构件的开裂弯矩

1. 矩形截面纯扭构件

试验结果表明，构件开裂前抗扭钢筋的应力很低，钢筋的存在对开裂扭矩的影响很小。因此在计算开裂扭矩时，可以忽略钢筋的作用，按素混凝土构件考虑。

对于理想塑性材料来说，截面上某一点应力达到材料的屈服强度，只表示局部材料开始进入塑性状态，此时仍可继续加载，直到截面上各点的应力全部达到屈服强度时（见图 8-3），构件才达到极限承载力。根据图 8-4，对截面扭转中心取矩，可得开裂扭矩：

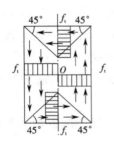

图 8-3 塑性剪应力分布

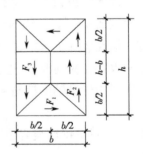

图 8-4 计算剪应力分块

$$T_{cr} = \tau_{max}\left[\frac{1}{2} \times b \times \frac{b}{2} \times \left(h - \frac{b}{3}\right) + 2 \times \frac{1}{2} \times \frac{b}{2} \times \frac{b}{2} \times \frac{2}{3}b + (h - b) \times \frac{b}{2} \times \frac{b}{2}\right]$$

$$= \tau_{max} \times \frac{b^2}{6}(3h - b) \tag{8-1}$$

式中 b ——矩形截面的短边；

h ——矩形截面的长边；

$\tau_{\max}$——截面上的最大剪应力。

即

$$W_t = \frac{b^2}{6}(3h - b) \tag{8-2}$$

W_t 称为受扭构件的截面受扭塑性抵抗矩,当 $\tau_{\max} = f_t$ 时构件开裂并破坏,则(8-1)式可写为

$$T_{cr} = f_t W_t \tag{8-3}$$

由于混凝土并非是理想的塑性材料,因此按塑性理论计算出的开裂扭矩略高于实测值,应对式(8-3)的计算值进行折减。根据试验结果,偏安全地取混凝土纯扭构件的开裂扭矩为

$$T_{cr} = 0.7 f_t W_t \tag{8-4}$$

该开裂扭矩与素混凝土构件的极限扭矩基本相同。

2. T 形和 I 形截面纯扭构件

T 形和 I 形截面纯扭构件,其开裂扭矩计算公式与式(8-4)相同,但在计算截面受扭塑性抵抗矩 W_t 时,可将截面划分为腹板、受压翼缘及受拉翼缘三个矩形块(图 8-5),即

$$W_t = W_{tw} + W_{tf}' + W_{tf} \tag{8-5}$$

式中　W_{tw}、W_{tf}'、W_{tf}——腹板、受压翼缘、受拉翼缘矩形块的受扭塑性抵抗矩,按下列公式计算:

$$W_{tw} = \frac{b^2}{6}(3h - b) \tag{8-6}$$

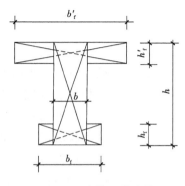

图 8-5　I 形截面的分块

$$W_{tf}' = \frac{h_f'^2}{2}(b_f' - b) \tag{8-7}$$

$$W_{tf} = \frac{h_f^2}{2}(b_f - b) \tag{8-8}$$

当翼缘宽度较大时,计算时取用的计算翼缘宽度还应符合 $b_f' \leqslant b + 6h_f'$ 及 $b_f \leqslant b + 6h_f$ 的规定。

3. 箱形截面纯扭构件

箱形截面纯扭构件的开裂扭矩,仍可采用式(8-4)进行计算,其中截面的受扭塑性抵抗矩应按下式计算:

$$W_t = \frac{b_h^2}{6}(3h_h - b_h) - \frac{(b_h - 2t_w)^2}{6}\left[3h_w - (b_h - 2t_w)\right] \tag{8-9}$$

式中　h_h、b_h——箱形截面的长边、短边尺寸;

　　　t_w　　——箱形截面壁厚,应满足 $t_w \geqslant b_h/7$;

　　　h_w　　——箱形截面腹板高度。

8.2.3 矩形截面纯扭构件的受扭承载力计算

根据试验分析,钢筋混凝土纯扭构件的受扭承载力 T_u 由混凝土承担的扭矩 T_c 和钢筋承担的扭矩 T_s 两部分组成,即

$$T_u = T_c + T_s$$

式中 T_c 可写为

$$T_c = 0.35 f_t W_t$$

T_s 可写为

$$T_s = 1.2 \sqrt{\zeta} \frac{A_{st1} f_{yv}}{s} A_{cor}$$

于是设计表达式为:

$$T \leqslant T_u = 0.35 f_t W_t + 1.2 \sqrt{\zeta} \frac{A_{st1} f_{yv}}{s} A_{cor} \tag{8-10}$$

式中 T ——扭矩设计值;

      A_{st1} ——受扭计算中沿截面周边所配置箍筋的单肢截面面积;

      f_{yv} ——受扭箍筋的抗拉强度设计值;

      s ——受扭箍筋沿构件轴向的间距;

      A_{cor} ——截面核心部分的面积,$A_{cor} = b_{cor} h_{cor}$,此处 b_{cor}、h_{cor} 分别为箍筋内表面范围内截面核心部分的短边、长边尺寸。

      ζ ——受扭的纵向钢筋与箍筋的配筋强度比值,按下式计算:

$$\zeta = \frac{f_y A_{stl} s}{f_{yv} A_{st1} u_{cor}} \tag{8-11}$$

式中 A_{stl} ——受扭计算中取对称布置的全部纵向钢筋截面面积;

      f_y ——受扭纵向钢筋的抗拉强度设计值;

      u_{cor}——截面核心部分的周长,$u_{cor} = 2(b_{cor} + h_{cor})$。

试验表明,当 $0.5 \leqslant \zeta \leqslant 2.0$ 时,抗扭箍筋与纵筋的应力基本都能达到屈服强度,而不会发生部分超筋破坏。为稳妥起见,《混凝土结构设计规范》规定,ζ 值应符合 $0.6 \leqslant \zeta \leqslant 1.7$。当 $\zeta = 1.2$ 时,抗扭箍筋与抗扭纵筋基本上能同时达到屈服强度。因此在设计时,ζ 最佳取值为 1.2。

设计时,可根据构造要求选定截面尺寸及材料强度,取 $\zeta = 1.2$;然后按式(8-10)求出 A_{stl}/s,即可定出抗扭箍筋的直径和间距;再按 $\zeta = 1.2$ 由式(8-11)计算出抗扭纵筋的总面积 A_{stl},由此选定纵筋的根数和直径,均匀对称地布置在截面周边。

8.2.4 T形和I形截面纯扭构件的受扭承载力计算

对于钢筋混凝土 T 形和 I 形截面纯扭构件,将截面划分为腹板、受压翼缘及受拉翼缘三个矩形块后,再将总的扭矩 T 按各矩形块受扭塑性抵抗矩的比例分配给各矩形块承担。各矩形块承担的扭矩分别如下。

腹板：

$$T_w = \frac{W_{tw}}{W_t}T \tag{8-12}$$

受压翼缘：

$$T'_f = \frac{W'_{tf}}{W_t}T \tag{8-13}$$

受拉翼缘：

$$T_f = \frac{W_{tf}}{W_t}T \tag{8-14}$$

求得各矩形块承担的扭矩后，即可按式(8-10)计算确定各矩形截面所需的抗扭箍筋和抗扭纵筋的面积，最后统一配筋。

8.2.5　箱形截面纯扭构件的受扭承载力计算

试验及理论研究表明，具有一定壁厚的箱形截面（见图 8-6），其受扭承载力与截面尺寸为 $b_h \times h_h$ 的实心矩形截面的受扭承载力基本相同。因此，箱形截面受扭承载力的计算公式是在矩形截面受扭承载力计算公式的基础上，考虑了截面壁厚的修正后得到的，即

$$T \le 0.35\alpha_h f_t W_t + 1.2\sqrt{\zeta}f_{yv}\frac{A_{st1}A_{cor}}{s} \tag{8-15}$$

式中　α_h——箱形截面壁厚影响系数，$\alpha_h = 2.5t_w/b_h$，当 $\alpha_h > 1.0$ 时，取 $\alpha_h = 1.0$。

箱形截面公式中的 ζ 值仍按式(8-11)进行计算，且应符合 $0.6 \le \zeta \le 1.7$。当 $\zeta > 1.7$ 时，取 $\zeta = 1.7$。

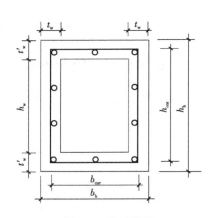

图 8-6　箱形截面

8.3　剪扭构件承载力计算

8.3.1　剪扭承载力的相关关系

试验研究表明，在剪力与扭矩的共同作用下，混凝土的抗扭承载力随剪力的增大而降低；反之，混凝土的抗剪承载力也随着扭矩的增大而降低。两者的相关关系近似符合 1/4 圆的规律，如图 8-7(a)所示。其表达式为

$$\left(\frac{V_c}{V_{c0}}\right)^2 + \left(\frac{T_c}{T_{c0}}\right)^2 = 1 \tag{8-16}$$

式中　T_c、V_c——扭矩和剪力共同作用时的受扭承载力和受剪承载力；

　　　T_{c0}——纯扭构件混凝土的受扭承载力；

V_{c0}　——纯剪构件混凝土的受剪承载力。

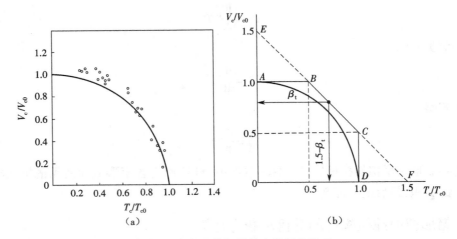

图 8-7 混凝土剪扭承载力的相关关系

（a）剪扭复合受力的相关关系　（b）三折线形的剪扭相关关系

8.3.2 矩形截面剪扭构件承载力计算

钢筋混凝土矩形截面剪扭构件的受剪及受扭承载力分别由混凝土的抗力及钢筋的抗力组成,即

$$V_u = V_c + V_s \tag{8-17}$$

$$T_u = T_c + T_s \tag{8-18}$$

式中　V_u、T_u——剪扭构件的受剪承载力和受扭承载力;

　　　V_c、T_c——剪扭构件中混凝土的受剪承载力和受扭承载力;

　　　V_s、T_s——剪扭构件中箍筋的受剪承载力和抗扭钢筋的受扭承载力。

在弯矩、剪力、扭矩等共同作用下的复合受力构件,各种承载力之间也存在相关关系,如果要完全考虑这种相关性,将会使计算非常困难。我国《混凝土结构设计规范》采用了部分相关、部分叠加的方法来计算复合受扭构件的承载力,即对混凝土抗力部分考虑相关性,对钢筋的抗力部分采用叠加的方法。根据此原则,式(8-17)和式(8-18)中的 V_s、T_s 分别按纯剪和纯扭构件的相应公式计算,而 V_c、T_c 应考虑剪扭相关关系。为简便起见,将 1/4 圆弧的相关方程用三段直线组成的折线(见图 8-7(b)中的 $ABCD$ 线)来代替,即

当 $T_c/T_{c0} \leqslant 0.5(AB\,段)$ 时,

$$V_c/V_{c0} = 1.0 \tag{8-19}$$

当 $V_c/V_{c0} \leqslant 0.5(CD\,段)$ 时,

$$T_c/T_{c0} = 1.0 \tag{8-20}$$

当 $0.5 < T_c/T_{c0} \leqslant 1.0(BC\,段)$ 时,

$$T_c = \beta_t T_{c0}, V_c = \alpha V_{c0} \tag{8-21}$$

式中　β_t、α——剪扭构件混凝土受扭、受剪承载力降低系数。

延长直线 BC，得坐标截距为 1.5（E、F 点），由图 8-7（b）所示几何关系，得 $\alpha = 1.5 - \beta_t$。因此

$$\beta_t = \frac{1.5}{1 + \dfrac{V_c}{V_{c0}} \Big/ \dfrac{T_c}{T_{c0}}} \tag{8-22}$$

对于一般剪扭构件，由前述可知，混凝土承担的（也就是无腹筋构件承担的）剪力 V_{c0} 和扭矩 T_{c0} 分别为

$$V_{c0} = 0.7 f_t b h_0 \tag{8-23}$$

$$T_{c0} = 0.35 f_t W_t \tag{8-24}$$

将以上两式代入式（8-22），并近似取 $V_c/T_c = V/T$，得

$$\beta_t = \frac{1.5}{1 + 0.5 \dfrac{V W_t}{T b h_0}} \tag{8-25}$$

当 $\beta_t < 0.5$ 时，取 $\beta_t = 0.5$；当 $\beta_t > 1.0$ 时，取 $\beta_t = 1.0$。

对于集中荷载作用下的独立剪扭构件：

$$V_{c0} = \frac{1.75}{\lambda + 1} f_t b h_0 \tag{8-26}$$

$$T_{c0} = 0.35 f_t W_t \tag{8-27}$$

将以上两式代入式（8-22），并近似取 $V_c/T_c = V/T$，得

$$\beta_t = \frac{1.5}{1 + 0.2(\lambda + 1) \dfrac{V W_t}{T b h_0}} \tag{8-28}$$

将上述有关公式分别代入式（8-17）和式（8-18），可得矩形截面一般剪扭构件受剪和受扭承载力的设计表达式分别为

$$V \leqslant V_u = 0.7(1.5 - \beta_t) f_t b h_0 + 1.25 f_{yv} \frac{A_{sv}}{s} h_0 \tag{8-29}$$

$$T \leqslant T_u = 0.35 \beta_t f_t W_t + 1.2 \sqrt{\zeta} f_{yv} \frac{A_{st1} A_{cor}}{s} \tag{8-30}$$

式中：

$$\beta_t = \frac{1.5}{1 + 0.5 \dfrac{V W_t}{T b h_0}} \quad (0.5 \leqslant \beta_t \leqslant 1.0) \tag{8-31}$$

对于集中荷载作用下的独立剪扭构件，其受剪和受扭承载力的设计表达式分别为

$$V \leqslant V_u = \frac{1.75}{\lambda + 1}(1.5 - \beta_t) f_t b h_0 + f_{yv} \frac{A_{sv}}{s} h_0 \tag{8-32}$$

$$T \leqslant T_u = 0.35 \beta_t f_t W_t + 1.2 \sqrt{\zeta} f_{yv} \frac{A_{st1} A_{cor}}{s} \tag{8-33}$$

式中：

$$\beta_t = \frac{1.5}{1 + 0.2(\lambda + 1)\frac{VW_t}{Tbh_0}} (0.5 \leq \beta_t \leq 1.0) \tag{8-34}$$

式中，ζ 的取值范围同前；λ 为截面的剪跨比，与式(5-11)中 λ 的取值和规定相同。

8.3.3 T形和I形截面剪扭构件承载力计算

①T形和I形截面剪扭构件的受剪承载力，可按式(8-29)或式(8-32)计算，但在计算相应的 β_t 时，应将公式中的 T 及 W_t 分别用 T_w 及 W_{tw} 替代，即认为剪力全部由腹板来承受。

②T形和I形截面剪扭构件的受扭承载力，可按前述方法将截面划分为2个或3个矩形块分别进行计算，其中腹板为剪扭构件，其受扭承载力按式(8-30)或式(8-33)计算。计算时，式中的 T 及 W_t 分别以 T_w 及 W_{tw} 替代。不考虑受压翼缘和受拉翼缘承受剪力，故翼缘为纯扭构件，其受扭承载力按式(8-10)计算，计算时式中的 T 及 W_t 分别以 T_f' 及 W_{tf}' 或 T_f 及 W_{tf} 替代。

8.3.4 箱形截面剪扭构件承载力计算

（1）一般剪扭构件

$$V \leq V_u = 0.7(1.5 - \beta_t)f_t bh_0 + 1.25f_{yv}\frac{A_{sv}}{s}h_0 \tag{8-35}$$

$$T \leq T_u = 0.35\alpha_h\beta_t f_t W_t + 1.2\sqrt{\zeta}f_{yv}\frac{A_{st1}A_{cor}}{s} \tag{8-36}$$

此处，β_t 按式(8-31)计算；W_t 按式(8-9)计算。式(8-31)及式(8-35)中的 b 为箱形截面的侧壁总厚度 $2t_w$。

（2）集中荷载作用下的独立剪扭构件

$$V \leq V_u = \frac{1.75}{\lambda + 1}(1.5 - \beta_t)f_t bh_0 + f_{yv}\frac{A_{sv}}{s}h_0 \tag{8-37}$$

$$T \leq T_u = 0.35\alpha_h\beta_t f_t W_t + 1.2\sqrt{\zeta}f_{yv}\frac{A_{st1}A_{cor}}{s} \tag{8-38}$$

此处，β_t 按式(8-34)计算。

8.4 弯扭构件承载力计算

在弯矩 M 和扭矩 T 共同作用下，构件的受弯承载力和受扭承载力之间存在相关性，其破坏特征及承载力与扭弯比 T/M、截面尺寸、配筋形式及数量等因素有关，因此弯扭承载力的相关关系比较复杂，要得到准确的计算公式还很困难。为了应用方便，《混凝土结构设计规范》对弯扭构件的承载力采用简单的叠加法进行计算，即按受弯承载力公式计算所需的抗弯纵筋，按受弯构件相应的要求布置，再按纯扭构件承载力公式计算所需的抗扭纵筋和箍筋，按受扭构件相应的要求布置。对截面同一位置处的抗弯纵筋和抗扭纵筋，将二者面积叠加后确定纵筋的直径和根数，最后在截面上统一配置。

8.5　弯剪扭构件承载力计算

8.5.1　截面尺寸限制条件及构造配筋要求

1. 截面尺寸条件

为保证构件不发生混凝土首先被压碎的超筋破坏,在弯矩、剪力和扭矩共同作用下,对 $h_w/b \leqslant 6$ 的矩形、T 形、I 形截面和 $h_w/t_w \leqslant 6$ 的箱形截面构件,其截面应符合下列条件。

① 当 h_w/b(或 h_w/t_w)$\leqslant 4$ 时:

$$\frac{V}{bh_0} + \frac{T}{0.8W_t} \leqslant 0.25\beta_c f_c \tag{8-39}$$

② 当 h_w/b(或 h_w/t_w)$= 6$ 时:

$$\frac{V}{bh_0} + \frac{T}{0.8W_t} \leqslant 0.2\beta_c f_c \tag{8-40}$$

③ 当 $4 < h_w/b$(或 h_w/t_w)< 6 时,按线性内插法确定。

式中　b ——矩形截面的宽度,T 形或 I 形截面的腹板宽度、箱形截面的侧壁总厚度 $2t_w$;

　　　h_0 ——截面有效高度;

　　　h_w ——截面的腹板高度,对矩形截面取有效高度 h_0,对 T 形截面取有效高度减去翼缘高度,对 I 形和箱形截面取腹板净高;

　　　t_w ——箱形截面壁厚,其值不应小于 $b_h/7$,此处,b_h 为箱形截面的宽度;

　　　β_c ——混凝土强度影响系数,当混凝土强度等级不超过 C50 时,取 $\beta_c = 1.0$,当混凝土强度等级为 C80 时,取 $\beta_c = 0.8$,其间按线性内插法确定。

2. 构造配筋条件

在弯矩、剪力和扭矩共同作用下的构件,当满足下列条件时,可不进行剪扭承载力计算,而仅需根据构造要求(箍筋的最小配筋率、箍筋最大间距、受扭纵筋的最小配筋率、受扭纵筋的最大间距等)配置箍筋和纵向钢筋:

$$\frac{V}{bh_0} + \frac{T}{W_t} \leqslant 0.7f_t \tag{8-41}$$

或

$$\frac{V}{bh_0} + \frac{T}{W_t} \leqslant 0.7f_t + 0.07\frac{N}{bh_0} \tag{8-42}$$

式中　N ——与剪力、扭矩设计值 V、T 相应的轴向压力设计值,当 $N > 0.3f_cA$ 时,取 $N = 0.3f_cA$,此处 A 为构件的截面面积。

8.5.2　弯剪扭构件承载力计算

钢筋混凝土构件在弯矩、剪力、扭矩共同作用下的受力状态十分复杂,准确的计算相当困难。《混凝土结构设计规范》采用了简化的计算方法,即对于弯矩的作用,按受弯构件正截面受弯承载力计算公式,单独计算其抗弯所需的配置在截面受拉区(或受拉与受压区)的纵向钢筋;对于剪力和扭矩的作用,则按"剪扭构件"的承载力计算公式分别算出抗剪所需的箍筋和抗扭所需的箍筋以及对称配置在截面周边的抗扭纵向钢筋。将上述计算所需的纵筋和箍筋集合统一配置,就得到弯剪扭构件所需的全部配筋。具体方法及计算步骤如下。

1. 叠加配筋方法

①按受弯构件计算仅在弯矩作用下所需的受弯纵向钢筋的截面面积 A_s 及 A_s'。

②按剪扭构件计算受剪所需的箍筋截面面积 $\dfrac{A_{sv}}{s}$ 和受扭所需的箍筋截面面积 $\dfrac{A_{st l}}{s}$ 及受扭纵向钢筋总面积 $A_{st l}$。

③叠加上述计算所需的纵向钢筋和箍筋截面面积,即得弯剪扭构件的配筋面积。

但应注意,受弯纵筋 A_s 配置在截面受拉区的底边,A_s' 配置在截面受压区的顶边,而受扭纵筋 $A_{st l}$ 则应在截面周边对称均匀布置。纵向钢筋面积叠加后,顶、底边钢筋可统一配置(见图8-8)。受剪箍筋 A_{sv} 是指同一截面内箍筋各肢的截面面积之和,其值等于 nA_{sv1},这里 n 为同一截面内箍筋的肢数,A_{sv1} 为单肢箍筋的截面面积。而受扭箍筋 A_{st1} 则是沿截面周边配置的单肢箍筋截面面积。因此由公式求得的 $\dfrac{A_{sv}}{s}$ 与 $\dfrac{A_{st l}}{s}$ 是不能直接相加的,只能以 $\dfrac{A_{sv1}}{s}$ 与 $\dfrac{A_{st l}}{s}$ 相加,然后统一配置在截面周边。当采用复合箍筋时,位于截面内部的箍筋只能抗剪而不能抗扭(见图8-9)。

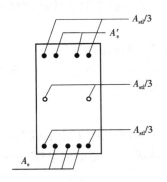

图8-8 弯剪扭构件的纵向钢筋配置

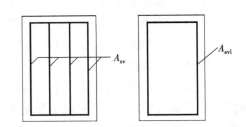

图8-9 弯剪扭构件的箍筋配置

2. 近似方法

在弯矩、剪力和扭矩共同作用下的矩形、T形、I形和箱形截面的弯剪扭构件,可按下列规定进行承载力计算:

①当 $V \le 0.35 f_t b h_0$ 或 $V \le 0.875 f_t b h_0 / (\lambda + 1)$ 时,剪力对构件承载力的影响可以忽略不计,可仅按受弯构件的正截面受弯承载力和纯扭构件的受扭承载力分别进行计算。

②当 $T \le 0.175 f_t W_t$ 或 $T \le 0.175 \alpha_h f_t W_t$ 时,扭矩对构件承载力的影响可以不予考虑,可仅按受弯构件的正截面受弯承载力和斜截面受剪承载力分别进行计算。

【例8-1】 承受均布荷载的矩形截面梁,截面尺寸 $b \times h = 200\ \text{mm} \times 450\ \text{mm}$,混凝土保护层厚度为 25 mm,承受弯矩设计值 $M = 120\ \text{kN} \cdot \text{m}$,剪力设计值 $V = 90\ \text{kN}$,扭矩设计值 $T = 8\ \text{kN} \cdot \text{m}$;采用C25混凝土($\alpha_1 = 1.0$,$\beta_c = 1.0$,$f_c = 11.9\ \text{N/mm}^2$,$f_t = 1.27\ \text{N/mm}^2$);纵向钢

筋为 HRB335 级钢筋$(f_y = 300 \text{ N/mm}^2)$,箍筋为 HPB300 级钢筋$(f_{yv} = 270 \text{ N/mm}^2)$。试配置钢筋。

【解】　（1）验算截面尺寸

受扭塑性抵抗矩：

$$W_t = \frac{b^2}{6}(3h - b) = \frac{200^2}{6}(3 \times 450 - 200) \text{ mm}^3 = 7.67 \times 10^6 \text{ mm}^3$$

取 $a_s = 35$ mm,则截面有效高度 $h_0 = h - a_s = (450 - 35)$ mm $= 415$ mm,对矩形截面,$h_w = h_0 = 415$ mm,因此

$$h_w/b = 415/200 = 2.1 < 4$$

$$\frac{V}{bh_0} + \frac{T}{0.8W_t} = \left(\frac{90 \times 10^3}{200 \times 415} + \frac{8 \times 10^6}{0.8 \times 7.67 \times 10^6}\right) \text{ N/mm}^2 = 2.39 \text{ N/mm}^2 < 0.25\beta_c f_c$$

$$= 0.25 \times 1.0 \times 11.9 \text{ N/mm}^2 = 2.98 \text{ N/mm}^2$$

故截面尺寸满足要求。

（2）验算是否可按构造配筋

$$\frac{V}{bh_0} + \frac{T}{W_t} = \left(\frac{90 \times 10^3}{200 \times 415} + \frac{8 \times 10^6}{7.67 \times 10^6}\right) \text{ N/mm}^2 = 2.13 \text{ N/mm}^2 > 0.7f_t$$

$$= 0.7 \times 1.27 \text{ N/mm}^2 = 0.89 \text{ N/mm}^2$$

故应按计算确定剪扭钢筋。

（3）受弯纵向钢筋 A_s 的确定

$$\alpha_s = \frac{M}{\alpha_1 f_c bh_0^2} = \frac{120 \times 10^6}{1.0 \times 11.9 \times 200 \times 415^2} = 0.293$$

$$\xi = 1 - \sqrt{1 - 2\alpha_s} = 1 - \sqrt{1 - 2 \times 0.293} = 0.357 < \xi_b = 0.55$$

$$x = \xi h_0 = 0.357 \times 415 \text{ mm} = 148.2 \text{ mm}$$

故　　　$$A_s = \alpha_1 f_c bx/f_y = 1.0 \times 11.9 \times 200 \times 148.2/300 \text{ mm}^2 = 1\ 175.7 \text{ mm}^2$$

$$\rho = \frac{A_s}{bh} = \frac{1\ 175.7}{200 \times 450} = 1.3\% > \rho_{min} = 0.2\%$$

满足要求。

（4）抗剪和抗扭钢筋的计算

因 $0.35f_t bh_0 = 0.35 \times 1.27 \times 200 \times 415$ N $= 36.9$ kN $< V = 90$ kN,故不能忽略剪力的影响。

因 $0.175f_t W_t = 0.175 \times 1.27 \times 7.67 \times 10^6$ N·mm $= 1.70$ kN·m $< T = 8$ kN·m,故不能忽略扭矩的影响。

故应按弯剪扭构件计算。

$$\beta_t = \frac{1.5}{1 + 0.5\dfrac{V}{T}\dfrac{W_t}{bh_0}} = \frac{1.5}{1 + 0.5 \times \dfrac{90 \times 10^3}{8 \times 10^6} \times \dfrac{7.67 \times 10^6}{200 \times 415}} = 0.99$$

受剪箍筋：

$$\frac{A_{sv}}{s} = \frac{V - 0.7f_t bh_0(1.5 - \beta_t)}{1.25f_{yv}h_0}$$

$$= \frac{90 \times 10^3 - 0.7 \times 1.27 \times 200 \times 415 \times (1.5 - 0.99)}{1.25 \times 270 \times 415} \text{ mm}$$

$$= 0.37 \text{ mm}$$

计算受扭箍筋时,取 $\zeta = 1.2$,得:

$$\frac{A_{st1}}{s} = \frac{T - 0.35\beta_t f_t W_t}{1.2\sqrt{\zeta} f_{yv} A_{cor}} = \frac{8 \times 10^6 - 0.35 \times 0.99 \times 1.27 \times 7.67 \times 10^6}{1.2 \times \sqrt{1.2} \times 270 \times 150 \times 400} \text{ mm} = 0.22 \text{ mm}$$

采用双肢箍筋($n = 2$),则单肢箍筋所需截面面积为

$$\frac{A_{sv1}}{s} + \frac{A_{st1}}{s} = \frac{A_{sv}}{ns} + \frac{A_{st1}}{s} = \left(\frac{0.37}{2} + 0.22 \right) \text{ mm} = 0.41 \text{ mm}$$

选用$\Phi 10$ 箍筋($A_{sv1} = 78.5 \text{ mm}^2$),则 $s = \frac{78.5}{0.41} \text{ mm} = 191.5 \text{ mm}$,

因此可取双肢$\Phi 10@150$ 的箍筋。

$$\rho_{sv} = \frac{A_{sv}}{bs} = \frac{2 \times 78.5}{200 \times 150} = 0.52\% > 0.28 f_t / f_{yv}$$

$$= \frac{0.28 \times 1.27}{270} = 0.13\%,\text{满足要求。}$$

受扭纵筋:

$$A_{stl} = \frac{\zeta f_{yv} A_{st1} u_{cor}}{f_y \cdot s} = \frac{1.2 \times 270 \times 0.28 \times 2 \times (150 + 400)}{300} \text{ mm}^2 = 333 \text{ mm}^2$$

$$\rho_{tl} = \frac{A_{stl}}{bh} = \frac{333}{200 \times 450} = 0.37\% > \rho_{tl,min} = 0.6 \sqrt{\frac{T}{Vb} \frac{f_t}{f_y}}$$

$$= 0.6 \sqrt{\frac{8 \times 10^6}{90 \times 10^3 \times 200} \times \frac{1.27}{300}} = 0.17\%$$

按构造要求,受扭纵筋的间距不应大于 200 mm 和梁的宽度 200 mm,故沿梁高分三层布置受扭纵筋。

顶层$\frac{A_{stl}}{3} = \frac{333}{3} \text{ mm}^2 = 111 \text{ mm}^2$,选配 2 Φ 8(面积为 110 mm^2);

中层$\frac{A_{stl}}{3} = \frac{333}{3} \text{ mm}^2 = 111 \text{ mm}^2$,选配 2 Φ 8;

底层$\frac{A_{stl}}{3} + A_s = (111 + 1\ 172) \text{ mm}^2 = 1\ 283 \text{ mm}^2$,选配 2 Φ 25 + 1 Φ 20(面积为 1 296 mm^2)

8.6 压弯剪扭构件承载力计算

8.6.1 压扭构件的受扭承载力

试验表明,轴向压力能推迟混凝土的开裂,改善混凝土的咬合作用和纵筋的销栓作用,

使截面核心混凝土能较好地参与工作,因而提高了构件的受扭承载力。在轴向压力和扭矩的共同作用下,矩形截面的受扭承载力可按下式计算:

$$T \leqslant T_{\mathrm{u}} = 0.35 f_{\mathrm{t}} W_{\mathrm{t}} + 1.2 \sqrt{\zeta} f_{\mathrm{yv}} \frac{A_{\mathrm{st1}} A_{\mathrm{cor}}}{s} + 0.07 \frac{N}{A} W_{\mathrm{t}} \tag{8-43}$$

式中　N——与扭矩设计值 T 相应的轴向压力设计值,当 $N > 0.3 f_{\mathrm{c}} A$ 时,取 $N = 0.3 f_{\mathrm{c}} A$;

　　　A——构件截面面积。

上面公式中,ζ 值应符合 $0.6 \leqslant \zeta \leqslant 1.7$ 的要求;当 $\zeta > 1.7$ 时,取 $\zeta = 1.7$。

8.6.2　压弯剪扭构件的剪扭承载力

在轴向压力、弯矩、剪力和扭矩的共同作用下,矩形截面框架柱的剪扭承载力按下列公式计算。

（1）受剪承载力

$$V \leqslant V_{\mathrm{u}} = (1.5 - \beta_{\mathrm{t}}) \left(\frac{1.75}{\lambda + 1} f_{\mathrm{t}} b h_0 + 0.07 N \right) + f_{\mathrm{yv}} \frac{A_{\mathrm{sv}}}{s} h_0 \tag{8-44}$$

（2）受扭承载力

$$T \leqslant T_{\mathrm{u}} = \beta_{\mathrm{t}} \left(0.35 f_{\mathrm{t}} + 0.07 \frac{N}{A} \right) W_{\mathrm{t}} + 1.2 \sqrt{\zeta} f_{\mathrm{yv}} \frac{A_{\mathrm{st1}} A_{\mathrm{cor}}}{s} \tag{8-45}$$

以上两个公式中,β_{t} 应按式(8-34)计算,λ 为截面的剪跨比,与式(5-11)中 λ 的取值与规定相同;ζ 值与式(8-43)中 ζ 的规定相同。

压弯剪扭构件的纵向钢筋应分别按偏心受压构件正截面承载力和剪扭构件的受扭承载力计算确定,并应配置在相应的位置上。箍筋应分别按剪扭构件的受剪承载力和受扭承载力计算确定,并配置在相应的位置上。

8.7　受扭构件的构造要求

8.7.1　受扭箍筋的构造要求

在弯剪扭构件中,箍筋的配筋率 ρ_{sv} 应符合下列要求:

$$\rho_{\mathrm{sv}} \geqslant \rho_{\mathrm{sv,min}} = 0.28 f_{\mathrm{t}} / f_{\mathrm{yv}} \tag{8-46}$$

式中　ρ_{sv}——箍筋的配筋率,$\rho_{\mathrm{sv}} = \dfrac{A_{\mathrm{sv}}}{bs}$,$A_{\mathrm{sv}}$ 为配置在同一截面内箍筋各肢的截面面积之和。

　　　　对箱形截面,b 应以截面总宽度 b_{h} 代替。

箍筋间距应符合表 5-1 的规定,其中受扭所需的箍筋应做成封闭式,且应沿截面周边布置;当采用复合箍筋时,位于截面内部的箍筋不应计入受扭所需的箍筋面积;受扭所需箍筋的末端应做成 135° 弯钩,弯钩端头平直段长度不应小于 $10d$(d 为箍筋直径)。

在超静定结构中,考虑协调扭转而配置的箍筋,其间距不宜大于 $0.75b$。此处,b 为矩形截面的宽度,T 形或 I 形截面的腹板宽度,箱形截面的侧壁总厚度 $2t_{\mathrm{w}}$。

8.7.2　受扭纵筋的构造要求

受扭纵向钢筋的配筋率 ρ_{tl} 应符合下列要求：

$$\rho_{tl} \geqslant \rho_{tl,min} = 0.6 \sqrt{\frac{T}{Vb}} \frac{f_t}{f_y} \tag{8-47}$$

式中　ρ_{tl}——受扭纵向钢筋的配筋率，$\rho_{tl} = \dfrac{A_{stl}}{bh}$，$A_{stl}$ 为沿截面周边布置的受扭纵向钢筋总截面面积，对箱形截面，b 应以截面总宽度 b_h 代替；

　　　　b——受剪的截面宽度，与式(8-39)和式(8-40)中 b 的取值及规定相同。

当 $\dfrac{T}{Vb} > 2.0$ 时，取 $\dfrac{T}{Vb} = 2.0$。

沿截面周边布置的受扭纵向钢筋的间距不应大于 200 mm 和截面的短边长度。除应在截面四角设置受扭纵向钢筋外，其余受扭纵向钢筋宜沿截面周边均匀对称布置。受扭纵向钢筋应按受拉钢筋锚固在支座内。

在弯剪扭构件中，配置在截面弯曲受拉边的纵向受拉钢筋，其截面面积不应小于按受弯构件受拉钢筋最小配筋率计算出的钢筋截面面积与按公式(8-47)给出的受扭纵向钢筋配筋率计算并分配到弯曲受拉边的钢筋截面面积之和。

【本章小结】

① 素混凝土矩形截面纯扭构件在扭矩的作用下，截面上各点均产生剪应力和相应的主应力，当主拉应力超过混凝土的抗拉强度时，构件开裂。最后的破坏面为三面开裂、一面受压的空间扭曲面。这种破坏属于脆性破坏，构件的受扭承载力很低。

② 根据所配抗扭箍筋和抗扭纵筋数量的多少，钢筋混凝土受扭构件的破坏形态主要有四种，即少筋破坏、适筋破坏、超筋破坏和部分超筋破坏，其中适筋破坏和部分超筋破坏时，钢筋强度能充分或基本充分利用，破坏有一定的塑性性质。为了使抗扭箍筋和纵筋的应力在构件受扭破坏时都能达到屈服强度，抗扭箍筋和纵筋的配筋强度比应满足 $0.6 \leqslant \zeta \leqslant 1.7$ 的要求，最佳的 ζ 取值为 1.2。

③ 钢筋混凝土构件在弯剪扭复合受力时的承载力计算非常复杂，准确的计算十分困难。《混凝土结构设计规范》采用简化的计算方法，按部分相关、部分叠加的原则，即对混凝土的抗力考虑剪扭相关性，而对抗弯、抗扭纵筋及抗剪、抗扭箍筋的抗力则采用分别计算然后叠加的方法。

④ 在一定范围内，轴向压力的存在，可以延缓裂缝的出现，增加混凝土骨料的咬合力和纵筋的销栓力，从而提高构件的受扭和受剪承载力。

【思考题】

8-1　素混凝土矩形截面纯扭构件的破坏有何特点？

8-2　钢筋混凝土矩形截面纯扭构件有几种主要的破坏形态? 其破坏特征是什么?

8-3　什么是配筋强度比? 为什么要对配筋强度比的范围加以限制?

8-4　什么是混凝土剪扭承载力的相关性? 钢筋混凝土弯剪扭构件承载力计算的原则是什么? 纵向钢筋和箍筋在构件截面上应如何布置?

8-5　在弯剪扭构件中,为什么要规定截面尺寸条件和受扭钢筋的最小配筋率?

8-6　轴向压力对构件的受扭承载力有何影响? 在计算中如何反映?

【习题】

8-1　某雨篷剖面如图 8-10 所示,雨篷上承受均布恒载(包括板自重)设计值 $q = 2.8$ kN/m,在雨篷自由端沿板宽方向每米承受活荷载设计值 $P = 1.0$ kN/m。雨篷梁截面尺寸 240 mm × 300 mm,计算跨度为 2.6 m。混凝土强度等级采用 C20,纵筋为 HRB335 级,箍筋为 HPB300 级,环境类别为二类。经计算知,雨篷梁承受的最大弯矩设计值 $M = 14.40$ kN·m,最大剪力设计值 $V = 25$ kN,试确定该雨篷梁的配筋。

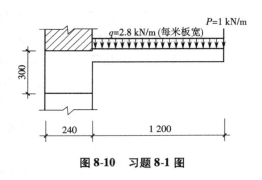

图 8-10　习题 8-1 图

8-2　有一均布荷载作用下的钢筋混凝土矩形截面弯剪扭构件,截面尺寸 $b \times h = 250$ mm × 500 mm,承受的弯矩设计值 $M = 90$ kN·m,剪力设计值 $V = 100$ kN,扭矩设计值 $T = 12$ kN·m。混凝土强度等级采用 C25,箍筋和纵筋均为 HPB300 级钢。试计算其配筋。

第 9 章　正常使用阶段的验算及结构的耐久性

【学习要求】

①　掌握钢筋混凝土构件裂缝宽度的验算方法,熟悉减小裂缝宽度的措施。

②　掌握钢筋混凝土构件挠度的验算方法,熟悉提高受弯构件截面刚度的措施。

③　了解混凝土碳化、钢筋锈蚀的机理以及耐久性设计的内容。

结构设计必须满足建筑结构的功能要求,即安全性、适用性和耐久性。因此,结构及其构件应分别进行承载能力极限状态和正常使用极限状态的设计。前面几章关于受弯、受压、受拉、受扭构件截面承载力的计算,都属于承载能力极限状态设计,主要解决结构构件的安全问题;对于使用上需要控制变形和裂缝的结构构件,还要进行正常使用极限状态的设计,以解决结构构件的适用性问题,与承载能力极限状态相比,按正常使用极限状态设计时结构的可靠度可适当降低,其荷载、材料强度均采用标准值;此外,为了满足耐久性的要求,混凝土结构还应根据其使用环境和设计使用年限进行耐久性设计。

9.1　钢筋混凝土构件裂缝宽度验算

裂缝按其形成的原因分为两大类:一类是由荷载引起的裂缝,包括正截面裂缝、斜截面裂缝和黏结裂缝;另一类是由非荷载因素引起的裂缝,如材料的收缩、温度变化、混凝土碳化以及地基不均匀沉降等引起的裂缝。很多裂缝的产生往往是由几种因素共同作用的结果。调查表明,工程中结构的裂缝属于由非荷载因素为主引起的约占 80%,属于由荷载为主引起的约占 20%。非荷载因素引起的裂缝十分复杂,目前主要通过构造措施(如设加强钢筋、变形缝、后浇带等)进行控制。本节主要讨论由荷载引起的正截面裂缝的验算。

裂缝对结构会产生以下危害:①加速混凝土的碳化和钢筋的锈蚀,从而降低结构的耐久性;②对一些结构物如贮液池等,裂缝的出现将会导致渗漏现象的发生而影响结构物的正常使用;③过宽的裂缝有碍建筑物的观瞻,还会给人们造成不良感觉。

9.1.1　裂缝的出现、分布和开展

以轴心受拉构件为例说明裂缝的出现、分布和开展的机理。如图 9-1 所示,从构件中截出一段进行分析。

裂缝出现以前,由于钢筋和混凝土之间的黏结作用没有被破坏,钢筋与混凝土变形相同,沿构件轴线方向各截面的钢筋与混凝土应力分布是均匀的,如图 9-1(a)所示。

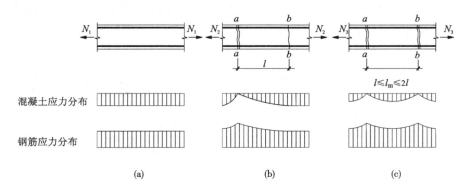

图 9-1　裂缝的出现、分布和开展

（a）裂缝出现前　（b）第一批裂缝出现　（c）第二批裂缝出现

由于混凝土材料抗拉强度的变异性,沿构件轴线方向各截面的实际抗拉强度分布是不均匀的,随着荷载的增加,在最薄弱处,如图 9-1(b)中 a-a 截面将出现第一批裂缝。

在裂缝出现瞬间,裂缝处的混凝土退出工作,应力降至零,钢筋的应力突然增加,如图 9-1(b)所示;同时,原来张紧的混凝土会向裂缝两侧回缩,这种回缩不是自由的,裂缝两侧钢筋与混凝土之间产生黏结力,钢筋阻止混凝土的回缩。通过黏结应力的作用,随着离裂缝截面距离的增大,钢筋拉应力逐渐传递给混凝土而减小,混凝土拉应力由裂缝处的零逐渐增大,达到一定距离 l 后,黏结应力消失,混凝土和钢筋又具有相同的拉伸应变,各自的应力又趋于均匀分布。l 即为黏结应力作用长度,又称传递长度。

第一批裂缝出现后,在黏结应力作用长度以外的那部分混凝土仍处于受拉张紧状态,当荷载继续增大时,就有可能在离裂缝截面大于或等于 l 的另一薄弱截面出现新的裂缝,如图 9-1(c)中的 b-b 截面。新的裂缝出现后,该截面裂开的混凝土又脱离工作,不再承受拉应力,钢筋应力突增;沿构件长度方向,离裂缝截面越远,混凝土应力越大,钢筋应力越小。

随着荷载的增大,裂缝将逐条出现,裂缝的分布逐渐达到稳定状态。此时,两条裂缝间的混凝土拉应力将小于抗拉强度,即不足以产生新的裂缝;在 $l \sim 2l$ 范围内时,裂缝间距趋于稳定,故取平均裂缝间距为 $1.5l$。

传递长度主要与以下因素有关:

①与黏结强度大小有关,黏结强度高,则 l 短一些;

②与钢筋表面积大小有关,钢筋面积相同时小直径钢筋的表面积大些,则 l 短些;

③与配筋率有关,低配筋率时 l 长些,裂缝分布稀疏些。

可见,裂缝的开展是由于混凝土的回缩、钢筋的伸长,导致混凝土与钢筋之间不断产生相对滑移的结果。《混凝土结构设计规范》定义的裂缝开展宽度是指受拉钢筋重心水平处构件侧表面上混凝土的裂缝宽度。

9.1.2　平均裂缝间距

图 9-2 所示为一轴心受拉构件。当 a-a 截面出现裂缝后,混凝土拉应力降至零,钢筋应

力为 σ_{s1}，经过黏结应力传递长度 l 后，混凝土拉应力从截面 a-a 处的零又提高到截面 b-b 处的 f_{tk}，钢筋应力则降至 σ_{s2}。

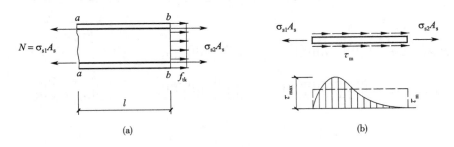

图9-2　轴心受拉构件黏结应力传递长度

根据内力平衡条件，由图9-2(a)可得

$$\sigma_{s1}A_s = \sigma_{s2}A_s + f_{tk}A_{te} \tag{9-1}$$

取 l 段内的钢筋为隔离体，作用在两端的不平衡力由黏结力来平衡，可得

$$\sigma_{s1}A_s = \sigma_{s2}A_s + \tau_m ul \tag{9-2}$$

式中　A_{te}——有效受拉混凝土截面面积，对轴心受拉构件，取构件截面面积，$A_{te} = bh$；

　　　τ_m——平均黏结应力；

　　　u　——钢筋的周长。

将式(9-2)代入式(9-1)中，可得

$$l = \frac{f_{tk}}{\tau_m} \cdot \frac{A_{te}}{u} \tag{9-3}$$

钢筋直径相同时，$A_{te}/u = d/4\rho_{te}$，则平均裂缝间距

$$l_m = 1.5l = \frac{3}{8} \cdot \frac{f_{tk}}{\tau_m} \cdot \frac{d}{\rho_{te}} \tag{9-4}$$

式中　ρ_{te}——按有效受拉混凝土截面面积计算的纵向受拉钢筋配筋率，$\rho_{te} = A_s/A_{te}$，当 $\rho_{te} <$ 0.01 时，取 $\rho_{te} = 0.01$。

试验表明，混凝土和钢筋间的黏结强度大致与混凝土抗拉强度成正比关系，可取 f_{tk}/τ_m 为常数，则式(9-4)可表示为：

$$l_m = k_1 \frac{d}{\rho_{te}} \tag{9-5}$$

上式表明，平均裂缝间距 l_m 与 d/ρ_{te} 成正比，当配筋率 ρ_{te} 很大时，裂缝间距就会很小，这与试验结果不符。试验表明，混凝土保护层厚度 c 对裂缝间距有一定影响，随着混凝土保护层厚度 c 增大，裂缝间距也增大，大致呈线性关系。因此，l_m 用如下表达式：

$$l_m = k_2 c + k_1 \frac{d}{\rho_{te}} \tag{9-6}$$

式中　k_1、k_2——经验系数，由试验资料确定。

根据对试验结果的分析，并考虑钢筋表面特征的影响，平均裂缝间距可按下面公式计算：

$$l_m = \beta\left(1.9c + 0.08\frac{d_{eq}}{\rho_{te}}\right)$$ (9-7)

式中　β ——系数,对轴心受拉构件 $\beta = 1.1$,对其他受力构件 $\beta = 1.0$;

　　　c ——最外层纵向受拉钢筋外边缘至受拉区底边的距离(mm),当 $c < 20$ mm 时,取 $c = 20$ mm,当 $c > 65$ mm 时,取 $c = 65$ mm;

　　　d_{eq}——受拉区纵向钢筋的等效直径(mm),按下式计算:

$$d_{eq} = \frac{\sum n_i d_i^2}{\sum n_i \nu_i d_i}$$ (9-8)

式中　$n_i \ d_i$——受拉区第 i 种纵向钢筋的根数和公称直径(mm);

　　　ν_i ——第 i 种纵向钢筋的相对黏结特征系数,光圆钢筋 $\nu_i = 0.7$,带肋钢筋 $\nu_i = 1.0$。

对受弯、偏心受压和偏心受拉构件,$A_{te} = 0.5bh + (b_f - b)h_f$,其中,$b_f$、$h_f$ 为受拉翼缘的宽度、高度(见图 9-3)。

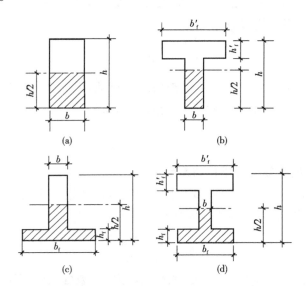

图 9-3　有效受拉混凝土截面面积(图中阴影部分面积)

9.1.3　平均裂缝宽度

1. 平均裂缝宽度计算公式

裂缝开展后,平均裂缝宽度 w_m 等于裂缝区段内钢筋的平均伸长与相应水平处构件侧表面混凝土平均伸长的差值,如图 9-4 所示,即

$$w_m = \varepsilon_{sm}l_m - \varepsilon_{cm}l_m = \varepsilon_{sm}l_m\left(1 - \frac{\varepsilon_{cm}}{\varepsilon_{sm}}\right)$$ (9-9)

式中　ε_{sm}——纵向受拉钢筋的平均拉应变;

　　　ε_{cm}——与纵向受拉钢筋相同水平处侧表面混凝土的平均拉应变。

又　　　　　　　　　　　　　$$\varepsilon_{sm} = \psi\frac{\sigma_{sk}}{E_s}$$ (9-10)

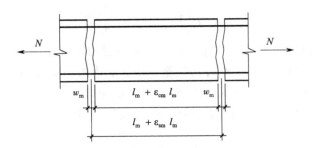

图9-4   平均裂缝宽度计算简图

式中　ψ ——裂缝间纵向受拉钢筋应变不均匀系数；

　　　σ_{sk}——按荷载效应的标准组合计算的钢筋混凝土构件裂缝截面处、纵向受拉钢筋的
　　　　　应力。

令 $\alpha_c = 1 - \varepsilon_{cm}/\varepsilon_{sm}$，$\alpha_c$ 为考虑裂缝间混凝土自身伸长对裂缝宽度的影响系数，将式(9-10)代入式(9-9)中，则得平均裂缝宽度为

$$w_m = \alpha_c \psi \frac{\sigma_{sk}}{E_s} l_m \tag{9-11}$$

α_c 值与配筋率、截面形状和混凝土保护层厚度有关，但其变化幅度较小。试验研究表明，对受弯、轴心受拉和偏心受力构件，可近似取 $\alpha_c = 0.85$，则

$$w_m = 0.85 \psi \frac{\sigma_{sk}}{E_s} l_m \tag{9-12}$$

2. 裂缝间纵向受拉钢筋应变不均匀系数 ψ

试验结果表明，钢筋应力分布是不均匀的，裂缝截面的钢筋应力相对较大；由于裂缝间的混凝土仍然参加工作，故钢筋应力较相邻裂缝处要小。由式(9-10)可得

$$\psi = \frac{\varepsilon_{sm}}{\varepsilon_{sk}} = \frac{\sigma_{sm}}{\sigma_{sk}} \tag{9-13}$$

系数 ψ 为裂缝之间钢筋的平均应变（或平均应力）与裂缝截面钢筋应变（或应力）之比，ψ 的物理意义就是反映裂缝间受拉混凝土对纵向受拉钢筋应变的影响程度。ψ 越小，裂缝之间混凝土协助钢筋的抗拉作用越强；当 $\psi = 1$ 时，裂缝截面之间的钢筋应力等于裂缝截面钢筋的应力，钢筋与混凝土之间的黏结应力完全退化，混凝土不再协助钢筋抗拉。

ψ 值与混凝土强度、配筋率、钢筋与混凝土的黏结强度以及裂缝截面钢筋应力诸因素有关。根据有关试验，对于受弯、受拉和偏心受力构件 ψ 可按下式计算：

$$\psi = 1.1 - 0.65 \frac{f_{tk}}{\rho_{te} \sigma_{sk}} \tag{9-14}$$

当 $\psi < 0.2$ 时，取 $\psi = 0.2$；当 $\psi > 1$ 时，取 $\psi = 1$；对直接承受重复荷载的构件，取 $\psi = 1$。

3. 裂缝截面处纵向受拉钢筋的应力 σ_{sk}

在荷载效应标准组合作用下，构件裂缝截面处纵向受拉钢筋的应力 σ_{sk}，可根据使用阶段的应力状态（见图9-5），按裂缝截面处力的平衡条件求得。

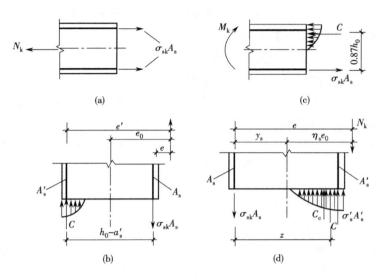

图 9-5　构件使用阶段的截面应力状态

（a）轴心受拉　（b）偏心受拉　（c）受弯　（d）偏心受压

C— 受压区总压应力合力；C_c— 受压区混凝土压应力合力

（1）轴心受拉构件

$$\sigma_{sk} = \frac{N_k}{A_s} \tag{9-15}$$

（2）偏心受拉构件

$$\sigma_{sk} = \frac{N_k e'}{A_s(h_0 - a'_s)} \tag{9-16}$$

（3）受弯构件

$$\sigma_{sk} = \frac{N_k}{0.87 A_s h_0} \tag{9-17}$$

（4）偏心受压构件

$$\sigma_{sk} = \frac{N_k(e - z)}{A_s z} \tag{9-18}$$

式中

$$z = \left[0.87 - 0.12(1 - \gamma'_f)\left(\frac{h_0}{e}\right)^2 \right] h_0 \tag{9-19}$$

$$\gamma'_f = \frac{(b'_f - b)h'_f}{bh_0} \tag{9-20}$$

$$e = \eta_s e_0 + y_s \tag{9-21}$$

$$\eta_s = 1 + \frac{1}{4\,000 e_0/h}\left(\frac{l_0}{h}\right)^2 \tag{9-22}$$

式中　N_k、M_k——按荷载效应的标准组合计算的轴向力值、弯矩值；

A_s——受拉区纵向钢筋截面面积，对轴心受拉构件，取全部纵向钢筋截面面积，对偏

心受拉构件,取受拉较大边的纵向钢筋截面面积,对受弯和偏心受压构件,取受拉区纵向钢筋截面面积;

z ——纵向受拉钢筋合力点至截面受压区合力点的距离;

γ'_f ——受压翼缘截面面积与腹板有效截面面积的比值;

e' ——轴向力作用点至受压区或受拉较小边纵向钢筋合力点的距离;

e ——轴向力作用点至纵向受拉钢筋合力点的距离;

η_s ——使用阶段的轴向压力偏心距增大系数,当 $l_0/h \leqslant 14$ 时,取 $\eta_s = 1.0$;

y_s ——截面重心至纵向受拉钢筋合力点的距离。

9.1.4 最大裂缝宽度及其验算

1. 最大裂缝宽度的计算

由于影响结构耐久性和观感的主要是裂缝的最大开展宽度,因此应对其进行计算,并验算其是否在《混凝土结构设计规范》允许的范围内。

最大裂缝宽度由平均裂缝宽度乘以"扩大系数"得到。"扩大系数"由试验结果的统计分析并参照使用经验确定。对"扩大系数"主要考虑以下两种情况;一是在荷载效应标准组合下裂缝宽度的不均匀性;二是在荷载长期作用的影响下,混凝土进一步收缩以及受拉区混凝土的应力松弛和滑移徐变等导致裂缝间受拉混凝土不断退出工作,因而使裂缝宽度加大。

最大裂缝宽度 w_{max} 由平均裂缝宽度 w_m 乘以荷载短期效应裂缝扩大系数 τ_s 及荷载长期效应裂缝扩大系数 τ_1 求得,即

$$w_{max} = \tau_s \tau_1 w_m \tag{9-23}$$

τ_s 可根据短期荷载作用下梁的试验资料,按可靠概率 95% 的要求,经统计分析求出:

①对于轴心受拉和偏心受拉构件,$\tau_s = 1.9$;

②对于受弯和偏心受压构件,$\tau_s = 1.66$。

根据试验观测结果,τ_1 的平均值可取 1.66,考虑到在一般情况下,仅有部分荷载长期作用,取荷载组合系数为 0.9,则 $\tau_1 = 1.66 \times 0.9 = 1.49$,故取 $\tau_1 = 1.5$。

将式(9-7)及式(9-12)代入式(9-23)可得

$$w_{max} = \tau_s \tau_1 0.85\psi \frac{\sigma_{sk}}{E_s}\beta\left(1.9c + 0.08\frac{d_{eq}}{\rho_{te}}\right) \tag{9-24}$$

令 $\alpha_{cr} = 0.85\tau_s\tau_1\beta$,就得到《混凝土结构设计规范》规定的关于矩形、T形、倒T形和I字形截面钢筋混凝土受拉、受弯和偏心受力构件,按荷载效应的标准组合并考虑长期作用影响的最大裂缝宽度计算公式:

$$w_{max} = \alpha_{cr}\psi \frac{\sigma_{sk}}{E_s}\left(1.9c + 0.08\frac{d_{eq}}{\rho_{te}}\right) \tag{9-25}$$

式中 α_{cr} ——构件受力特征系数,对轴心受拉构件,$\alpha_{cr} = 2.7$,对偏心受拉构件,$\alpha_{cr} = 2.4$,对受弯和偏心受压构件,$\alpha_{cr} = 2.1$。

2. 最大裂缝宽度的验算

《混凝土结构设计规范》将构件正截面的裂缝控制等级分为如下三级。

一级:严格要求不出现裂缝的构件,按荷载效应标准组合计算时,构件受拉边缘混凝土不应产生拉应力。

二级:一般要求不出现裂缝的构件,按荷载效应标准组合计算时,构件受拉边缘混凝土拉应力不应大于混凝土轴心抗拉强度标准值;按荷载效应准永久组合计算时,构件受拉边缘混凝土不宜产生拉应力,当有可靠经验时可适当放松。

三级:允许出现裂缝的构件,按荷载效应标准组合并考虑长期作用影响计算时,构件的最大裂缝宽度不应超过附表 1.14 规定的最大裂缝宽度限值,即

$$w_{\max} \leqslant w_{\lim} \tag{9-26}$$

式中　$w_{\max}$——《混凝土结构设计规范》规定的允许最大裂缝宽度(mm),按附表 1.14 采用。

允许最大裂缝宽度限值的确定,是对荷载作用下产生的横向裂缝宽度而言的,主要考虑两个方面的因素:一是外观要求,二是耐久性要求,并以后者为主。从外观要求考虑,裂缝过宽将给人以不安全感,同时也影响对结构质量的评价。对于斜裂缝宽度,在配置受剪承载力所需的腹筋后,使用阶段的裂缝宽度一般小于 0.2 mm,故不必验算。

9.1.5　减小裂缝宽度的措施

由裂缝宽度的计算公式(9-25)可知,影响裂缝宽度的主要因素是钢筋应力,裂缝宽度与钢筋应力近似成线性关系。另外,钢筋的直径、外形、混凝土保护层厚度以及配筋率等也是比较重要的影响因素。

①在普通钢筋混凝土结构中,不宜采用高强度钢筋。否则,在使用阶段荷载作用下,结构构件中钢筋应力会很高,导致裂缝过宽,无法满足正常使用的要求。

②带肋钢筋的黏结强度较光面钢筋大得多,因此采用带肋钢筋是减小裂缝宽度的有效措施。

③采用小直径钢筋,因表面积大而使黏结力增大,可使裂缝间距及裂缝宽度减小。因此,只要施工方便,尽可能选用较细直径的钢筋。但对于带肋钢筋,因黏结强度很高,钢筋直径已不再是影响裂缝宽度的主要因素。

④混凝土保护层越厚,裂缝宽度越大,因此从维护建筑物外观要求出发不宜采用过厚的保护层。但保护层越厚,混凝土越密实,钢筋越不容易被锈蚀,所以从防止钢筋锈蚀的角度出发,保护层宜适当加厚。

⑤解决裂缝宽度问题的最有效办法是采用预应力混凝土结构,它可以使构件减小裂缝宽度或不出现裂缝。

【例 9-1】　一矩形截面简支梁,截面尺寸 $b \times h = 250$ mm $\times 500$ mm,混凝土强度等级为 C20,配置 4 根 16 mm 的 HRB335 级钢筋,混凝土保护层厚度 $c = 25$ mm,按荷载效应的标准组合计算的跨中弯矩 $M_k = 80$ kN·m,最大裂缝宽度限值 $w_{\lim} = 0.3$ mm。试验算其最大裂缝宽度是否满足要求。

【解】　查附表 1.8、附表 1.5、附表 1.19,得到材料计算参数:$f_{tk} = 1.54$ N/mm^2,$E_s = 2 \times 10^5$ N/mm^2,$A_s = 804$ mm^2。

$$h_0 = \left[500 - (25 + 16/2)\right] \text{mm} = 467 \text{ mm}$$

$$\nu_i = 1.0, \quad d_{eq} = \frac{\sum n_i d_i^2}{\sum n_i \nu_i d_i} = d = 16 \text{ mm}$$

$$\rho_{te} = \frac{A_s}{0.5bh} = \frac{804}{0.5 \times 250 \times 500} = 0.0129$$

$$\sigma_{sk} = \frac{M_k}{0.87 h_0 A_s} = \frac{80 \times 10^6}{0.87 \times 467 \times 804} \text{ N/mm}^2 = 245 \text{ N/mm}^2$$

$$\psi = 1.1 - 0.65 \frac{f_{tk}}{\rho_{te}\sigma_{sk}} = 1.1 - \frac{0.65 \times 1.54}{0.0129 \times 245} = 0.783$$

则

$$w_{max} = \alpha_{cr} \psi \frac{\sigma_{sk}}{E_s}\left(1.9c + 0.08\frac{d_{eq}}{\rho_{te}}\right)$$

$$= 2.1 \times 0.783 \times \frac{245}{2 \times 10^5}\left(1.9 \times 25 + 0.08 \times \frac{16}{0.0129}\right) \text{ mm}$$

$$= 0.296 \text{ mm} < 0.3 \text{ mm}$$

满足要求。

如果将例 9-1 中的混凝土强度改为 C25 级,钢筋直径、面积等保持不变,则 $f_{tk} = 1.78$ N/mm^2, $\psi = 0.807$, $w_{max} = 0.264$ N/mm^2。可见,在钢筋的直径及面积相同的情况下,提高混凝土强度等级,可以增加钢筋与混凝土之间的黏结力,从而减小裂缝的宽度。

9.2　钢筋混凝土构件变形验算

实际工程中,对混凝土构件的变形要有一定的限制要求,这主要是出于以下几方面的考虑。

(1)保证建筑的使用功能要求

结构构件产生过大的变形将损害甚至丧失使用功能。例如,楼盖梁、板的挠度过大,将使仪器设备难以保持水平;吊车梁的挠度过大会妨碍吊车的正常运行;屋面构件和挑檐的挠度过大会造成积水和渗漏等。

(2)防止对结构构件产生不良影响

这是指防止结构性能与设计中的假定不符。例如,梁端的旋转将使支承面积减小,当梁支承在砖墙上时,可能使墙体沿梁顶和梁底出现内外水平裂缝,严重时将产生局部承压或墙体失稳破坏;又如当构件挠度过大,在可变荷载下可能出现因动力效应引起的共振等。

(3)防止对非结构构件产生不良影响

这主要包括防止结构构件变形过大使门窗等活动部件不能正常开关,防止非结构构件如隔墙及天花板的开裂、压碎、鼓出或其他形式的损坏等。

(4)保证人们的感觉在可接受程度之内

例如,防止梁、板明显下垂引起的不安全感;防止可变荷载引起的振动及噪声对人的不良感觉等。

随着高强度混凝土和钢筋的采用,构件截面尺寸相应减小,变形问题更为突出。

变形验算主要指受弯构件的挠度验算,本节主要讨论受弯构件挠度的验算方法。

9.2.1　钢筋混凝土受弯构件变形计算的特点

在材料力学中,匀质弹性材料梁的跨中挠度为

$$f = S\frac{Ml_0^2}{EI} \text{ 或 } f = S\phi l_0^2 \tag{9-27}$$

式中　S ——与荷载形式、支承条件有关的挠度系数,例如,对于承受均布荷载的简支梁,S = 5/48;

　　　M ——截面最大弯矩;

　　　l_0 ——梁的计算跨度;

　　　EI ——梁的截面弯曲刚度;

　　　ϕ ——截面曲率,即单位长度上的转角,$\phi = M/EI$。

由 $EI = M/\phi$ 可以看出,截面弯曲刚度就是使截面产生单位曲率需要施加的弯矩值,它是度量截面抵抗弯曲变形能力的重要指标。

当梁的截面形状、尺寸和材料已知时,梁的截面弯曲刚度 EI 是一个常数。因此,弯矩与挠度,或者弯矩与曲率之间都是始终不变的正比例关系(如图 9-6 中虚线 OA 所示)。

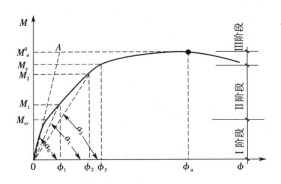

图 9-6　适筋梁 M-ϕ 关系曲线

对混凝土受弯构件,上述力学概念仍然适用,区别在于钢筋混凝土不是匀质的弹性材料,因而在它受弯的全过程中,截面弯曲刚度不是常数而是变化的。

图 9-6 为适筋梁 M-ϕ 关系曲线。从理论上讲,混凝土受弯构件的截面弯曲刚度应取为 M-ϕ 曲线上相应点处切线的斜率 $\mathrm{d}M/\mathrm{d}\phi$。在混凝土结构设计中,可根据不同情况,分别采用简化方法。

①对要求不出现裂缝的构件,可近似地把混凝土开裂前的 M-ϕ 曲线视为直线,它的斜率就是截面弯曲刚度,取为 $0.85E_cI_0$,I_0 是换算截面惯性矩(将钢筋面积乘以钢筋与混凝土弹性模量的比值换算成混凝土面积后,保持截面重心位置不变且与混凝土截面一起计算的换算截面的惯性矩)。

②验算正常使用阶段构件的挠度时,由于钢筋混凝土受弯构件正常使用时是带裂缝工

作的,此时正截面承担的弯矩为其最大受弯承载力试验值 M_u^0 的 50% ~ 70%,为方便计算,《混凝土结构设计规范》规定在 M-ϕ 曲线上 $0.5M_u^0$ ~ $0.7M_u^0$ 区段内,任一点与坐标原点"O"相连的割线斜率 $\tan\alpha$ 为截面弯曲刚度,记为 B,因此,$B = \tan\alpha = M/\phi$。由图 9-6 可知,α 随弯矩值的增大而减小,故截面弯曲刚度是随弯矩的增大而减小的。

9.2.2 短期刚度

截面弯曲刚度不仅随荷载增大而减小,而且还将随荷载作用时间的增长而减小。这里先讲述荷载短期作用下的截面弯曲刚度,并简称为短期刚度,记作 B_s。短期刚度的 B_s 可以通过以下几个关系条件得到。

1. 几何关系(应变和曲率的关系)

图 9-7 为裂缝出现后的第 II 阶段,在纯弯段内测得的钢筋和混凝土的应变情况。

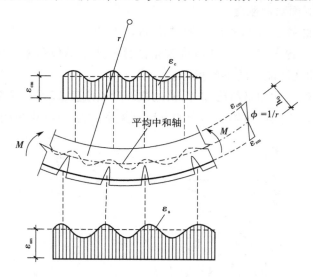

图 9-7 受弯构件中混凝土和钢筋的应变分布

①沿梁长度方向,受拉钢筋的拉应变和受压区边缘混凝土的压应变都是不均匀分布的,裂缝截面处最大,裂缝间为曲线变化。

②沿梁长度方向,中和轴高度呈波浪形变化,裂缝截面处中和轴高度最小。

③如果量测范围比较长(≥ 750 mm),则各水平纤维的平均应变沿梁截面高度的变化符合平截面假定。

根据平均应变符合平截面的假定,可得平均曲率

$$\phi = \frac{1}{r} = \frac{\varepsilon_{sm} + \varepsilon_{cm}}{h_0} \tag{9-28}$$

式中 r ——与平均中和轴相应的平均曲率半径。

因此,短期刚度

$$B_s = \frac{M_k}{\phi} = \frac{M_k h_0}{\varepsilon_{sm} + \varepsilon_{cm}} \tag{9-29}$$

式中　M_k——按荷载效应标准组合计算的弯矩值。

2. 物理关系(应力和应变的关系)

(1)裂缝截面的应变 ε_{sk} 和 ε_{ck}

在荷载效应的标准组合,即短期效应组合作用下,裂缝截面纵向受拉钢筋重心处的拉应变 ε_{sk} 和受压区边缘混凝土的压应变 ε_{ck} 按下式计算:

$$\varepsilon_{sk} = \frac{\sigma_{sk}}{E_s} \tag{9-30}$$

$$\varepsilon_{ck} = \frac{\sigma_{ck}}{E_c'} = \frac{\sigma_{ck}}{\lambda E_c} \tag{9-31}$$

式中　σ_{sk}、σ_{ck}——按荷载效应的标准组合作用计算的裂缝截面处纵向受拉钢筋重心处的拉应力和受压区边缘混凝土的压应力;

　　　E_c'、E_c——混凝土的变形模量和弹性模量,$E_c' = \lambda E_c$;

　　　λ——混凝土的弹性特征值。

(2)平均应变 ε_{sm} 和 ε_{cm}

设裂缝间纵向受拉钢筋重心处的拉应变不均匀系数为 ψ,受压区边缘混凝土压应变不均匀系数为 ψ_c,则平均应变 ε_{sm} 和 ε_{cm} 可用裂缝截面处的相应应变 σ_{sk} 和 σ_{ck} 表达。

$$\varepsilon_{sm} = \psi \varepsilon_{sk} = \psi \frac{\sigma_{sk}}{E_s} \tag{9-32}$$

$$\varepsilon_{cm} = \psi_c \varepsilon_{ck} = \psi_c \frac{\sigma_{ck}}{\lambda E_c} \tag{9-33}$$

3. 平衡关系(内力与应力的关系)

裂缝截面的钢筋应力 σ_{sk} 和混凝土应力 σ_{ck} 可按图 9-8 所示第 Ⅱ 阶段裂缝截面的应力图形求得。

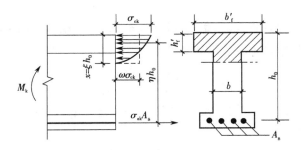

图 9-8　第 Ⅱ 阶段裂缝截面的应力图

对受压区合力点取矩,可得

$$\sigma_{sk} = \frac{M_k}{\eta A_s h_0} \tag{9-34}$$

式中　η——裂缝截面处内力臂系数,对常用的混凝土强度等级及配筋率,可近似取 $\eta = 0.87$。

受压区面积为 $(b_f' - b)h_f' + bx = (\gamma_f' + \xi_0)bh_0$。

将曲线分布的压应力换算成平均压应力 $\omega\sigma_{ck}$，再对受拉钢筋的重心取矩，可得

$$\sigma_{ck} = \frac{M_k}{\omega(\gamma_f' + \xi)\eta bh_0^2} \tag{9-35}$$

式中　ω——压应力图形丰满程度系数；

　　　　ξ——裂缝截面处受压区高度系数，$\xi = x/h_0$；

　　　　γ_f'——受压翼缘的加强系数，$\gamma_f' = (b_f' - b)h_f'/bh_0$，当 $h_f' > 0.2h_0$ 时，取 $h_f' = 0.2h_0$，因为当翼缘较厚时，靠近中和轴的翼缘部分受力较小，如仍按全部 h_f' 计算 γ_f'，将使 B_s 的计算值偏高。

4. 短期刚度公式的建立

根据平衡关系，式(9-32)、式(9-33)可表示为

$$\varepsilon_{sm} = \psi\varepsilon_{sk} = \psi\,\frac{\sigma_{sk}}{E_s} = \psi\,\frac{M_k}{\eta h_0 E_s A_s} \tag{9-32a}$$

$$\varepsilon_{cm} = \psi_c\varepsilon_{sk} = \psi_c\,\frac{\sigma_{ck}}{\lambda E_c} = \psi_c\,\frac{M_k}{\omega(\gamma_f' + \xi)\eta h_0^2\lambda E_c} \tag{9-33a}$$

取 $\zeta = \omega(\gamma_f' + \xi)\eta\lambda/\psi_c$，则上式变为

$$\varepsilon_{cm} = \frac{M_k}{\zeta bh_0^2 E_c} \tag{9-33b}$$

式中　ζ——受压区边缘混凝土平均应变综合系数。

根据材料力学观点，ζ 也可称为截面弹塑性抵抗矩系数。采用系数 ζ 后既可减轻计算工作量，还可避免误差的积累，又可按式(9-33b)通过试验直接得到它的试验值。

将式(9-32a)及式(9-33b)代入式(9-29)中，取 $\alpha_E = E_s/E_c$，$\rho = A_s/bh_0$，得到

$$B_s = \frac{E_s A_s h_0^2}{\dfrac{\psi}{\eta} + \dfrac{\alpha_E\rho}{\zeta}} \tag{9-36}$$

通过对常见截面受弯构件试验结果的分析，系数 ζ 与 $\alpha_E\rho$ 及受压翼缘加强系数 γ_f' 有关，为简化计算，可直接给出 $\alpha_E\rho/\zeta$ 的表达式：

$$\frac{\alpha_E\rho}{\zeta} = 0.2 + \frac{6\alpha_E\rho}{1 + 3.5\gamma_f'} \tag{9-37}$$

取 $\eta = 0.87$，并将式(9-37)代入式(9-36)后，即可得矩形、T 形、倒 T 形、I 字形截面受弯构件短期刚度 B_s 的计算公式：

$$B_s = \frac{E_s A_s h_0^2}{1.15\psi + 0.2 + \dfrac{6\alpha_E\rho}{1 + 3.5\gamma_f'}} \tag{9-38}$$

在荷载效应的标准组合作用下，受压钢筋对刚度的影响不大，计算时可不考虑，如需估计其影响，可在 γ_f' 式中加入 $\alpha_E\rho'$，即

$$\gamma_f' = \frac{(b_f' - b)h_f'}{bh_0} + \alpha_E\rho' \tag{9-39}$$

由于短期刚度由纯弯段内的平均曲率导出，因此这里所述的刚度实质上是指纯弯段内

平均的截面弯曲刚度。

对矩形、T 形和 I 形截面偏心受压构件以及矩形截面偏心受拉构件,只需用不同的力臂长度系数 η,即可得出类似式(9-38)的短期刚度计算公式。

9.2.3　受弯构件刚度

在实际工程中,总是有部分荷载长期作用在构件上,这会使构件截面的弯曲刚度降低,构件的挠度增大。因此计算挠度时应采用考虑荷载效应长期作用影响的刚度 B。

1. 荷载长期作用下刚度降低的原因

在荷载长期作用下,受压区混凝土将发生徐变,即荷载不增加而变形却随时间增长。在配筋率不高的梁中,由于裂缝间受拉区混凝土的应力松弛以及受拉区混凝土和钢筋的徐变滑移,使受拉混凝土不断退出工作,因而受拉钢筋平均应变和平均应力亦将随时间而增大。同时,由于裂缝不断向上发展,使其上部原来受拉的混凝土脱离工作,以及由于受压混凝土的塑性发展,使内力臂减小,也将引起钢筋应变和应力的某些增大。此外,由于受拉区和受压区混凝土的收缩不一致,使梁发生翘曲。以上这些情况都会导致曲率增大、刚度降低。总之,凡是影响混凝土徐变和收缩的因素都将导致刚度的降低,使构件挠度增大。

2. 受弯构件截面刚度 B

受弯构件挠度计算采用的刚度 B,是在短期刚度 B_s 的基础上,用荷载效应的准永久组合对挠度增大的影响系数 θ 来考虑荷载效应的准永久组合作用的影响,即荷载长期作用部分的影响。

设荷载效应的标准组合为 M_k,准永久组合为 M_q,则仅需对在 M_q 下产生的那部分挠度乘以挠度增大的影响系数。因为在 M_k 中包含有准永久组合值,对于在 $(M_k - M_q)$ 下产生的短期挠度部分是不必增大的。

参照材料力学公式,受弯构件的挠度可写为

$$f = S\frac{(M_k - M_q)l_0^2}{B_s} + S\frac{M_q l_0^2}{B_s}\theta \tag{9-40}$$

如果上式仅用刚度 B 表达时,有

$$f = S\frac{M_k l_0^2}{B} \tag{9-41}$$

当荷载作用形式相同时,使上两式相等,即可得到刚度 B 的计算公式

$$B = \frac{M_k}{M_q(\theta - 1) + M_k}B_s \tag{9-42}$$

该式即为按荷载效应的标准组合并考虑荷载长期作用影响的刚度,实质上是考虑荷载长期作用部分使刚度降低的因素后,对短期刚度 B_s 进行修正,适用于一般情况下的矩形、T 形、I 形截面梁。

式中　M_k——按荷载效应的标准组合计算的弯矩,取计算区段内的最大弯矩值;

　　　M_q——按荷载效应的准永久组合计算的弯矩,取计算区段内的最大弯矩值;

　　　B_s——荷载效应的标准组合作用下受弯构件的短期刚度;

θ ——考虑荷载长期作用对挠度增大的影响系数。

关于 θ 的取值,根据长期荷载试验的结果,考虑了受压钢筋在荷载长期作用下对混凝土受压徐变及收缩所起的约束作用,从而减少刚度的降低。《混凝土结构设计规范》建议对混凝土受弯构件:当 $\rho'=0$ 时,$\theta=2.0$;当 $\rho'=\rho$ 时,$\theta=1.6$;当 ρ' 为中间数值时,θ 按线性内插,即

$$\theta=2.0-0.4\frac{\rho'}{\rho} \tag{9-43}$$

式中　$\rho\text{、}\rho'$——受拉及受压钢筋的配筋率,当 $\rho'/\rho>1$ 时,取 $\rho'/\rho=1$。

上述 θ 值适用于一般情况下的矩形、T 形和 I 形截面梁。由于 θ 值与温湿度有关,对于干燥地区,收缩影响大,因此建议 θ 值应酌情增加 15% ~ 25%。对翼缘位于受拉区的倒 T 形梁,由于在荷载标准组合作用下受拉混凝土参加工作较多,而在荷载准永久组合作用下退出工作的影响较大,《混凝土结构设计规范》建议 θ 值应增大 20%。此外,对于因水泥用量较多等导致混凝土的徐变和收缩较大的构件,亦应考虑使用经验,将 θ 值酌情增大。

9.2.4　变形验算

1. 最小刚度原则

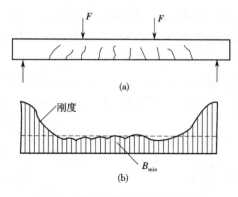

图 9-9　沿梁长的刚度和曲率分布

上面讲的刚度计算公式都是指纯弯区段内平均的截面弯曲刚度。但对于一个受弯构件,如图 9-9 所示的简支梁,由于在全跨范围内各截面弯矩是不相等的,靠近支座的截面弯曲刚度要比纯弯区段内的大,如果都用纯弯区段的截面弯曲刚度,似乎会使挠度计算值偏大。但实际情况却不是这样,因为在剪跨段内还存在着剪切变形,甚至可能出现少量斜裂缝,它们都会使梁的实际挠度增大,计算值偏小。为了简化计算,可近似地都按纯弯区段平均的截面弯曲刚度采用,这就是"最小刚度原则"。

最小刚度原则就是在简支梁全跨范围内,都按弯矩最大处的截面弯曲刚度,亦即按最小的截面弯曲刚度(如图 9-9(b)中虚线所示),用材料力学方法中不考虑剪切变形影响的公式来计算挠度。对于连续梁、框架梁或带悬挑的简支梁,构件上存在着正、负弯矩,可分别取最大正弯矩截面和最小负弯矩截面的刚度作为相应弯矩区段的刚度计算挠度。

2. 受弯构件变形验算

当用 $B_{\min}$ 代替匀质弹性材料梁截面弯曲刚度 EI 后,梁的挠度计算就十分简便。按《混凝土结构设计规范》要求,挠度验算应满足

$$f \leqslant f_{\lim} \tag{9-44}$$

式中　$f_{\lim}$——允许挠度值,按附表 1.15 采用;

　　　f ——根据最小刚度原则采用刚度 B 进行计算的挠度。

当跨间为同号弯矩时,由式(9-27)得

$$f = \frac{M_k l_0^2}{B} \tag{9-45}$$

对连续梁的跨中挠度,当为等截面且计算跨度内的支座截面弯曲刚度不大于跨中截面弯曲刚度的 2 倍,或不小于跨中截面弯曲刚度的 1/2 时,也可按跨中最大弯矩截面弯曲刚度计算。

当 f 不满足式(9-44)的要求时,则说明构件的刚度不足,应采取措施提高其刚度直到满足要求为止。

9.2.5　提高受弯构件刚度的措施

由式(9-42)可以看出,当弯矩一定时,受弯构件刚度 B 值的大小主要由短期刚度 B_s 和考虑荷载长期作用对挠度增大的影响系数 θ 决定。B 值随 B_s 值增大而增大,随 θ 值增大而减小。

1. 影响短期刚度 B_s 的因素

由受弯构件短期刚度的计算公式可以得出如下结论。

①若其他条件相同,M_k 增大时,σ_{sk} 增大因而 ψ 亦增大,由式(9-38)知,B_s 则相应地减小。弯矩 M_k 对 B_s 的影响是隐含在 ψ 中的。

②具体计算表明,ρ 增大,B_s 也略有增大。

③截面形状对 B_s 有所影响。当有受拉翼缘或受压翼缘时,都会使 B_s 有所增大。

④在常用配筋率 $\rho = 1\% \sim 2\%$ 的情况下,提高混凝土强度等级对提高 B_s 的作用不大。

⑤当配筋率和材料给定时,增加截面有效高度 h_0 对截面弯曲刚度的提高作用最显著。

2. 提高受弯构件刚度的措施

当受弯构件的挠度不满足要求时,可以考虑采取以下措施。

①增加构件截面高度是提高截面刚度的最有效措施。

②采用 T 形或 I 形截面,可以增大构件截面的刚度。

③当构件截面尺寸受条件限制不能加大时,采用预应力钢筋混凝土结构是提高截面刚度的有效措施。

④当受拉钢筋的配筋率 ρ 一定时,提高受压钢筋的配筋率 ρ',可适当降低荷载长期作用对挠度增大的影响,提高截面的刚度。

⑤增加受拉钢筋面积或提高混凝土强度等级,对提高截面刚度也能起到一定的作用。

【例 9-2】　一矩形截面简支梁,计算跨度 $l_0 = 6.5$ m,截面尺寸 $b \times h = 250$ mm $\times 600$ mm,混凝土强度等级为 C20,配置 4 根 18 mm 的 HRB335 级钢筋,混凝土保护层厚度 $c = 25$ mm,在均布荷载作用下,按荷载效应的标准组合及准永久组合计算的跨中弯矩分别为 $M_k = 120$ kN · m、$M_q = 60$ kN · m,允许挠度值 $f_{lim} = l_0/250$。试验算其挠度是否满足要求。

【解】　查附表 1.8、附表 1.5、附表 1.10、附表 1.19,得到材料计算参数:$f_{tk} = 1.54$ N/mm^2,$E_s = 2 \times 10^5$ N/mm^2,$E_c = 2.55 \times 10^4$ N/mm^2,$A_s = 1\,017$ mm^2。

$$h_0 = [600 - (25 + 18/2)] \text{ mm} = 566 \text{ mm}, \quad \alpha_E = E_s/E_c = 2 \times 10^5/2.55 \times 10^4 = 7.84$$

$$\rho = \frac{A_s}{bh_0} = \frac{1\ 017}{250 \times 566} = 0.007\ 19, \gamma_f = 0$$

$$\rho_{te} = \frac{A_s}{0.5bh} = \frac{1\ 017}{0.5 \times 250 \times 600} = 0.013\ 6$$

$$\sigma_{sk} = \frac{M_k}{0.87h_0A_s} = \frac{120 \times 10^6}{0.87 \times 566 \times 1\ 017}\ \text{N/mm}^2 = 240\ \text{N/mm}^2$$

$$\psi = 1.1 - 0.65\frac{f_{tk}}{\rho_{te}\sigma_{sk}} = 1.1 - \frac{0.65 \times 1.54}{0.013\ 6 \times 240} = 0.793$$

则

$$B_s = \frac{E_sA_sh_0^2}{1.15\psi + 0.2 + \dfrac{6\alpha_E\rho}{1 + 3.5\gamma_f'}} = \frac{2 \times 10^5 \times 1\ 017 \times 566^2}{1.15 \times 0.793 + 0.2 + 6 \times 7.84 \times 0.007\ 19}\ \text{N} \cdot \text{mm}^2$$

$$= 4.493 \times 10^{13}\ \text{N} \cdot \text{mm}^2$$

由 $\rho' = 0$，可知 $\theta = 2.0$

则

$$B = \frac{M_k}{M_q(\theta - 1) + M_k}B_s = \frac{120}{60 \times (2 - 1) + 120} \times 4.493 \times 10^{13}\ \text{N} \cdot \text{mm}^2$$

$$= 2.995 \times 10^{13}\ \text{N} \cdot \text{mm}^2$$

最后得

$$f = S\frac{M_kl_0^2}{B} = \frac{5}{48} \times \frac{120 \times 10^6 \times 6\ 500^2}{2.995 \times 10^{13}}\ \text{mm} = 17.63\ \text{mm} < \frac{6\ 500}{250} = 26\ \text{mm}$$

满足要求。

例 9-2 中，如果最大裂缝宽度限值 $w_{lim} = 0.3$ mm，计算其裂缝宽度可得 $w_{max} = 0.31$ mm。可见，结构构件的挠度和裂缝往往并不能同时满足相应限值的要求。设计时，可根据工程实际情况，对混凝土构件的钢筋直径、配筋面积、混凝土强度等级等参数进行调整。本例题中可以采取提高混凝土强度等级的方法，例如，采用 C25 混凝土，即可同时满足挠度和裂缝限值的要求。如果上述调整还不满足，那么采用 T 形截面、增加截面高度（如果条件允许的话）是比较有效的方法；当截面尺寸受条件限制不便调整时，可考虑采用预应力混凝土结构。

9.3　混凝土结构的耐久性

9.3.1　耐久性的概念与主要影响因素

1. 混凝土结构的耐久性

混凝土结构的耐久性是指在设计使用年限内，在正常维护条件下，在指定的工作环境中，结构或结构构件应能保持其使用功能，而不需要进行大修加固。所谓正常维护，是指不因耐久性问题而需花费过高的维修费用；设计使用年限，也称设计使用寿命，例如保证使用50 年、100 年等，这可根据建筑物的重要程度或业主需要而定；指定的工作环境，是指建筑物所在地区的环境及工业生产形成的环境等。

混凝土结构应满足安全性、适用性和耐久性三个方面的要求。在设计混凝土结构时,除了进行承载力计算、变形和裂缝验算外,还必须进行耐久性设计。

2. 影响耐久性的主要因素

混凝土结构长期暴露在使用环境中,特别是在恶劣的环境中时,长期受到有害物质的侵蚀以及外界温、湿度等不良气候环境往复循环的影响,使材料的耐久性降低。影响结构耐久性的因素很多,主要有以下几个方面。

(1)混凝土的质量

研究表明,混凝土水灰比的大小是影响混凝土质量的主要因素,当混凝土浇筑成型后,由于未参加水化反应的多余水分的蒸发,容易在骨料和水泥浆体界面处或水泥浆体内产生微裂缝,水灰比越大,微裂缝增加也越多,在混凝土内所形成的毛细孔率、孔径和畅通程度也大大增加,因此,对材料的耐久性影响也越大。试验表明,当水灰比不大于 0.55 时,其影响明显减少。

混凝土的水泥用量过少和强度等级过低,则材料的孔隙率增加,密实性差,对材料的耐久性影响也大。

(2)混凝土的碳化和钢筋的锈蚀

混凝土是一种多孔材料,孔隙中存在有碱性 $Ca(OH)_2$ 溶液,钢筋在这种碱性介质条件下,生成一层厚度很薄、牢固吸附在钢筋表面的氧化膜,称为钢筋的钝化膜,它保护钢筋使之不会锈蚀。然而,大气中的 CO_2 或其他酸性气体的侵入,将使混凝土中性化而降低其碱度,这就是混凝土的碳化。

由于混凝土的碳化,使钢筋表面的介质转变为呈弱酸性状态,使钝化膜遭到破坏。钢筋表面在混凝土孔隙中的水和氧共同作用下发生化学反应。钢筋表面钝化膜的破坏是使钢筋锈蚀的必要条件。这时,如果含氧水分侵入,钢筋就会锈蚀。因此,含氧水分的侵入是钢筋锈蚀的充分条件。钢筋锈蚀严重时,体积膨胀,导致沿钢筋长度方向出现纵向裂缝,并使保护层剥落,从而使钢筋截面削弱、截面承载力降低,最终将使结构构件破坏或失效。

当钢筋表面的混凝土孔隙溶液中氯离子浓度超过某一定值时,也能破坏钢筋表面钝化膜,使钢筋锈蚀。

混凝土的碳化及钢筋锈蚀是影响混凝土结构耐久性的最主要因素。

(3)碱骨料反应

碱骨料反应是混凝土骨料中某些活性物质与混凝土微孔中的碱性溶液发生化学反应的现象,它会引起混凝土膨胀和开裂,从而造成结构的破坏。

混凝土结构因碱骨料反应引起的开裂和破坏,必须同时具备以下三个条件:①混凝土含碱量超标;②骨料是碱活性的;③混凝土暴露在潮湿环境中。缺少其中任何一个,其破坏的可能性都大为减弱。因此,对潮湿环境下的重要结构及部位,设计时应采取一定的措施。如骨料是碱活性,则应尽量选用低碱水泥或掺加掺合料水泥,要严格限制钠盐和钠盐外加剂的使用;此外,在混凝土拌和时,适当掺加较好的掺合料或引气剂,以及降低水灰比等措施都是有利的。

(4)混凝土的抗渗性及抗冻性

混凝土的抗渗性是指混凝土在潮湿环境下抵抗干湿交替作用的能力。由于混凝土拌和料的离析泌水,在骨料和水泥浆体界面富集的水分蒸发,容易产生贯通的微裂缝而形成较大的渗透性,并随着水的含量的增加而增大,对混凝土的耐久性有较大的影响。提高抗渗性的措施有以下几个。

①粗骨料粒径不宜太大、太粗,细骨料表面应保持清洁。

②尽量减小水灰比。

③在混凝土拌和料中掺加适量掺合料,以增加密实度。

④掺加适量引气剂,减小毛细孔道的贯通性。

⑤使用合适的外加剂,如防水剂、减水剂、膨胀剂及憎水剂等。

⑥加强养护,避免施工时产生干湿交替的作用。

混凝土的抗冻性是指混凝土在寒热变迁环境下,抵抗冻融交替作用的能力。混凝土的冻结破坏,主要是由于其孔隙内饱和状态的水冻结成冰后,体积膨胀(膨胀率9%)而产生的。混凝土经过多次冻融循环,所形成的微裂缝逐渐积累并不断扩大,导致冻结破坏。提高抗冻性的措施如下。

①粗骨料应选择质量密实、粒径较小的材料,粗、细骨料表面应保持清洁,严格控制含泥量。

②应采用硅酸盐水泥和普通硅酸盐水泥。

③适量控制水灰比。

④适量掺入减水剂、防冻剂、引气剂。

9.3.2　混凝土的碳化

混凝土的碳化是指大气中的 CO_2 不断向混凝土孔隙中渗透,并与孔隙中的碱性物质 $Ca(OH)_2$ 溶液发生中和反应,生成碳酸钙 $CaCO_3$ 使混凝土孔隙内碱度(pH 值)降低的现象。二氧化硫(SO_2)、硫化氢(H_2S)也能与混凝土中的碱性物质发生类似的反应,使碱度下降。

随着二氧化碳不断被吸收,碳化层也逐渐向内发展。实验表明,碳化深度 d_c 与时间 $\sqrt{t}$ 成正比,即

$$d_c = \alpha\sqrt{t} \tag{9-46}$$

式中　α——混凝土渗透性、相对湿度及大气中二氧化碳密度的函数。

在自然碳化条件下,密实混凝土中 50 年的平均碳化深度仅为 15 mm,达不到钢筋表面,混凝土对钢筋锈蚀起着防护作用。如果混凝土密实性较差,保护层厚度较薄,相对湿度较大,碳化速度将显著增大。一旦碳化层发展到钢筋表面,钝化膜即遭到破坏。《混凝土结构设计规范》主要通过规定混凝土最小保护层厚度来控制碳化对结构耐久性的影响。

碳化对混凝土本身是无害的,反而会使混凝土变得坚硬,但对钢筋是不利的。此外,当混凝土构件的裂缝宽度超过一定限值时,将会加速混凝土的碳化,使钢筋表面的钝化膜更易遭到破坏。

影响混凝土碳化的因素很多,主要有以下几种。

（1）外部环境的影响

当混凝土经常处于饱和水状态时，CO_2 气体在孔隙中没有通道，碳化不易进行；若混凝土处于干燥状态下，CO_2 虽能经毛细孔道进入混凝土，但缺少足够的液相进行碳化反应；一般在相对湿度为 70% ~ 85% 时最容易碳化。

（2）混凝土自身的影响

混凝土胶结料（水泥）中所含的能与 CO_2 反应的 CaO 总量越高，则能吸收 CO_2 的量也越大，碳化速度越慢；混凝土强度等级越高，内部结构越密实，孔隙率越低，孔径也越小，则碳化速度越慢。

（3）施工质量的影响

施工中水灰比过大，混凝土振捣不密实，出现蜂窝、裂纹等缺陷，会使碳化速度加快。

减小和延缓混凝土的碳化，可有效地提高混凝土结构的耐久性能。

9.3.3　钢筋的锈蚀

由于混凝土的碳化，破坏了钢筋表面的钝化膜。钢筋表面钝化膜被破坏后，当钢材表面从空气中吸收溶有 CO_2、O_2 或 SO_2 的水分，形成一种电解质的水膜时，会在钢筋表面层的晶体界面或组成钢筋的成分之间构成无数微电池。阳极和阴极反应构成电化学腐蚀，结果生成 $Fe(OH)_2$，并在空气中进一步被氧化成 $Fe(OH)_3$，又进一步生成 $nFe_2O_3 \cdot mH_2O$（红锈），一部分氧化不完全的变成 Fe_2O_4（黑锈），在钢筋表面形成锈层。生成铁锈的过程是个体积膨胀的过程，铁锈体积可大到原来体积的 4 倍。

钢筋锈蚀反应必须有氧参加，因此混凝土中含氧水分是钢筋发生锈蚀的主要因素。如果混凝土非常致密、水灰比又低，则氧气透入困难，可使钢筋锈蚀显著减弱。

氯离子的存在也会导致钢筋表面氧化膜的破坏，并与 Fe 生成金属氯化物，对钢筋锈蚀影响很大，因此氯离子含量应予严格限制。混凝土中，氯离子的来源是混凝土所用的拌和水和外加剂，此外，不良环境中的氯离子也会逐渐扩散和渗透进入混凝土的内部，在施工时应严格禁止或控制氯盐的掺量，一般对处于正常环境下的混凝土结构，混凝土中氯离子的含量不应大于水泥用量的 1.0%。

1. 影响钢筋锈蚀的主要因素

（1）混凝土的保护层厚度

混凝土碳化深度和氯离子侵入深度都与时间的平方根成正比。如果在正常的保护层厚度情况下，需经 50 年钢筋才开始锈蚀；当环境条件不变时，若保护层的厚度减少一半则只需 12.5 年钢筋即可出现锈蚀。因此，减小保护层厚度将显著地降低结构的耐久性。

（2）混凝土的水灰比

混凝土的水灰比对混凝土的渗透性有决定性的影响。当水灰比超过 0.6 时，由于毛细孔的增加，渗透性将随水灰比的增大而显著增大。研究表明，钢筋相对锈蚀量与水灰比和保护层厚度有很大关系：当保护层厚度为 20 mm 时，水灰比从 0.62 降低到 0.49，锈蚀量减少了 52%；当水灰比为 0.49 时，保护层厚度从 20 mm 增加到 38 mm 时，锈蚀量减少了 55%。

（3）混凝土的养护

如混凝土养护不足(即混凝土表面早期干燥),表层混凝土的渗透性将增加 5~10 倍,其深度通常等于或大于保护层厚度。试验表明,养护不良对构件内部混凝土质量的影响不大,但对保护层混凝土的渗透性则有很大影响。保护层厚度越薄,养护就越重要,这是因为养护不足会使表层混凝土迅速干燥,水泥水化作用不充分,渗透性越大。随水灰比增大、水泥用量的减少,混凝土对养护的敏感性也随之增大。

在混凝土第一次干燥以后再采取养护措施是无效的,因为硬化过程一旦中断将很难继续。因此,必须在混凝土浇筑后立即进行养护。

通常由于钢筋大面积的锈蚀才导致混凝土沿钢筋发生纵向裂缝,纵向裂缝的出现将会加速钢筋的锈蚀。可以把大范围出现沿钢筋的纵向裂缝作为判别混凝土结构构件寿命终结的标准。

2. 减缓混凝土的碳化和防止钢筋锈蚀的主要措施

①具有足够的保护层厚度。

②采用低水灰比混凝土,提高混凝土的密实性和抗渗性。

③采用覆盖层,防止 CO_2、O_2 和 Cl^- 的渗入。

④严格控制氯离子的含量。

⑤在海洋结构工程、强腐蚀介质中的混凝土结构中,可采用钢筋阻锈剂、环氧涂层钢筋和对钢筋采用阴极保护法等措施。

9.3.4 耐久性设计

1. 耐久性设计

混凝土结构的耐久性设计主要根据结构的环境类别和设计使用年限进行,同时还要考虑对混凝土材料的基本要求。在我国,采用满足耐久性规定的方法进行耐久性设计,实际上是针对影响耐久性能的主要因素提出相应的对策。耐久性设计涉及面广,影响因素多,主要考虑以下几个方面:

①环境分类,针对不同环境,采取不同的措施;

②耐久性等级或结构寿命等;

③耐久性计算,对设计寿命或现有结构的寿命做出预计;

④保证耐久性的构造措施和施工要求等。

2. 混凝土结构使用环境分类

混凝土结构耐久性与结构使用的环境有密切关系。同一结构在强腐蚀环境下要比在一般大气环境中使用寿命短。使用环境分类可使设计者针对不同的环境种类采取相应的对策。《混凝土结构设计规范》提出把结构使用环境分为五大类,如附表 1.13 所示。

3. 对混凝土的基本要求

影响结构耐久性的另一个重要因素是混凝土的质量。控制水灰比、减小渗透性、提高混凝土的强度等级、增加混凝土的密实性以及控制混凝土中氯离子和碱的含量等,对混凝土的耐久性起着非常重要的作用。

耐久性对混凝土质量的主要要求如下。

①一类、二类和三类环境中,设计使用年限为 50 年的结构的混凝土应符合表 9-1 的规定。有关表中注解详见《混凝土结构设计规范》。

表 9-1　结构混凝土耐久性的基本要求

环境类别		最大水灰比	最小水泥用量 /kg·m⁻³	最低混凝土 强度等级	最大氯离子 含量/%	最大碱含量 /kg·m⁻³
一		0.65	225	C20	1.0	不限制
二	a	0.60	250	C25	0.3	3.0
	b	0.55	275	C30	0.2	3.0
三 a、三 b		0.50	300	C30	0.1	3.0

②一类环境中,设计使用年限为 100 年的结构的混凝土应符合下列规定。

a. 钢筋混凝土结构的最低混凝土强度等级为 C30,预应力混凝土结构的最低混凝土强度等级为 C40。

b. 混凝土中的最大氯离子含量为 0.06% 。

c. 宜使用非碱活性骨料,当使用碱活性骨料时,混凝土中的最大碱含量为 3.0 kg/m³ 。

d. 混凝土保护层厚度应按附表 1.16 的规定增加 40% ;当采取有效的表面防护措施时,混凝土保护层厚度可适当减小。

e. 在使用过程中,应定期维护。

③二类和三类环境中,设计使用年限为 100 年的混凝土结构,应采取专门有效措施。

④严寒及寒冷地区的潮湿环境中,结构混凝土应满足抗冻要求,混凝土抗冻等级应符合有关标准的要求。

⑤有抗渗要求的混凝土结构,混凝土的抗渗等级应符合有关标准的要求。

⑥三类环境中的结构构件,其受力钢筋宜采用环氧树脂涂层带肋钢筋;对预应力钢筋、锚具及连接器,应采取专门防护措施。

⑦四类和五类环境中的混凝土结构,其耐久性要求应符合有关标准的规定。

⑧对临时性混凝土结构,可不考虑混凝土的耐久性要求。

混凝土结构的耐久性除了根据环境类别和设计使用年限对混凝土的质量提出要求以外,还通过混凝土保护层厚度等构造措施进行控制。此外,还要求对结构进行合理使用以及定期的检查与维护。

【本章小结】

①裂缝的开展是由于混凝土的回缩、钢筋的伸长,导致混凝土与钢筋之间不断产生相对滑移的结果。《混凝土结构设计规范》定义的裂缝开展宽度是指受拉钢筋重心水平处构件侧表面上混凝土的裂缝宽度。

最大裂缝宽度是由平均裂缝宽度乘以荷载短期及长期效应裂缝扩大系数得出的。允许

最大裂缝宽度限值 w_{lim} 的确定,是对荷载作用下产生的横向裂缝宽度而言的,主要考虑两个方面的因素:一是外观要求,二是耐久性要求,并以后者为主。

②钢筋混凝土受弯构件挠度的验算公式是在材料力学有关公式的基础上建立起来的,区别在于钢筋混凝土不是匀质的弹性材料,因而在它受弯的过程中,截面弯曲刚度不是常数而是变化的。截面弯曲刚度不仅随荷载增大而减小,而且还将随荷载作用时间的增长而减小。因此,受弯构件挠度计算采用的刚度 B,是在短期刚度 B_s 的基础上,用荷载效应的准永久组合对挠度增大的影响系数 θ 来考虑荷载长期作用部分的影响。式(9-42)是考虑荷载长期作用部分使刚度降低的因素后,对短期刚度 B_s 进行的修正。由于短期刚度是由纯弯段内的平均曲率导出的,因此 B_s 实质上是指纯弯段内平均的截面弯曲刚度。

由于沿受弯构件长度方向截面的弯曲刚度是变化的,为简化计算,对等截面构件,假定同号弯矩区段内各截面的弯曲刚度是相等的,并按该区段内最大弯矩处的弯曲刚度(此处刚度最小)来计算构件的挠度,即最小刚度原则。

③混凝土结构应满足安全性、适用性和耐久性三个方面的要求。

混凝土结构的耐久性是指在设计使用年限内,在正常维护条件下,在指定的工作环境中,结构或结构构件应能保持其使用功能,而不需要进行大修加固。在设计混凝土结构时,除了进行承载力计算、变形和裂缝验算外,还必需进行耐久性设计。

混凝土结构的耐久性设计主要根据结构的环境类别和设计使用年限进行,除了对混凝土材料提出要求以外,还通过混凝土保护层厚度等构造措施进行控制。此外,还要求对结构进行合理使用以及定期的检查与维护。

【思考题】

9-1　混凝土结构裂缝的成因及其危害。

9-2　试简要说明《混凝土结构设计规范》的最大裂缝计算公式是怎样建立的。

9-3　减小裂缝宽度的措施是什么?

9-4　试说明公式(9-38)中参数 ψ 的物理意义。

9-5　受弯构件截面弯曲刚度与材料力学中的弯曲刚度有何不同?

9-6　试说明受弯构件刚度 B 的意义。

9-7　什么是最小刚度原则?

9-8　试分析减小受弯构件挠度和裂缝宽度的有效措施是什么。

9-9　试说明耐久性设计的概念。

9-10　试分析影响混凝土结构耐久性的主要因素。

9-11　如何提高混凝土结构的耐久性?

【习题】

9-1　一矩形截面简支梁,截面尺寸 $b \times h = 200\ mm \times 500\ mm$,混凝土强度等级为 C20,配置 4 根(2 根 16 mm 和 2 根 20 mm)HRB335 级钢筋,混凝土保护层厚度 $c = 25\ mm$,按荷载

效应的标准组合计算的跨中弯矩 $M_k = 100$ kN·m,最大裂缝宽度限值 $w_{lim} = 0.3$ mm。试验算其最大裂缝宽度是否满足要求。

9-2　一轴心受拉构件,截面尺寸 200 mm × 200 mm,混凝土强度等级为 C20,配置 4 根 16 mm 的 HRB335 级钢筋,混凝土保护层厚度 $c = 25$ mm,按荷载效应的标准组合计算的轴向拉力 $N_k = 135$ kN,最大裂缝宽度限值 $w_{lim} = 0.3$ mm。试验算其最大裂缝宽度是否满足要求。

9-3　一矩形截面偏心受压柱,截面尺寸 $b \times h = 350$ mm $\times 600$ mm,计算长度 $l_0 = 5$ m,采用对称配筋,配置 4 根 20 mm 的 HRB335 级钢筋 $(A_s = A'_s = 1\ 256$ mm$^2)$,混凝土强度等级为 C30,保护层厚度 $c = 30$ mm,按荷载效应的标准组合计算的 $N_k = 380$ kN,$M_k = 160$ kN·m,最大裂缝宽度限值 $w_{lim} = 0.2$ mm。试验算其最大裂缝宽度是否满足要求。

9-4　试验算习题 9-1 中梁的挠度。梁的计算跨度 $l_0 = 6$ m,在均布荷载作用下,按荷载效应的标准组合及准永久组合计算的跨中弯矩分别为 $M_k = 100$ kN·m、$M_q = 50$ kN·m,允许挠度值 $f_{lim} = l_0 / 250$。

9-5　一 I 形截面受弯构件,计算跨度 $l_0 = 11.7$ m,截面尺寸及配筋如图 9-10 所示;混凝土强度等级 C30,采用 HRB335 级钢筋,保护层厚度 $c = 25$ mm,在均布荷载作用下,按荷载效应的标准组合及准永久组合计算的跨中弯矩分别为 $M_k = 620$ kN·m、$M_q = 550$ kN·m,允许挠度值 $f_{lim} = l_0 / 300$。试验算其挠度是否满足要求。（取 $a_s = 65$ mm,$a'_s = 35$ mm）

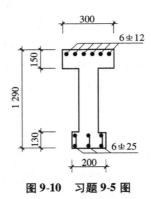

图 9-10　习题 9-5 图

第 10 章　预应力混凝土构件

【学习要求】

① 熟练掌握预应力混凝土结构的基本概念、各项预应力损失值的意义和计算方法、预应力损失值的组合。

② 熟练掌握预应力轴心受拉构件各阶段的应力状态、设计计算方法和主要构造要求。

③ 掌握预应力受弯构件各阶段的应力状态、设计计算方法和主要构造要求。

10.1　预应力混凝土的基本知识

10.1.1　一般概念

在各种建筑材料中,混凝土材料的应用最为广泛。混凝土有其自身的优点,也有其局限性。它的抗拉性能远低于抗压性能,抗拉强度仅为抗压强度的 1/18~1/8。钢筋混凝土构件在混凝土开裂时,钢筋的拉应力一般只有其屈服强度的 1/10。当钢筋应力超过此值时,混凝土将产生裂缝。因此,在正常使用阶段,普通钢筋混凝土受弯构件一般是带裂缝工作的,截面的开裂将会导致构件刚度降低、变形增大,同时降低结构的耐久性。

要进一步扩大混凝土的应用范围,必须解决混凝土过早开裂的问题。为此,引入预应力的概念。其实预应力的概念和方法在日常生活和生产实践中早有应用,如用铁环(或竹箍)箍紧木桶,就是用铁环(或竹箍)对桶壁预先施加环向压应力的。当桶中盛水后,水压引起的环向拉应力小于预加压应力时,桶就不会漏水。类似的例子还有很多,在此不再列举。其原理可以是通过人为地预先施加压应力来抵抗使用过程中出现的拉应力,也可以是通过预先施加的拉应力来抵抗使用过程中出现的压应力。

在普通钢筋混凝土结构中,高强度的钢筋不能充分发挥作用,因为在高强度的钢筋达到屈服强度时,混凝土构件的裂缝宽度可能早就超出了正常使用要求的限值。而通过提高混凝土的强度等级对提高其抗拉强度的作用也很小,因此在普通钢筋混凝土中,无论是高强度钢筋还是高强混凝土都得不到合理的应用。如采用低强度的材料,势必会增大构件的截面面积,增加自重,从而限制了普通钢筋混凝土的使用范围。在这种情况下,将预应力技术应用于混凝土中,将会弥补普通钢筋混凝土结构的上述缺点。在构件受荷载作用之前,预先对构件将于荷载作用下产生拉应力的部位施加压力,这样,在正常使用时,荷载对结构产生拉应力的部分,必须先抵消预先施加的压应力后,才能产生实际上的拉应力作用。因此可以通过调节预先施加的压应力,来控制构件的受力性质。预先施加的压应力可减小甚至抵消荷载作用在混凝土构件中产生的拉应力,从而使得混凝土构件在正常使用状态不至于产生过大的裂缝,甚至于不出现裂缝。

通过对高强度钢筋进行张拉是施加预应力的通常方法。现在以一简支梁为例,进一步说明预应力混凝土的基本概念。

如图 10-1(a)所示,荷载作用之前,在梁的受拉区(截面下部)施加预压力 N_p,截面的下边缘产生压应力 σ_{pc},上边缘产生拉应力或较小的压应力(取决于预压力 N_p 的大小和偏心程度)。在外荷载的作用下,梁截面下部受拉,上部受压,如图 10-1(b)所示,跨中截面下边缘产生拉应力 σ_{ct}。显然,在预应力和荷载共同作用下的应力如图 10-1(c)所示。根据 σ_{pc} 和 σ_{ct} 相对大小的不同,叠加后的截面应力状态可能有以下几种:①当 $\sigma_{pc} > \sigma_{ct}$ 时,荷载产生的拉应力不足以抵消预压应力,截面下边缘仍处于受压状态;②当 $\sigma_{pc} = \sigma_{ct}$ 时,预压应力和荷载产生的拉应力刚好互相抵消,截面下边缘的应力为零;③当 $\sigma_{pc} < \sigma_{ct}$ 时,荷载产生的拉应力全部抵消预压应力后,在截面下边缘产生拉应力,若其拉应力值未超过混凝土的抗拉强度,则截面不会开裂,若其拉应力超过混凝土抗拉强度,截面将开裂。

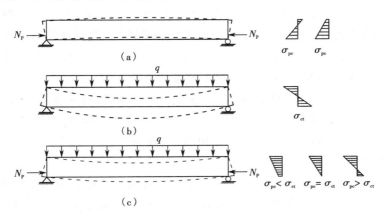

图 10-1　预应力混凝土受弯构件基本原理示意图

(a)预压力作用下　(b)外荷载作用下　(c)预压力与外荷载共同作用下

由上可知,通过预先施加压应力的办法全部或部分抵消了荷载作用下产生的拉应力,从而使得梁截面不开裂或推迟梁截面裂缝的出现,限制裂缝的开展。这表明,施加预应力可以显著地提高混凝土构件的抗裂能力或延缓裂缝的开展、提高刚度,且高强度钢材可以合理使用。

10.1.2　预应力混凝土的一般分类

1. 全预应力和部分预应力混凝土

如前所述,在正常使用荷载作用下,随预应力和荷载相对大小的变化,预应力混凝土构件受拉区的应力状态分为三种情况:受拉区混凝土不出现拉应力,仍处于受压状态;受拉区混凝土已出现拉应力,但截面尚未开裂;受拉区混凝土已经开裂。根据预应力混凝土构件受拉区在预应力和荷载共同作用下的应力状态,可以分为全预应力混凝土和部分预应力混凝土。

（1）全预应力混凝土

在正常使用荷载作用下,受拉区仍处于受压状态的预应力混凝土构件称为全预应力混凝土构件。

尽管全预应力混凝土构件有抗裂性好、刚度大和抗疲劳性能好等优点,但也存在一些显著的缺点,主要有以下几个方面。

① 钢材用量较大、对锚具要求较高、施工难度大。全预应力混凝土设计以在正常使用荷载下受拉区不出现拉应力为控制条件,因此预应力钢筋的用量较大,张拉控制应力较高,从而对锚具及张拉设备的要求也相应地提高。

② 预拉区易开裂。在制作、运输、堆放和安装等施工过程中,在自重、施工荷载作用下预拉区可能产生拉应力,与预应力在预拉区产生的拉应力是叠加的,所以预应力截面预拉区往往会开裂,以至于在预拉区也要设置预应力筋。

③ 反拱值较大。预应力的施加可视为平衡外荷载,由于外荷载的方向一般情况下是向下的,所以预应力最终的效果是向上的效应。由于全预应力混凝土往往施加较大的预应力,在活荷载移去时会引起结构较大的反拱,且预压区的混凝土长期处于高压应力状态下,混凝土徐变会进一步使反拱不断增长。对于在正常使用时恒荷载相对较小而活荷载相对较大、活荷载又不经常出现的情况时,其不利的影响将更大。

④ 延性较差。全预应力混凝土构件的抗裂能力虽然很高,但开裂荷载与极限荷载较接近,正截面受弯破坏时构件的受压区高度往往也较大,其破坏呈现脆性特征,所以全预应力混凝土构件的延性较差,对结构的抗震性能和内力重分布都是不利的。

（2）部分预应力混凝土

在正常使用荷载作用下,将受拉区出现拉应力或开裂的预应力混凝土构件称为部分预应力混凝土构件。其中,在全部使用荷载作用下受拉区已出现拉应力,但不出现裂缝的预应力混凝土构件,又称为有限预应力混凝土构件。

采用部分预应力混凝土构件可以很好地克服延性差、反拱过大等不足,同时可以合理地控制构件在正常使用荷载作用下裂缝的产生和发展,减小预应力值或减少预应力筋的数量,从而简化了施工,因此具有较好的结构性能和综合经济效果。

试验研究和工程实践表明,采用部分预应力混凝土构件较为合理。可以认为,部分预应力混凝土是预应力混凝土结构设计和应用的主要发展方向。

2. 无黏结和有黏结预应力混凝土

对于后张法预应力混凝土构件,根据预应力筋和混凝土之间的黏结状态,可分为有黏结和无黏结预应力混凝土构件。有黏结预应力混凝土在荷载作用下,预应力钢筋与相邻的混凝土变形协调。先张法预应力混凝土及后张灌浆的预应力混凝土都是有黏结预应力混凝土。无黏结预应力筋是指在钢筋表面涂以润滑防腐油脂,外包塑料管,施工时和普通钢筋一样,直接放入模板内浇筑混凝土。当混凝土达到规定的设计强度后,方可进行张拉。无黏结预应力筋与周围混凝土不发生黏结,可自由滑动。对于现浇平板、密肋板和一些扁梁框架结构,后张法有黏结工艺中孔道的成型和灌浆工艺较麻烦且质量难以控制的问题,因而往往采用无黏结预应力混凝土结构。它的主要优点在于：① 不需要预留孔道或埋管、穿束、灌浆等多道工序，施工简便；② 摩擦损失小；③ 由于不受预埋管的约束，故布置钢筋灵活，对多跨连续结构和楼板、屋盖结构最为适宜。

10.1.3　施加预应力的方法

目前工程中常用的施加预应力的方法是，对预应力钢筋采用千斤顶进行张拉并锚固，利用钢筋的弹性回缩来挤压混凝土，使混凝土受到预压。按照张拉钢筋与浇筑混凝土的先后关系，分为先张法和后张法两大类。

先张法的主要过程和工序如图 10-2 所示：图（a）为在台座或钢模上张拉预应力钢筋至预定控制应力或伸长值后，将预应力钢筋用夹具固定于台座或钢模上；图（b）为支模、绑扎非预应力钢筋、浇筑混凝土；图（c）为待混凝土达到预定强度后，切断或放松预应力钢筋，预应力钢筋回缩使混凝土受到挤压，产生预压应力。

后张法的主要过程和工序如图 10-3 所示：图（a）为浇筑混凝土构件，并在构件中预留孔道；图（b）为待混凝土达到预定强度后，将预应力钢筋穿入预留孔道，安装固定端锚具，并以构件本身为支座用千斤顶张拉预应力钢筋，同时挤压混凝土，张拉到预定控制应力后，用锚具将张拉端预应力钢筋锚固，使混凝土受到预压应力；图（c）为用压力泵将高强水泥浆灌入预留孔道，使预应力钢筋与孔道壁产生黏结力。

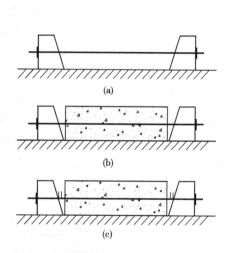

图 10-2　先张法预应力混凝土构件
施工工序示意图
（a）张拉钢筋　（b）浇筑混凝土　（c）剪断钢筋

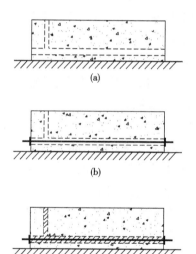

图 10-3　后张法预应力混凝土构件
施工工序示意图
（a）浇筑混凝土　（b）穿钢筋、张拉、锚固
（c）灌浆

10.1.4　锚具和夹具

锚具用于后张法构件，将永久固定在构件上。夹具用于先张法构件，可重复使用，实际

上夹具就是将预应力钢筋锚固在台座上或钢模上的锚具。锚具和夹具都是锚固预应力筋的工具，它们主要依靠摩阻、握裹和承压来固定预应力筋张拉后的初始应变。它们都必须具有足够的强度和刚度，以保证预应力混凝土构件的安全可靠；同时，应控制预应力筋的滑移量，以可靠地传递预应力。

按锚固原理，锚固体系可分为支承式和楔紧式两大类。常见的锚具有以下几种。

图 10-4　螺丝端杆锚具

1. 螺丝端杆锚具

螺丝端杆锚具（见图 10-4）用于锚固粗钢筋，主要用于预应力钢筋的张拉端。螺丝端杆锚具由螺丝端杆、螺帽和垫板组成。预应力钢筋与带有螺纹的螺丝端杆对焊连接，螺丝端杆另一端与张拉千斤顶相连。张拉终止时，通过螺帽和垫板将预应力钢筋锚固在构件上。

这种锚具构造简单，受力可靠，滑移量小，尤其适用于预应力筋长度较短的情况。但需要特别注意焊接接头的质量，以防止发生脆断。

若精轧螺纹钢筋整根都轧有规则的非完整外螺纹，可利用特制的螺母直接锚固，这样就可以避免高强钢筋焊接难的问题。

2. 镦头锚具

镦头锚具（见图 10-5）主要用于锚固钢丝束。张拉端采用锚杯，固定端采用锚板。先将钢丝端头镦粗成球形，穿入锚杯孔内，边张拉边拧紧锚杯的外螺母。每个锚具可同时锚固几根到 100 多根 $\phi 5 \sim \phi 7$ 的高强钢丝，也可用于锚固单根粗钢筋。采用这种锚具时，要求钢丝的下料长度精度很高，否则会造成钢丝受力不均匀的现象。

3. JM 型锚具

JM 型锚具（见图 10-6）由锚环和楔块组成，楔块的两个侧面设有带齿的半圆槽，每个楔块卡在两根预应力筋之间，楔块与预应力筋共同形成组合式锚塞，将预应力筋卡紧。JM 型锚具可锚固钢绞线和粗钢筋。这种锚具的优点是各预应力筋之间距离较短，因此锚具的体积较小，构件端部不需要扩孔。其缺点是一个楔块的损坏可能导致整束预应力筋失效。

JM 型锚具锚固的预应力筋的根数一般不超过 6 根。

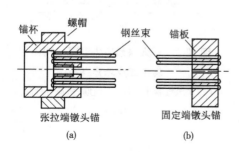

图 10-5　镦头锚具

（a）张拉端锚具　（b）固定端锚具

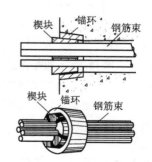

图 10-6　JM 型锚具

4. 弗式锚具

弗式锚具属于锥形锚具,最初仅用于锚固平行钢丝束,后来扩大到钢绞线束。锚具由带锥孔的锚环和锥形锚塞两部分组成,张拉用双作用(或三作用)千斤顶,张拉完毕后千斤顶将锚塞顶入锚环,将预应力筋锚固在锚塞与锚环之间。与镦头锚具相比,弗式锚具对钢丝下料要求不高,施工方便,但锚固时预应力钢筋滑移较大。

5. 夹片锚具

夹片锚具是在一块单孔或多孔的锚板上,利用每个锥形孔装一副夹片夹持一根钢绞线的一种楔紧式锚具。这种锚具的优点是任何一根钢绞线锚固失效,都不会引起整束锚固失效,其缺点是在构件的端部可能需要扩孔。锚板下的构造措施往往是采用铸铁喇叭管及螺旋筋,且每束钢绞线的根数不受限制。铸铁喇叭管与端头垫板铸成整体,可解决混凝土承受大吨位局部压力及预应力孔道与端头垫板的垂直问题。当锚具仅可夹持一根预应力钢筋时,称为单孔锚,用于夹持多根预应力钢筋时,称为群锚。

10.1.5 预应力混凝土的材料

1. 混凝土

在预应力混凝土结构中,应采用高强度、低徐变和低收缩的混凝土。预应力混凝土构件要求采用高强度混凝土,《混凝土结构设计规范》规定,一般预应力混凝土构件的混凝土强度等级不宜低于 C30,当采用预应力钢绞线、高强钢丝和热处理钢筋时,混凝土强度等级不宜低于 C40。先张法构件混凝土的强度一般应比后张法高些,因为先张法比后张法的预应力损失大。同时,采用高强混凝土,可以尽早切断预应力钢筋以提高台座的周转效率。

2. 预应力钢筋

在预应力混凝土结构中,预应力筋要求高强度、低松弛。同时,为避免在超载情况下发生脆性拉断破坏,预应力钢筋还必须具有一定的塑性性能。此外,在有的场合,预应力钢筋还要求具有良好的加工性能,以满足对钢筋焊接、镦粗等工艺的加工要求。

预应力筋宜采用预应力钢丝、钢绞线,也可采用热处理钢筋。如果使用冷拔低碳钢丝、冷拉钢筋,应符合有关专门规程的规定。

目前我国常用的预应力钢筋有以下几种。

（1）高强钢丝

高强钢丝是采用高碳钢轧制成条,再经过多次冷拔后得到的。这类钢丝的强度很高,其抗拉强度可达 1 500 N/mm² 以上,但韧性较差。钢丝经冷拔后,存在较大的内应力,一般都需要采用低温回火处理来消除内应力。

（2）钢绞线

钢绞线是把 3 股或 7 股高强钢丝在绞线机上绞合,再经低温回火制成,其中以 7 股钢绞线应用最多。7 股钢绞线强度可高达 1 860 N/mm²。3 股钢绞线用途不广,仅用于某些先张法构件,以提高与混凝土的黏结强度。

（3）热处理钢筋

热处理钢筋是用普通热轧中碳低合金钢经过淬火和回火调质热处理后制成的高强钢

筋,具有强度高、松弛小等特点,抗拉强度一般可达 1 000 N/mm²。

（4）无黏结预应力束

无黏结预应力束由 Φ^S12 或 Φ^S15 钢绞线、油脂涂料层和包裹层组成。油脂涂料使预应力筋与其周围混凝土隔离,减少摩擦损失,防止预应力筋锈蚀。护套包裹层的作用是保护油脂涂料及隔离预应力筋和混凝土,应有一定的强度,防止施工中破损,并应具有耐腐蚀性和防水性。

3. 灌浆材料

灌浆的目的有两个:一是用水泥浆保护预应力钢筋,避免预应力钢筋的锈蚀;二是使预应力钢筋与它周围的混凝土共同工作,变形协调。灌浆材料一般采用纯水泥浆,强度等级不应低于 M20,水灰比宜为 0.40 ~ 0.45。搅拌后 3 小时的泌水率宜控制在 2%,最大不超过 3%。

10.1.6 预应力混凝土的特点

预应力混凝土具有以下优点。

① 改善结构的使用性能:在受拉和受弯构件中采用预应力混凝土,可以使构件不开裂或延迟开裂,限制裂缝开展,提高结构的耐久性,截面刚度显著提高,挠度减小。

② 受剪承载力提高:施加纵向预应力可延缓斜裂缝的形成,增加剪压区的高度,使受剪承载力得到提高。

③ 卸载后的结构变形或裂缝得到恢复:由于预应力的作用,使用活荷载移去后,裂缝会闭合,结构变形也会得到恢复。预应力混凝土结构变形的复位能力,近年来引起结构抗震人员的兴趣,因为利用这种复位能力,有可能使结构在震后实现自修复。

④ 提高构件的抗疲劳承载力:在荷载作用之前,预应力钢筋里存在比较大的应力;在疲劳荷载作用后,预应力钢筋应力的变化是在荷载作用前钢筋中的有效预应力为基点进行变化的,其应力幅较小,从而提高了钢筋的疲劳强度。

⑤ 使高强钢材和混凝土得到充分应用:高强钢材和混凝土的应用可以减轻结构自重,节约材料,取得较好的经济效益。

⑥ 有利于保证工程质量:施加预应力相当于对结构或构件作了一次检验。

⑦ 预应力结构可充分发挥结构工程师的主观能动性,变被动设计为主动设计。

预应力混凝土结构主要适用于受弯构件、受拉构件和大偏心受压构件。预应力混凝土结构的计算、构造、施工等方面比钢筋混凝土结构复杂,设备及技术要求较高,应该注意预应力结构的合理性、经济性。

10.2 预应力混凝土构件设计的一般规定

在预应力混凝土构件施工及使用过程中,由于张拉工艺、材料特性以及环境条件的影响等原因,预应力钢筋中的拉应力在一定时期内是在不断降低的。这种预应力钢筋应力的降低,称为预应力损失。

满足设计需要的预应力钢筋中的拉应力,应是张拉控制应力扣除预应力损失后的有效预应力。因此,一方面需要预先确定预应力钢筋张拉时的初始应力(一般称为张拉控制应力 σ_{con}),另一方面要估算预应力损失值。

10.2.1　预应力张拉控制应力

预应力张拉控制应力 σ_{con} 是指预应力钢筋张拉到位时千斤顶附近预应力钢筋中的平均应力,即张拉设备(千斤顶)所控制的总拉力除以预应力钢筋的截面面积所得出的应力值。

为了充分发挥预应力的优势,预应力张拉控制应力 σ_{con} 宜定得高一些,以便混凝土获得较高的预压应力,从而提高构件的抗裂性,减小变形。但张拉控制应力定得过高也存在以下几方面的问题。

① 可能引起钢丝产生塑性变形或拉断。为了弥补预应力损失造成的预应力钢筋应力降低,通常可能进行超张拉,同时由于钢材材质的不均匀,钢筋强度有一定的离散性,因此有可能在超张拉过程中使个别钢筋的应力超过它的实际屈服强度。

② 张拉控制应力越高,预应力钢筋的应力松弛越增大,即预应力损失的比例会上升。

③ 张拉控制应力越高,构件出现裂缝时的荷载与极限荷载越接近,构件在破坏前无明显的预兆,构件延性较差。

我国《混凝土结构设计规范》在充分考虑上述因素后,规定预应力钢筋张拉控制应力 σ_{con} 不宜超过表 10-1 规定的张拉控制应力限值,且不应小于 $0.4f_{ptk}$。其中, f_{ptk} 为预应力钢筋抗拉强度标准值。

表 10-1　张拉控制应力限值

钢筋的种类	张拉法	
	先张法	后张法
消除应力钢丝、钢绞线	$0.75f_{ptk}$	$0.75f_{ptk}$
热处理钢筋	$0.70f_{ptk}$	$0.85f_{ptk}$

下列情况下,表 10-1 中的张拉控制应力限值可提高 5% 。

① 为了提高构件在施工阶段的抗裂性,而在使用阶段受压区内设置预应力钢筋的情况。

② 为了部分抵消由于应力松弛、摩擦、钢筋分批张拉以及预应力钢筋与台座之间的温差等因素产生的预应力损失。

由表 10-1 可知,张拉控制应力 σ_{con} 主要与钢筋种类和张拉工艺有关。一般情况下,后张法较先张法的张拉控制应力 σ_{con} 取值要低一些。这主要由于后张法预应力混凝土构件在张拉预应力钢筋的同时,混凝土已受到压缩;同时,混凝土收缩、徐变在后张法预应力混凝土构件中引起的预应力损失较先张法预应力混凝土构件小些。

10.2.2　预应力损失

预应力损失会降低预应力的效果,劣化构件的抗裂性能,削弱其刚度。预应力损失过大,会使构件过早地出现裂缝。因此,预应力损失估算的重要性是很明显的。预应力损失可能由多种原因引起,一般按照影响因素分项进行考虑。下面介绍各项应力损失的特点与计算方法。

1. 张拉端锚具变形和钢筋内缩引起的预应力损失 σ_{l1}

（1）直线预应力钢筋的 σ_{l1}

这里的直线预应力钢筋是指先张法直线预应力钢筋,或是孔道内无摩擦作用的后张法直线预应力钢筋。此时,由于锚具变形、预应力筋内缩和分块拼装构件接缝压密引起的直线预应力钢筋长度的变化 Δl 沿构件通长是均匀分布的,即直线预应力钢筋应力损失 σ_{l1} 沿构件长度方向是相同的。

直线预应力钢筋 σ_{l1} 的计算公式:

$$\sigma_{l1} = \frac{a}{l}E_\mathrm{p}$$

式中　a ——锚具变形和钢筋内缩值,可按表 10-2 采用;

　　　l ——张拉端至锚固端之间的距离（mm）;

　　　E_p ——预应力钢筋的弹性模量。

表 10-2　锚具变形和钢筋内缩值 a　　　　　　　　　　　　　　mm

锚具类别		变形值 a
支承式锚具（钢丝束墩头锚具等）	螺帽缝隙	1
	每块后加垫板的缝隙	1
夹片式锚具	有顶压时	5
	无顶压时	6~8

块体拼成的结构,其预应力损失尚应计及块体间接缝的预压变形。当采用混凝土或砂浆为接缝材料时,每条接缝的预压变形值可取为 1 mm。

（2）曲线预应力钢筋的 σ_{l1}

在计算后张法曲线预应力钢筋的 σ_{l1} 时,由于预应力钢筋与孔道壁的摩阻及反摩阻的作用,因锚具变形和预应力钢筋内缩引起的预应力钢筋应力损失 σ_{l1} 沿构件通长不是均匀分布的,而是集中在张拉端附近。为简化计算方法,在计算曲线预应力钢筋的 σ_{l1} 时,首先做以下两点简化。

① 将孔道摩擦损失的指数曲线简化为直线,即近似地取摩擦损失公式中指数函数级数展开式的前两项,即取 $e^x \approx 1 + x$,则预应力钢筋在任意截面 x 处的摩擦损失为

$$\sigma_{l1}(x) = \sigma_{\mathrm{con}}\left[1 - e^{\mu\theta + \kappa x}\right] \approx \sigma_{\mathrm{con}}\{1 - [1 - (\mu\theta + \kappa x)]\} \approx \sigma_{\mathrm{con}}(\mu\theta + \kappa x) \qquad (10\text{-}1)$$

由于工程中绝大多数情况下 $(\kappa x + \mu\theta) \leqslant 0.2$，上式的近似处理误差小于 2%，可以满足工程计算要求。

② 近似将预应力钢筋反摩擦斜率取作与正摩擦斜率相等。工程实测表明，预应力钢筋的正、反摩擦斜率大致相等，但反摩擦斜率略小于正摩擦斜率，相差约 5%，上述简化处理方法偏于安全。

曲线预应力钢筋 σ_{l1} 的计算，应根据预应力钢筋与孔道壁之间的反向摩擦的影响长度 l_f 范围内的总变形与锚具变形和预应力钢筋内缩值相等的条件确定。为计算曲线预应力钢筋的 σ_{l1}，首先需要确定预应力钢筋锚固影响长度 l_f。显然，由于张拉端预应力钢筋的内缩应变最大，其 σ_{l1} 值也最大；离张拉端越远，σ_{l1} 值将越小。当离张拉端的距离超过 l_f 以后，预应力钢筋的内缩应变将变成零，故 σ_{l1} 值也变成零。

在张拉预应力钢筋时，预应力钢筋的有效应力沿长度的变化如图 10-7 所示，预应力张拉控制应力 σ_{con} 为图中 A 点，有效预应力由于孔道摩阻的影响而逐渐降低，如图中的 $ABNC$ 曲线。在传力锚固时，由于预应力钢筋内缩，锚端内侧预应力钢筋的拉应力则减少了 σ_{l1}，即预应力降低到 A'（其有效应力为 $\sigma_{\mathrm{con}} - \sigma_{l1}$），扣除锚具回缩引起的预应力损失，可得预应力钢筋中的应力变化曲线 $A'B'NC$。影响长度 l_f 为图中的张拉端到 N 的距离，两曲线之间的纵距表示该截面处由锚具变形和预应力筋内缩引起的应力损失，例如 b 处截面的预应力损失 σ_{l1} 为 BB'；而在交点 N 处该项损失为零，此处预应力钢筋中的预应力值最大。

由于假定正、反摩阻力相等，故内缩后的预应力钢筋沿长度的应力变化如图中 $A'B'NC$ 曲线所示，且在 N 点之前与曲线 $ABNC$ 以水平线 aN 为对称轴。根据变形协调条件，从张拉端 a 至 N 点的内缩影响长度内，总内缩量 a 应等于该长度内各微段 dx 内缩应变的累计，即

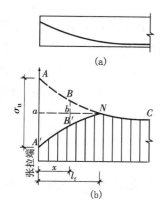

图 10-7　反摩阻计算图示

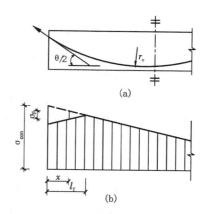

图 10-8　圆弧形曲线预应力钢筋的
预应力损失 σ_{l1}

$$a = \int_a^N \varepsilon \, dx = \frac{1}{E_p} \int_a^N \sigma_{l1}(x) \, dx$$

则

$$E_p a = \int_a^N \sigma_{l1}(x) \, dx \qquad (10\text{-}2)$$

式中 $\int_a^N \sigma_{l1}(x)\,\mathrm{d}x$ 为图形 $ABNB'A'$ 的面积,即面积 $ABNa$ 的两倍。

根据以上所述原理,可以推导圆弧形或抛物线形预应力钢筋(抛物线的圆心角 $\theta \leqslant 30°$) σ_{l1} 的计算公式。如图 10-8 所示,由于锚具变形和钢筋内缩,在反向摩擦影响长度 l_f 范围内的预应力损失值 σ_{l1} 可按下式计算:

$$\sigma_{l1} = 2\sigma_{con} l_f \left(\frac{\mu}{r_c} + \kappa\right)\left(1 - \frac{x}{l_f}\right) \tag{10-3}$$

反向摩擦影响长度 $l_f(\mathrm{m})$ 可按下式计算:

$$l_f = \sqrt{\frac{aE_p}{1\,000\sigma_{con}(\mu/r_c + \kappa)}} \tag{10-4}$$

式中　r_c——圆弧形曲线预应力钢筋的曲率半径(m);

　　　μ——预应力钢筋与孔道壁之间的摩擦系数,按表 10-3 采用;

　　　κ——考虑孔道每米长度局部偏差的摩擦系数,按表 10-3 采用;

　　　x——张拉端至计算截面的距离(m);

当预应力钢筋为其他曲线形状时,其预应力损失值可按《混凝土结构设计规范》附录 D 的有关公式计算。

2. 预应力钢筋与孔道壁之间摩擦引起的预应力损失 σ_{l2}

这项预应力损失主要出现在后张法预应力混凝土构件中。在张拉预应力钢筋时,由于预应力钢筋与孔道壁之间的摩擦,距离张拉端越远,预应力钢筋的应力越小(如图 10-7 中的 $ABNC$)。从张拉端至计算截面的应力差值称为摩擦损失值,以 σ_{l2} 表示。

预应力钢筋与孔道的摩擦力主要由孔道的竖向弯曲和水平方向的偏差两部分影响所产生。理论上,直线孔道无摩擦损失,但由于施工中孔道成型器(例如波纹管)是支承在有一定间距的定位钢筋上的,制成的孔道不可能完全顺直,因而直线预应力钢筋在张拉时实际上仍会与周围材料接触、摩擦而引起摩擦损失,此项损失称为孔道偏差影响(或长度影响)摩擦损失,其值较小,主要与预应力钢筋的长度、接触材料间的摩阻系数及孔道成型的施工质量等有关。弯曲布置的预应力钢筋,除了孔道偏差影响外,还有因孔道弯曲、张拉时预应力钢筋对孔道内壁的径向垂直挤压力所引起的摩擦损失,此项损失称为弯道影响的摩擦损失,其值较大,并随预应力筋弯曲角度之和的增加而增加。

摩擦损失 σ_{l2} 可按下列公式计算:

$$\sigma_{l1}(x) = \sigma_{con}\left[1 - e^{-(\mu\theta + \kappa x)}\right] \tag{10-5}$$

式中　x——张拉端至计算截面的孔道长度(m),可近似取孔道在纵轴上的投影长度;

　　　θ——张拉端至计算截面曲线孔道转角之和。

根据泰勒级数展开,当 $\kappa x + \mu\theta \leqslant 0.2$ 时,忽略高阶项,则 σ_{l2} 可近似为

$$\sigma_{l2} = \sigma_{con}(\kappa x + \mu\theta) \tag{10-6}$$

影响 κ 和 μ 这两个参数取值的因素较多,主要有孔道的成型方法和质量、预应力钢筋的钢材种类(尤其是表面形状)、预应力钢筋与孔壁的接触程度、预应力钢筋束外径与孔道内径的差值和预应力钢筋在孔道中的偏心距、曲线预应力钢筋的曲率半径和张拉力等。《混

凝土结构设计规范》建议的 κ 和 μ 列于表 10-3，对于重要结构及多跨连续结构，建议由实测测定。

表 10-3　偏差系数 κ 和摩擦系数 μ 值

管道成型形式	κ	μ
预埋金属波纹管	0.001 5	0.25
预埋钢管	0.001 0	0.30
橡皮管或钢管抽芯成型	0.001 4	0.55

3. 预应力钢筋和台座之间温差引起的预应力损失 σ_{l3}

先张法预应力混凝土构件常采用蒸汽养护。当温度升高时，混凝土尚未硬结，与预应力钢筋之间尚未建立黏结力，预应力钢筋将因受热而伸长，而张拉台座未受温度影响仍保持原有的相对距离，从而造成预应力钢筋放松，拉应力下降；当降温时，预应力筋已与混凝土结成整体，无法恢复到原来的应力状态，于是产生了应力损失 σ_{l3}。

设预应力钢筋张拉时制造场地的自然气温为 t_2，蒸汽养护或其他方法加热混凝土的最高温度为 t_1，温度差 $\Delta t = t_1 - t_2$，则预应力钢筋因温度升高而产生的变形为

$$\Delta l = \alpha \Delta t l$$

式中　α——预应力钢筋的温度线膨胀系数，一般可取 $\alpha = 1 \times 10^{-5}(1/℃)$；

　　　l——预应力钢筋的有效长度。

预应力钢筋的应力损失 σ_{l3} 的计算公式为：

$$\sigma_{l3} = \frac{\Delta l}{l}E_p = \alpha \Delta t E_p \approx 1 \times 10^{-5} \times 2 \times 10^5 \Delta t = 2\Delta t \tag{10-7}$$

为了减少温差损失，可采用两次升温，即首先按设计允许的温差养护，待混凝土强度达到 $7.5 \sim 10 \ N/mm^2$ 以上后，再按一般升温降温制度养护。

当采用钢模制作先张法构件时，因钢模与预应力混凝土构件共同受热一起变形，则不需计算此项损失。

4. 预应力钢筋松弛引起的预应力损失 σ_{l4}

预应力钢筋在持久不变的高应力作用下，具有随时间增长而产生持续变形的性能，在钢筋长度保持不变的情况下，钢筋应力会随时间的增长而降低，一般把预应力钢筋的这种现象称为松弛或应力松弛。由此引起的预应力降低值称为应力松弛损失 σ_{l4}。应力松弛损失具有以下特点。

① 预应力钢筋的张拉应力越高，其应力松弛越大。

② 预应力钢筋松弛量的大小与其材料品质有关。钢丝、钢绞线等硬钢的应力松弛值较大，冷拉热轧钢筋次之，热轧钢筋则很小。

③ 预应力钢筋的松弛在承受张拉应力的初期发展最快，在第一分钟内的松弛大约为总松弛的 30%，5 分钟内发展为 40%，24 小时内完成 80% ~ 90%，以后逐渐趋向稳定。

④ 采用超张拉施工工艺,可使构件中由预应力钢筋松弛而引起的应力损失减小为40% ~50%。此外,预应力钢筋松弛还将随温度的升高而增加,这对采用蒸汽养护的预应力混凝土构件将有所影响。

我国现行《混凝土结构设计规范》中规定的预应力钢筋松弛损失的计算方法如下。

(1) 普通松弛的钢丝、钢绞线

$$\sigma_{l4} = 0.4\left(\frac{\sigma_{con}}{f_{ptk}} - 0.5\right)\sigma_{con} \tag{10-8}$$

(2) 低松弛预应力钢筋

当 $\sigma_{con} \leqslant 0.7f_{ptk}$ 时

$$\sigma_{l4} = 0.125\left(\frac{\sigma_{con}}{f_{ptk}} - 0.5\right)\sigma_{con} \tag{10-9}$$

当 $0.7f_{ptk} \leqslant \sigma_{con} \leqslant 0.8f_{ptk}$ 时

$$\sigma_{l4} = 0.20\left(\frac{\sigma_{con}}{f_{ptk}} - 0.575\right)\sigma_{con} \tag{10-10}$$

(3) 热处理钢筋

对一次张拉:

$$\sigma_{l4} = 0.05\sigma_{con} \tag{10-11}$$

对超张拉:

$$\sigma_{l4} = 0.035\sigma_{con} \tag{10-12}$$

5. 混凝土收缩和徐变引起的预应力损失 σ_{l5}

在一般温度条件下,混凝土会发生体积收缩;同时,在持续压应力作用下,还会产生徐变。由于混凝土的收缩和徐变,使预应力混凝土构件缩短,预应力筋也随之回缩,从而造成应力损失 σ_{l5}。

混凝土收缩和徐变引起的预应力损失是相互影响的,对于混凝土收缩和徐变引起的受拉区和受压区预应力钢筋 A_p 和 A'_p 中的预应力损失 σ_{l5} 和 σ'_{l5},《混凝土结构设计规范》建议的计算方法如下。

对于一般预应力混凝土结构构件:

先张法
$$\sigma_{l5} = \frac{60 + 340\frac{\sigma_{pc}}{f'_{cu}}}{1 + 15\rho} \tag{10-13}$$

$$\sigma'_{l5} = \frac{60 + 340\frac{\sigma'_{pc}}{f'_{cu}}}{1 + 15\rho'} \tag{10-14}$$

后张法
$$\sigma_{l5} = \frac{55 + 300\frac{\sigma_{pc}}{f'_{cu}}}{1 + 15\rho} \tag{10-15}$$

$$\sigma'_{l5} = \frac{55 + 300\frac{\sigma'_{pc}}{f'_{cu}}}{1 + 15\rho'} \tag{10-16}$$

式中　σ_{pc}、σ'_{pc}——受拉区、受压区预应力钢筋合力点处混凝土的法向压应力。计算 σ_{pc}、
　　　　　　　　σ'_{pc} 时,可根据施工情况考虑自重的影响,预应力损失仅考虑混凝土预压
　　　　　　　　前(第一批)的损失值,σ_{pc}、σ'_{pc} 值不得大于 $0.5f'_{cu}$,同时 σ'_{pc} 为拉应力时,
　　　　　　　　取 $\sigma'_{pc}=0$;

　　f'_{cu}　　　　——施加预应力时的混凝土立方体抗压强度;

　　ρ、ρ'　　　——受拉区、受压区预应力钢筋和非预应力钢筋的配筋率。对先张法构件,ρ
　　　　　　　　$=(A_p+A_s)/A_0$,$\rho'=(A'_p+A'_s)/A_0$;对后张法构件,$\rho=(A_p+A_s)/A_n$,$\rho'=$
　　　　　　　　$(A'_p+A'_s)/A_n$;对于对称配置预应力钢筋和非预应力钢筋的构件,配筋率
　　　　　　　　ρ、ρ' 应按钢筋总截面面积的一半计算。

　　当结构处于年平均相对湿度低于 40% 的环境时,σ_{l5} 及 σ'_{l5} 值应增加 30%。

6. 环形结构中螺旋式预应力钢筋对混凝土的局部挤压引起的预应力损失 σ_{l6}

　　采用螺旋式预应力钢筋作为配筋的环形构件(如预应力筒状水池),由于预应力钢筋对混凝土的局部挤压,使得环形构件的直径有所减小,造成已张拉锚固的预应力筋拉应力的降低,从而引起预应力钢筋的预应力损失 σ_{l6}。σ_{l6} 的大小与环形构件的直径 d 成反比。一般可按下列公式考虑。

　　当 $d\leqslant3$ m 时,$\sigma_{l6}=30$ N/mm²;

　　当 $d>3$ m 时:$\sigma_{l6}=0$。

7. 预应力损失值的组合

　　由于各种预应力损失不是同时产生的,为了能够较准确地计算有效预应力,须要分阶段对预应力损失值进行组合。通常把混凝土预压或锚固前产生的预应力损失称为第一批损失,其值以符号 $\sigma_{l\,I}$ 表示;把混凝土预压或锚固后产生的预应力损失称为第二批损失,其值以符号 $\sigma_{l\,II}$ 表示。由于施工工艺的不同,先张法和后张法构件不同阶段的损失组合如表 10-4 所示。

表 10-4　预应力损失的组合

预应力损失值的组合	先张法构件	后张法构件
混凝土预压前(第一批)损失 $\sigma_{l\,I}$	$\sigma_{l1}+\sigma_{l2}+\sigma_{l3}+\sigma_{l4}$	$\sigma_{l1}+\sigma_{l2}$
混凝土预压后(第二批)损失 $\sigma_{l\,II}$	σ_{l5}	$\sigma_{l4}+\sigma_{l5}+\sigma_{l6}$

注:先张法构件由于预应力钢筋应力松弛引起的损失值 σ_{l4} 在第一批和第二批损失中所占的比例,如需区分,可根据实际情况确定。

　　考虑到预应力损失的计算值和实际值有一定的误差,而且有时误差较大,因此为了保证预应力的效果,《混凝土结构设计规范》规定,当按计算求得的预应力总损失值小于以下数值时,则按以下数值取用:对于先张法构件,100 N/mm²;对于后张法构件,80 N/mm²。

10.2.3 有效预应力沿构件长度的分布

1. 有效预应力 σ_{pe} 的计算

预应力钢筋的有效预应力 σ_{pe} 为预应力钢筋张拉控制应力 σ_{con} 扣除相应预应力损失 σ_l 后的预拉应力。有效预应力值随不同受力阶段而变,将预应力损失按各受力阶段进行组合,可计算出不同阶段的有效预应力值。

在预加应力阶段,预应力钢筋中的有效预应力为

$$\sigma_{pe} = \sigma_{con} - \sigma_{l\,I} \tag{10-17}$$

在使用荷载阶段,预应力钢筋中的有效预应力,即永存预应力为

$$\sigma_{pe} = \sigma_{con} - (\sigma_{l\,I} + \sigma_{l\,II}) \tag{10-18}$$

2. 先张法预应力混凝土构件有效预应力沿构件长度的分布

在先张法预应力混凝土构件中,预应力钢筋端部的预应力是依靠钢筋和混凝土间的黏结力建立的。当放松预应力钢筋后,在构件端部,预应力的应力为零,由端部向中部不断增加,至一定长度后才达到最大预应力值。预应力钢筋中的应力由零增大到最大值的长度称为传递长度 l_{tr}(当采用骤然放松预应力钢筋的施工工艺时, l_{tr} 的起点应从构件末端 $0.25l_{tr}$ 处开始算起)。传递长度范围以外的部分,预应力钢筋内的有效预应力是相等的。

在传递长度范围内,应力差由预应力钢筋和混凝土之间的黏结力来平衡,预应力钢筋的应力按某种曲线规律变化。为了简化计算,《混凝土结构设计规范》近似按线性变化考虑。预应力钢筋传递长度 l_{tr} 按下式计算。

$$l_{tr} = \alpha \frac{\sigma_{pe}}{f'_{tk}} d \tag{10-19}$$

式中　σ_{pe}——放松预应力钢筋时的有效预应力值;

　　　α　——预应力钢筋的外形系数,见第 2 章表 2-2;

　　　f'_{tk}——与放张时混凝土立方体抗压强度 f'_{cu} 对应的轴心抗拉强度标准值;

　　　d　——预应力钢筋的公称直径。

由以上分析可知,有效预应力沿构件的分布如图 10-9 所示。

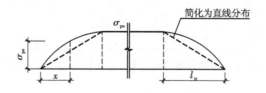

图 10-9　先张法有效预应力沿构件长度分布示意图

3. 后张法预应力混凝土构件有效预应力沿构件长度的分布

后张法预应力混凝土构件张拉预应力钢筋时,由于孔道摩擦及局部偏差引起的预应力损失导致有效预应力在张拉端最大,随着离构件张拉端长度不断增大,有效预应力不断减小,对于两端张拉的预应力构件,到构件中部有效预应力最小;由于张拉端锚具变形引起的

预应力损失导致构件的有效预应力在反向摩擦影响长度 l_f 范围内有一定程度的降低。

10.3 预应力混凝土轴心受拉构件的应力分析

预应力混凝土轴心受拉构件从预应力钢筋张拉开始到承受荷载而构件破坏,构件中混凝土和钢筋的应力是变化的,变化的过程可以分为施工阶段和使用阶段。这两个阶段又包括若干个不同的受力过程,本节以预应力混凝土轴心受拉构件为例,分析预应力钢筋、非预应力钢筋和混凝土在各个受力过程中的应力状态。

10.3.1 先张法轴心受拉构件

先张法预应力混凝土轴心受拉构件的受力全过程和各阶段的应力状态如图 10-10 所示。

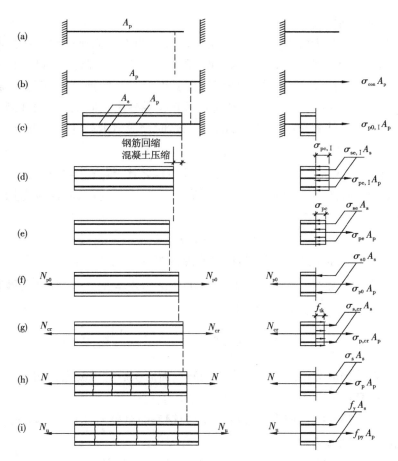

图 10-10　先张法预应力混凝土轴心受拉构件各阶段的应力状态

(a)钢筋就位　(b)张拉钢筋　(c)完成第一批预应力损失　(d)放松钢筋预压混凝土
(e)完成第二批预应力损失　(f)消压状态　(g)抗裂极限状态　(h)裂缝开展阶段(i)承载力极限状态

1. 施工阶段

整个施工阶段可以分为以下四个状态。

（1）张拉预应力钢筋

在混凝土浇筑前，在台座上张拉截面面积为 A_p 的预应力钢筋，钢筋的一端在台座上进行锚固，另一端采用张拉设备张拉至控制应力 σ_{con}，这时钢筋的总拉力为 $\sigma_{con}A_p$，全部由台座承受（图 10-10（b））。

（2）完成第一批预应力损失

预应力张拉完毕，并且锚固在台座上，浇筑混凝土，蒸汽养护构件。由于锚具变形、蒸汽养护的温差和部分钢筋的应力松弛将产生第一批预应力损失 $\sigma_{l\,I}$。这时预应力钢筋的拉应力由 σ_{con} 降低到 $\sigma_{p0,\,I} = \sigma_{con} - \sigma_{l\,I}$，预应力钢筋的总拉力用 $N_{p0,\,I}$ 表示，$N_{p0,\,I} = \sigma_{p0,\,I} A_p = (\sigma_{con} - \sigma_{l\,I})A_p$。这个阶段，由于预应力钢筋还没有放松，混凝土并没有受力，故 $\sigma_{pc} = 0$（图 10-10（c））；

（3）放张预应力钢筋

此时的应力状态可视为将 $N_{p0,\,I}$ 反向作用于预应力构件截面所产生的应力状态。一般情况下，当混凝土达到设计强度的 75% 以上时，预应力钢筋和混凝土之间就有了足够的黏结力，放松预应力钢筋时，预应力钢筋的回缩将会受到混凝土的抑制，从而在混凝土里产生预压应力 $\sigma_{pc,\,I}$（见图 10-10（d））。由于预应力钢筋和混凝土之间的变形要协调，混凝土构件的缩短使得预应力钢筋的拉应力减少 $\alpha_{Ep}\sigma_{pc,\,I}$，这时预应力钢筋的拉应力为

$$\sigma_{pe,\,I} = \sigma_{con} - \sigma_{l\,I} - \alpha_{Ep}\sigma_{pc,\,I} \tag{10-20}$$

式中 α_{Ep}——预应力钢筋弹性模量与混凝土弹性模量之比，即 $\alpha_{Ep} = E_p/E_c$。

预应力混凝土构件中的非预应力钢筋与混凝土变形协调，所以非预应力钢筋获得的预压应力为

$$\sigma_{se,\,I} = -\alpha_{Es}\sigma_{pc,\,I} \tag{10-21}$$

式中 α_{Es}——非预应力钢筋弹性模量与混凝土弹性模量之比，即 $\alpha_{Es} = E_s/E_c$。

根据截面内力平衡条件 $\sum X = 0$，即 $\sigma_{pe,\,I} A_p + \sigma_{se,\,I} A_s = \sigma_{pc,\,I} A_c$ 可以求得混凝土的预压应力 $\sigma_{pc,\,I}$，将 $\sigma_{pe,\,I}$、$\sigma_{se,\,I}$ 代入上式，得

$$\sigma_{pc,\,I} = \frac{(\sigma_{con} - \sigma_{l\,I})A_p}{A_c + \alpha_{Es}A_s + \alpha_{Ep}A_p} = \frac{(\sigma_{con} - \sigma_{l\,I})A_p}{A_0} = \frac{N_{p0,\,I}}{A_0} \tag{10-22}$$

式中 A_c ——扣除预应力钢筋和非预应力钢筋截面面积后的混凝土面积；

A_0 ——换算截面面积，即 $A_0 = A_c + \alpha_{Es}A_s + \alpha_{Ep}A_p$；

$N_{p0,I}$ ——产生第一批预应力损失后，预应力钢筋的总拉力，即 $N_{p0,I} = (\sigma_{con} - \sigma_{l\,I})A_p$。

（4）完成第二批预应力损失

随着时间的增长，由于混凝土的收缩和徐变，预应力钢筋将产生第二批预应力损失 $\sigma_{l\,II}$。在这个过程之中，混凝土构件和预应力钢筋进一步缩短，预应力钢筋的应力将由 $\sigma_{pe,\,I}$ 降低到 σ_{pe}，混凝土的预压应力也将由 $\sigma_{pc,\,I}$ 相应地降低到 σ_{pc}，非预应力钢筋的应力也相应地由 $\sigma_{se\,I}$ 变化为 σ_{se}（见图 10-10（e））。

由于混凝土预压应力降低了($\sigma_{pc,I} - \sigma_{pc}$)，混凝土的弹性压缩有所恢复，同时由于混凝土和钢筋变形协调，钢筋也将有所伸长，钢筋的拉应力相应地增加了 $\alpha_{Ep}(\sigma_{pc,I} - \sigma_{pc})$。因此，预应力钢筋的有效预应力按照下式计算：

$$\sigma_{pe} = \sigma_{con} - \sigma_{lI} - \sigma_{\rho II} - \alpha_{Ep}\sigma_{pc,I} + \alpha_{Ep}(\sigma_{pc,I} - \sigma_{pc}) = \sigma_{con} - \sigma_l - \alpha_{Ep}\sigma_{pc} \quad (10\text{-}23)$$

类似地，非预应力钢筋的应力为

$$\sigma_{se} = -(\sigma_{l5} + \alpha_{Es}\sigma_{pc}) \quad (10\text{-}24)$$

根据截面内力平衡条件（见图 10-10（e）），$\sigma_{pe}A_p + \sigma_{se}A_s = \sigma_{pc}A_c$，并将 σ_{pe} 和 σ_{se} 代入平衡方程可求得混凝土的预应力为

$$\sigma_{pc} = \frac{(\sigma_{con} - \sigma_l)A_p - \sigma_{l5}A_s}{A_c + \alpha_{Es}A_s + \alpha_{Ep}A_p} = \frac{N_{p0}}{A_0} \quad (10\text{-}25)$$

式中　N_{p0}——完成全部预应力损失后，预应力钢筋和非预应力钢筋的合力。

2. 荷载作用阶段

（1）加载至混凝土应力为零

外荷载在构件正截面产生的法向应力为 $\sigma_c = \dfrac{N}{A_0}$。随着轴向拉力的增加，预应力钢筋的拉应力也不断增加，非预应力钢筋的压应力不断减小，由外荷载产生的法向拉应力 σ_c 也随之增大，法向拉应力的增大将不断抵消混凝土的预压应力 σ_{pc}，所以混凝土的法向压应力也不断减小。当 $\sigma_c - \sigma_{pc} < 0$ 时，混凝土处于受压状态；当 $\sigma_c - \sigma_{pc} = 0$ 时，混凝土应力为零，这种应力状态成为消压状态，此时的外荷载（轴向拉力）称为消压轴向拉力 N_{p0}（见图 10-10（f））。

根据截面内力平衡方程可得消压轴向拉力

$$N_{p0} = \sigma_{pc}A_0 \quad (10\text{-}26)$$

相应地，预应力钢筋中的应力为

$$\sigma_{p0} = \sigma_{pe} + \alpha_{Ep}\sigma_{pc} = (\sigma_{con} - \sigma_l - \alpha_{Ep}\sigma_{pc}) + \alpha_{Ep}\sigma_{pc}$$

即

$$\sigma_{p0} = \sigma_{con} - \sigma_l \quad (10\text{-}27)$$

非预应力钢筋的应力 σ_{s0} 为

$$\sigma_{s0} = -(\sigma_{l5} + \alpha_{Es}\sigma_{pc}) + \alpha_{Es}\sigma_{pc}$$

即

$$\sigma_{s0} = -\sigma_{l5} \quad (10\text{-}28)$$

（2）加载至裂缝即将出现

当外荷载继续增大，超过 N_{p0} 后，混凝土开始受拉。随着外荷载的增加，混凝土的拉应力不断增加；理论上讲，当达到混凝土轴心抗拉强度标准值 f_{tk} 时，混凝土即将出现裂缝（见图 10-10（g）），构件已达到抗裂极限状态，此时的外荷载用 N_{cr} 表示，这时的预应力钢筋的拉应力 $\sigma_{p,cr}$ 是在 σ_{p0} 的基础上再增加 $\alpha_{Ep}f_{tk}$，即

$$\sigma_{p,cr} = \sigma_{p0} + \alpha_{Ep}f_{tk} = \sigma_{con} - \sigma_l + \alpha_{Ep}f_{tk} \quad (10\text{-}29)$$

非预应力钢筋的应力为

$$\sigma_{s,cr} = -\sigma_{l5} + \alpha_{Es}f_{tk} \quad (10\text{-}30)$$

这时的外荷载为

$$N_{cr} = \sigma_{p,cr}A_p + \sigma_{s,cr}A_s + f_{tk}A_c$$
$$= (\sigma_{con} - \sigma_l + \alpha_{Ep}f_{tk})A_p + (-\sigma_{l5} + \alpha_{Es}f_{tk})A_s + f_{tk}A_c$$
$$= (\sigma_{con} - \sigma_l)A_p - \sigma_{l5}A_s + f_{tk}(A_c + \alpha_{Es}A_s + \alpha_{Ep}A_p)$$

即

$$N_{cr} = N_{p0} + f_{tk}A_0 = (\sigma_{pc} + f_{tk})A_0 \qquad (10\text{-}31)$$

（3）开裂至破坏

开裂以后,在裂缝截面上的混凝土不再承受拉力,拉力全部由预应力钢筋和非预应力钢筋承担,随着外荷载的增加,预应力钢筋和非预应力钢筋的应力不断增加,当应力增加到各自的屈服强度时,构件即达到其承载能力极限状态(见图 10-10(i))。此时的外荷载由截面的平衡条件求得:

$$N_u = f_{py}A_p + f_yA_s \qquad (10\text{-}32)$$

10.3.2　后张法轴心受拉构件

后张法预应力混凝土轴心受拉构件的受力全过程和各阶段的应力状态如图 10-11 所示。

1. 施工阶段

（1）张拉预应力钢筋、预压混凝土

后张法预应力混凝土构件,首先在留有预应力孔道的模板内浇筑混凝土,待混凝土达到规定强度(一般不低于设计规定强度的 75%)后,在构件上直接张拉预应力钢筋。张拉设备在张拉预应力钢筋的同时对预应力混凝土构件产生作用力,在这个作用力的作用下,混凝土将受到弹性压缩(见图 10-11(b))。在张拉过程中,由于孔道摩擦产生的预应力损失已经发生,所以预应力钢筋中的应力为

$$\sigma_{pe(I)} = \sigma_{con} - \sigma_{l2} \qquad (10\text{-}33)$$

相应地,非预应力钢筋的应力为

$$\sigma_{se(I)} = -\alpha_{Es}\sigma_{pc(I)} \qquad (10\text{-}34)$$

根据截面内力平衡条件,有

$$\sigma_{pe(I)}A_p + \sigma_{se(I)}A_s = \sigma_{pc(I)}A_c$$

可以求得混凝土中的预压应力(将 $\sigma_{pe(I)}$、$\sigma_{se(I)}$ 代入上式),即

$$\sigma_{pc(I)} = \frac{(\sigma_{con} - \sigma_{l2})A_p}{A_c + \alpha_{Es}A_s}$$

即

$$\sigma_{pc(I)} = \frac{(\sigma_{con} - \sigma_{l2})A_p}{A_n} \qquad (10\text{-}35)$$

式中　A_c——混凝土截面面积,不包括孔道面积;

　　　A_n——净截面面积,即 $A_n = A_c + \alpha_{Es}A_s$。

（2）完成第一批预应力损失

后张法预应力混凝土构件是通过锚具将预应力传递到混凝土上的,所以在预应力钢筋张拉完毕后要用锚具锚固,由于锚具的变形、钢筋的回缩将引起预应力损失 σ_{l1}(见图 10-11

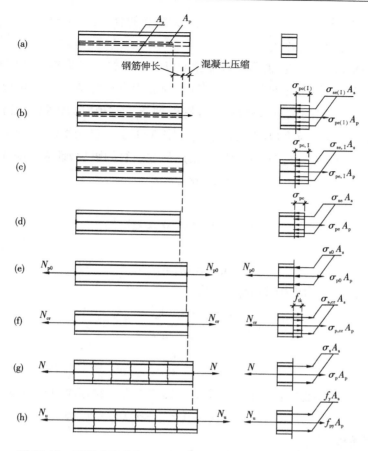

图 10-11　后张法预应力混凝土轴心受拉构件各阶段的应力状态

（a）制作构件钢筋就位　（b）张拉钢筋预压混凝土　（c）完成第一批预应力损失
（d）完成第二批预应力损失　（e）消压状态　（f）抗裂极限状态　（g）裂缝开展阶段（h）承载力极限状态

（c）），这时，预应力钢筋的应力为

$$\sigma_{pe,\,I} = \sigma_{con} - \sigma_{l\,I} \tag{10-36}$$

相应的非预应力钢筋应力为

$$\sigma_{se,\,I} = -\alpha_{Es}\sigma_{pc,\,I} \tag{10-37}$$

根据截面内力平衡条件，即

$$\sigma_{pe,\,I}A_p + \sigma_{se,\,I}A_s = \sigma_{pc,\,I}A_c$$

可以求得混凝土中的预压应力（将 $\sigma_{pe,\,I}$、$\sigma_{se,\,I}$ 代入上式），即

$$\sigma_{pc,\,I} = \frac{(\sigma_{con} - \sigma_{l\,I})A_p}{A_c + \alpha_{Es}A_s}$$

即

$$\sigma_{pc,\,I} = \frac{(\sigma_{con} - \sigma_{l\,I})A_p}{A_n} \tag{10-38}$$

或

$$\sigma_{pc,\,I} = \frac{N_{pc,\,I}}{A_n} \tag{10-38a}$$

式中　　$N_{pe,I}$——完成第一批预应力损失后预应力钢筋的合力,$N_{pe,I} = (\sigma_{con} - \sigma_{lI})A_p$。

（3）完成第二批预应力损失

由于预应力钢筋应力松弛、混凝土收缩徐变以及螺旋式预应力钢筋作配筋的环形截面中完成由混凝土局部挤压引起的预应力损失后,预应力钢筋完成了全部预应力损失,即 $\sigma_l = \sigma_{lI} + \sigma_{lII}$,预应力钢筋的拉应力将从 $\sigma_{pe,I}$ 降低到 σ_{pe},非预应力钢筋应力相应地由 $\sigma_{se,I}$ 变化为 σ_{se};混凝土的预压应力也相应地从 $\sigma_{pc,I}$ 降低到 σ_{pc}（见图10-11(d)）,因此,忽略混凝土预压应力减少($\sigma_{pc,I} - \sigma_{pc}$)引起预应力钢筋弹性恢复的影响,预应力钢筋的应力为

$$\sigma_{pe} = \sigma_{con} - \sigma_l \tag{10-39}$$

非预应力钢筋的应力为

$$\sigma_{se} = -(\sigma_{l5} + \alpha_{Es}\sigma_{pc}) \tag{10-40}$$

由截面内力平衡方程,即:

$$\sigma_{pe}A_p + \sigma_{se}A_s = \sigma_{pc}A_c$$

可以求得混凝土中的预压应力（将 σ_{pe}、σ_{se} 代入上式）,即

$$\sigma_{pc} = \frac{(\sigma_{con} - \sigma_l)A_p - \sigma_{l5}A_s}{A_c + \alpha_{Es}A_s}$$

即

$$\sigma_{pc} = \frac{N_{pe}}{A_n} \tag{10-41}$$

式中　　N_{pe}——完成第二批预应力损失后预应力钢筋应力和非预应力钢筋应力的合力,即

$$N_{pe} = (\sigma_{con} - \sigma_l)A_p - \sigma_{l5}A_s$$

2. 荷载作用阶段

（1）加载至混凝土应力为零

与先张法预应力混凝土轴心受拉构件一样,随着外荷载的增加,混凝土中的预压应力在不断减小,当 $\sigma_c - \sigma_{pc} = 0$（$\sigma_c$ 为由荷载产生的法向应力）时,混凝土处于消压状态,此时应力为零（见图10-11(e)）。由于混凝土应力的降低,混凝土构件将有所回弹,从而使预应力钢筋的应力有所增加,即

$$\sigma_{p0} = \sigma_{pe} + \alpha_{Ep}\sigma_{pc} = \sigma_{con} - \sigma_l + \alpha_{Ep}\sigma_{pc} \tag{10-42}$$

相应的非预应力钢筋应力为

$$\sigma_{s0} = -(\sigma_{l5} + \alpha_{Es}\sigma_{pe}) + \alpha_{Es}\sigma_{pc} = -\sigma_{l5} \tag{10-43}$$

根据截面平衡条件可得消压轴向拉力 N_{p0} 为

$$\begin{aligned}
N_{p0} &= \sigma_{p0}A_p - \sigma_{l5}A_s \\
&= (\sigma_{con} - \sigma_l + \alpha_{Ep}\sigma_{pc})A_p - \sigma_{l5}A_s \\
&= -(\sigma_{con} - \sigma_l)A_p - \sigma_{l5}A_s + \alpha_{Ep}A_p \\
&= N_{pe} + \alpha_{Ep}\sigma_{pc}A_p \tag{10-44}
\end{aligned}$$

（2）加载至裂缝即将出现

当外荷载继续增大超过 N_{p0} 后,混凝土开始受拉。随着外荷载的增加,混凝土的拉应力不断增加,当达到混凝土轴心抗拉强度标准值 f_{tk} 时,混凝土即将出现裂缝（见图10-11(f)）,

构件已达到抗裂极限状态,此时的外荷载用 N_{cr} 表示,这时预应力钢筋的拉应力 $\sigma_{p,cr}$ 是在 σ_{p0} 的基础上再增加 $\alpha_{Ep}f_{tk}$,即

$$\sigma_{p,cr} = \sigma_{p0} + \alpha_{Ep}f_{tk} = \sigma_{con} - \sigma_l + \alpha_{Ep}\sigma_{pc} + \alpha_{Ep}f_{tk} \tag{10-45}$$

非预应力钢筋的应力为

$$\sigma_{s,cr} = -\sigma_{l5} + \alpha_{Es}f_{tk} \tag{10-46}$$

这时的外荷载为

$$\begin{aligned}
N_{cr} &= \sigma_{p,cr}A_p + \sigma_{s,cr}A_s + f_{tk}A_c \\
&= (\sigma_{con} - \sigma_l + \alpha_{Ep}\sigma_{pc} + \alpha_{Ep}f_{tk})A_p + (-\sigma_{l5} + \alpha_{Es}f_{tk})A_s + f_{tk}A_c \\
&= (\sigma_{con} - \sigma_l + \alpha_{Ep}\sigma_{pc})A_p - \sigma_{l5}A_s + f_{tk}(A_c + \alpha_{Es}A_s + \alpha_{Ep}A_p)
\end{aligned}$$

即

$$N_{cr} = N_{p0} + f_{tk}A_0 = (\sigma_{pc} + f_{tk})A_0 \tag{10-47}$$

（3）开裂阶段(见图 10-11(g))和(见图 10-11(h))

开裂后,后张法预应力轴心受拉构件的受力与先张法预应力轴心受拉构件的相同。

10.3.3　先、后张法计算公式的比较

对比先张法和后张法在各个阶段的应力状态,可以发现由于施工工艺的不同,相应的计算公式存在一定的差异。除了预应力损失的发生时段、计算方法的不同之外,最主要的差异在于张拉完成(或放张)后,每一阶段的相应预应力钢筋应力都相差 $\alpha_{Ep}\sigma_{pc,I}$。这主要是由于先张法张拉时是相对于台座进行的,在放张、混凝土承受压力的过程中,钢筋随着混凝土的压缩有所回缩,其应力有所降低;而后张法的张拉直接针对预应力混凝土构件进行,在张拉过程中混凝土已经有所压缩,而锚固时不会再引起进一步的压缩。

另外,对于后张法预应力混凝土构件,由于在张拉时孔道内没有混凝土或砂浆,这一部分混凝土将不受到预应力引起的预压应力,因此,在计算混凝土面积时,应扣除孔道的面积。这也是先、后张法预应力构件计算中的主要不同之处。

10.4　预应力混凝土轴心受拉构件的计算和验算

预应力混凝土轴心受拉构件一般除进行荷载作用下的承载能力计算、裂缝控制验算外,还应对施工阶段的构件制作、运输和吊装等进行验算。

10.4.1　正截面承载力计算

根据构件各阶段的应力分析,当构件加载至破坏时,混凝土已经开裂,全部荷载由预应力钢筋和非预应力钢筋承担。当达到承载能力极限状态时,预应力钢筋和非预应力钢筋都已达到各自的屈服强度。破坏时,构件截面的应力分布如图 10-12 所示,正截面受拉承载力按照下式计算:

$$\gamma_0 N \leqslant N_u = f_{py}A_p + f_y A_s \tag{10-48}$$

式中　γ_0　——结构重要性系数;

N　　——轴向拉力设计值；

f_{py}、f_y　——预应力钢筋和非预应力钢筋的抗拉强度设计值；

A_p、A_s　——预应力钢筋和非预应力钢筋的截面面积。

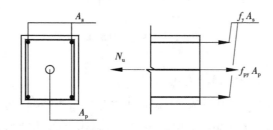

图 10-12　预应力混凝土轴心受拉构件承载力计算简图

10.4.2　使用阶段正截面裂缝控制验算

对于预应力混凝土轴心受拉构件，应该按照构件所处环境类别和结构类别确定裂缝控制等级或裂缝宽度限值，然后按照下列规定进行受拉边缘应力或正截面裂缝宽度验算。

1. 抗裂验算

（1）一级——严格要求不出现裂缝的构件

要求在荷载效应的标准组合作用下，抗裂验算边缘处于受压状态，即应该满足下式：

$$\sigma_{ck} - \sigma_{pc} \leqslant 0 \tag{10-49}$$

式中　σ_{ck}——荷载效应的标准组合作用下抗裂验算边缘的混凝土法向应力；

　　　σ_{pc}——扣除全部预应力损失后在抗裂验算边缘的混凝土预压应力。

（2）二级——一般要求不出现裂缝的构件

① 在荷载效应的标准组合作用下应符合下列要求：

$$\sigma_{ck} - \sigma_{pc} \leqslant f_{tk} \tag{10-50}$$

式中　f_{tk}——混凝土轴心抗拉强度标准值。

② 在荷载效应的准永久组合作用下应符合下列要求：

$$\sigma_{cq} - \sigma_{pc} \leqslant 0 \tag{10-51}$$

式中　σ_{cq}——荷载效应的准永久组合作用下抗裂验算边缘的混凝土法向应力。

σ_{ck} 和 σ_{cq} 都是通过外荷载除以换算截面面积 A_0 求得的，即

$$\sigma_{ck} = \frac{N_k}{A_0} \tag{10-52}$$

$$\sigma_{cq} = \frac{N_q}{A_0} \tag{10-53}$$

式中　N_k——按照荷载效应的标准组合计算的轴向力值；

　　　N_q——按照荷载效应的准永久组合计算的轴向力值。

（3）三级——允许出现裂缝的构件

按照荷载效应的标准组合并考虑长期作用影响计算的最大裂缝宽度，应符合下式：

$$w_{\max} \leqslant w_{\lim} \tag{10-54}$$

式中 $w_{\max}$——按荷载效应的标准组合,并考虑长期作用影响计算的构件最大裂缝宽度;

        $w_{\lim}$——裂缝宽度限值,参见附表 1.14。

2. 裂缝宽度验算

对于使用阶段允许开裂的三级预应力混凝土轴心受拉构件,应该进行裂缝宽度的验算。

预应力混凝土构件和普通混凝土构件之间的最大区别,就是前者在施工完毕时,通过预应力钢筋的张拉使得构件内存在预压应力,预压应力的存在推迟了混凝土构件的开裂。但是随着外荷载的增加,预压应力在不断减小;当外荷载达到消压荷载 N_{p0} 时,混凝土的预压应力为零;随着外荷载的进一步加大,在外荷载和消压荷载差值的作用下,混凝土中产生拉应力甚至出现裂缝,此时构件的受力状态与普通钢筋混凝土构件的受力状态相同。

从以上分析可知,预应力混凝土轴心受拉构件的裂缝宽度计算可以参照普通钢筋混凝土轴心受拉构件,同时由于在预应力损失中已经考虑了混凝土收缩和徐变的影响,将裂缝宽度在长期作用下影响的增大系数 τ_1 由 1.5 改为 1.2,则对于使用阶段允许出现裂缝的预应力混凝土轴心受拉构件,按荷载效应的标准组合并考虑长期作用影响的最大裂缝宽度 $w_{\max}$,可按照下式计算:

$$w_{\max} = 2.2\psi \frac{\sigma_{sk}}{E_s}\left(1.9c + 0.08\frac{d_{eq}}{\rho_{te}}\right) \tag{10-55}$$

$$\sigma_{sk} = \frac{N_k - N_{p0}}{A_s + A_p} \tag{10-56}$$

$$\psi = 1.1 - \frac{0.65f_{tk}}{\rho_{te}\sigma_{sk}} \tag{10-57}$$

$$d_{eq} = \frac{\sum n_i d_i^2}{\sum n_i v_i d_i} \tag{10-58}$$

$$\rho_{te} = \frac{A_s + A_p}{A_{te}} \tag{10-59}$$

式中 σ_{sk}——按荷载效应标准组合计算的轴向力与消压荷载之间的差值作用下预应力钢筋的应力增量;

        n_i——第 i 种纵向受拉钢筋的根数;

        v_i——第 i 种纵向受拉钢筋的相对黏结特征系数,按表 10-5 规定取用;

        d_i——第 i 种纵向受拉钢筋的公称直径;

        A_{te}——有效受拉混凝土截面面积,对于轴心受拉构件取构件截面面积。

表 10-5   钢筋的相对黏结特征系数 v_i

钢筋类别	非预应力钢筋		先张法预应力钢筋			后张法预应力钢筋		
	光面钢筋	带肋钢筋	带肋钢筋	螺旋肋钢筋	刻痕钢筋	带肋钢筋	钢绞线	光面钢丝
v_i	0.7	1.0	1.0	0.8	0.6	0.8	0.5	0.4

注:对环氧树脂涂层的带肋钢筋,其相对黏结特征系数应按表中系数乘以 0.8 取用。

10.4.3 施工阶段混凝土压应力验算

当后张法预应力混凝土构件张拉预应力钢筋时或先张法预应力混凝土构件放松预应力钢筋时,预应力损失还未全部完成,此时预应力钢筋的应力大于有效预应力,混凝土受到的预压应力是最大的,而这时混凝土强度往往尚未达到设计规定的强度等级。因此,应对施工阶段的预应力混凝土构件进行压应力验算。截面上混凝土法向应力应该满足下式:

$$\sigma_{cc} \leqslant 0.8 f'_{ck} \qquad (10\text{-}60)$$

式中　σ_{cc} ——施工阶段构件计算截面混凝土的最大法向压应力;

f'_{ck} ——与预压时混凝土立方体抗压强度 f'_{cu} 相应的轴心抗压强度标准值,按线性内插法查表确定。

对于先张法预应力混凝土构件,在放张前,预应力钢筋已经完成第一批预应力损失;对于后张法预应力混凝土构件,张拉时有的部位预应力钢筋没有任何预应力损失。于是,预压时混凝土的压应力按照下列公式进行计算。

先张法预应力混凝土构件:

$$\sigma_{cc} = \frac{(\sigma_{con} - \sigma_{lI})A_p}{A_0} \qquad (10\text{-}61)$$

后张法预应力混凝土构件:

$$\sigma_{cc} = \frac{\sigma_{con}A_p}{A_n} \qquad (10\text{-}62)$$

10.4.4 后张法构件端部施工阶段局部受压承载力计算

后张法预应力混凝土构件的预应力是通过锚具经过垫板传给混凝土的,由于预应力钢筋对锚具的总压力很大,而垫板的面积有限,使得锚具下混凝土承受很大的局部应力,有可能使构件端部混凝土出现裂缝或局部受压承载力不足而破坏,所以应进行锚固区局部受压承载力验算。

1. 局部受压面积验算

后张法预应力混凝土结构构件,其局部受压区的截面尺寸应满足下列要求:

$$F_l \leqslant 1.35\beta_c\beta_l f_c A_{ln} \qquad (10\text{-}63)$$

$$\beta_l = \sqrt{\frac{A_b}{A_l}} \qquad (10\text{-}64)$$

式中　F_l ——局部受压面上的局部压力设计值,对后张法预应力混凝土构件,取 1.2 倍的张拉控制力,即 $F_l = 1.2\sigma_{con}A_p$,在无黏结预应力混凝土构件中,还应与 $f_{ptk}A_p$ 值相比较,取其中的较大值;

β_c ——混凝土强度影响系数,见式(5-14)、(5-15)的说明;

β_l ——混凝土局部受压强度提高系数;

f_c ——混凝土轴心抗压强度设计值,在后张法预应力混凝土构件的张拉阶段验算中,应根据相应阶段的混凝土立方体抗压强度 f'_{cu} 按线性内插法确定相应的轴心抗压强度设计值；

A_{ln}——锚具垫圈下的混凝土局部受压净面积，当有垫板时，可考虑预压力沿锚具垫圈边缘在垫板中按45℃角扩散后传递至混凝土的受压面积，对后张法构件，应在混凝土局部受压面积中扣除孔道、凹槽部分的面积；

A_l——混凝土局部受压面积，取法与 A_{ln} 相似，但不扣除孔道面积；

A_b——局部受压时的计算底面积，可由局部受压面积与计算底面积同心、对称的原则确定，一般情况按照图 10-13 取用。

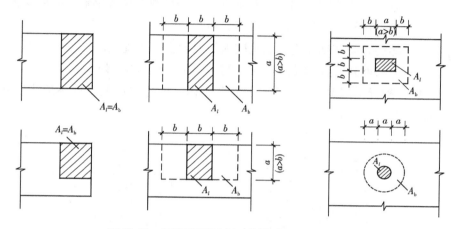

图 10-13　局部受压面积及计算底面积 A_l 和 A_b

上式表明锚具位置受压面积下混凝土可以提供的最大局部受压能力，公式在一定程度上相当于梁受剪承载力验算时的截面限制条件，其目的是防止垫板下混凝土的下沉变形过大。当上式不满足要求时，应根据具体情况，扩大端部锚固区的截面尺寸、调整锚具位置或提高混凝土强度等级等；满足上式后，仍需要按照局部受压承载力的要求，配置间接约束钢筋，以保证构件端部一定区段内的安全可靠。

2. 局部受压承载力验算

对于配置方格网片式或螺旋式间接钢筋的锚固区段，当 $A_l \leqslant A_{cor}$ 时，其局部受压承载力可按照下式计算：

$$F_l \leqslant 0.9(\beta_c\beta_l f_c + 2\alpha\rho_v\beta_{cor}f_y)A_{ln} \tag{10-65}$$

式中　β_{cor}——配置间接钢筋的局部受压承载力提高系数，$\beta_{cor} = \sqrt{A_{cor}/A_l}$；

α——间接钢筋对混凝土约束的折减系数，当混凝土强度等级不超过 C50 时，取1.0，当混凝土强度等级为 C80 时，取 0.85，其间按线性内插法取用；

A_{cor}——配置方格网片式或螺旋式间接钢筋范围内的混凝土核心面积，其重心应与 A_l 相重合，计算中按同心、对称的原则取值，但不扣除孔道面积，且不大于 A_b；

f_y——间接钢筋的抗拉强度设计值；

ρ_v——间接钢筋的体积配筋率，即核心面积 A_{cor} 范围内单位体积所包含间接钢筋的体积。ρ_v 可按照下列公式计算。

当为方格网片式间接钢筋时

$$\rho_v = \frac{n_1 A_{s1} l_1 + n_2 A_{s2} l_2}{A_{cor} s} \qquad (10\text{-}66)$$

当为螺旋式间接钢筋时

$$\rho_v = \frac{4 A_{ss1}}{d_{cor} s} \qquad (10\text{-}67)$$

式中　n_1、A_{s1}——方格网片式间接钢筋沿 l_1 方向的钢筋根数及单根钢筋的截面面积；

　　　n_2、A_{s2}——方格网片式间接钢筋沿 l_2 方向的钢筋根数及单根钢筋的截面面积；

　　　A_{ss1}　——单根螺旋式间接钢筋的截面面积；

　　　d_{cor}　——螺旋式间接钢筋内表面范围内的混凝土截面直径；

　　　s　　——方格网片式或螺旋式间接钢筋的间距，宜取 30～80 mm。

　　间接钢筋应该配置在图 10-14 所规定的 h 范围内。配置方格网钢筋不应少于 4 片，配置螺旋式钢筋不应少于 4 圈。

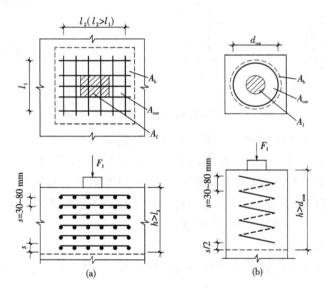

图 10-14　局部受压配筋
（a）方格网片式配筋　（b）螺旋式配筋

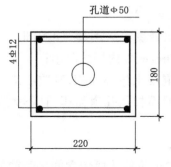

图 10-15　例 10-1 截面

【**例 10-1**】　12 m 后张法预应力混凝土折线形屋架下弦杆的轴向拉力设计值 $N = 750$ kN，荷载效应标准组合下轴向拉力 $N_k = 600$ kN。下弦杆截面尺寸及非预应力钢筋配置如图 10-15 所示。混凝土采用 C40 级，当混凝土达到设计强度时张拉。预应力钢筋采用低松弛 1860 级高强钢绞线、夹片锚，两端张拉、锚固，严格要求不出现裂缝。试计算所需预应力钢筋数量，验算使用阶段抗裂性。

【**解**】　（1）计算所需预应力钢筋数量

由式(10-48)可得

$$A_p = \frac{\gamma_0 N - f_y A_s}{f_{py}} = \frac{1.0 \times 750\,000 - 300 \times 4 \times 113}{1\,320}\,\text{mm}^2 = 465\ \text{mm}^2$$

选取 4 根 15.2 预应力钢绞线($A_p = 556\ \text{mm}^2$),预留孔道直径 50 mm,预埋波纹管孔道成型。

(2) 使用阶段的抗裂验算

① 截面几何特性计算:

$$A_c = \left[220 \times 180 - (\pi/4) \times 50^2 - 4 \times 113\right]\text{mm}^2 = 37\,184.5\ \text{mm}^2$$

$$\alpha_{Ep} = \frac{1.95 \times 10^5}{3.25 \times 10^4} = 6$$

$$\alpha_{Es} = \frac{2.0 \times 10^5}{3.25 \times 10^4} = 6.15$$

$$A_n = A_c + \alpha_{Es} A_s$$
$$= (37\,184.5 + 6.15 \times 4 \times 113)\,\text{mm}^2$$
$$= 39\,964.3\ \text{mm}^2$$

$$A_0 = A_c + \alpha_{Ep} A_p + \alpha_{Es} A_s$$
$$= (37\,184.5 + 6 \times 556 + 6.15 \times 4 \times 113)\,\text{mm}^2$$
$$= 43\,300.3\ \text{mm}^2$$

② 预应力损失计算:

$$\sigma_{con} = 0.7 f_{ptk} = 0.7 \times 1\,860\ \text{N/mm}^2 = 1\,302\ \text{N/mm}^2$$

$$\sigma_{l1} = \frac{a}{l} E_p = \frac{5}{12\,000} \times 1.95 \times 10^5\ \text{N/mm}^2$$
$$= 81.25\ \text{N/mm}^2$$

$$\sigma_{l2} = \sigma_{con}(\kappa x + \mu\theta) = 1\,302 \times 0.001\,5 \times 12\ \text{N/mm}^2 = 23.4\ \text{N/mm}^2$$

第一批损失为 $\sigma_{l\,I} = \sigma_{l1} + \sigma_{l2} = (81.25 + 23.4)\text{N/mm}^2 = 104.65\ \text{N/mm}^2$

$$\sigma_{l4} = 0.125(\sigma_{con}/f_{ptk} - 0.5)\sigma_{con} = \left[0.125 \times (0.7 - 0.5) \times 1\,302\right]\text{N/mm}^2$$
$$= 32.55\ \text{N/mm}^2$$

$$\sigma_{pc} = \sigma_{pc\,I} = \frac{(\sigma_{con} - \sigma_{l\,I})A_p}{A_n} = \frac{(1\,302 - 81.25 - 23.4) \times 556}{39\,964.3}\ \text{N/mm}^2$$
$$= 16.658\ \text{N/mm}^2$$

$$\sigma_{l5} = \frac{55 + 300\sigma_{pc}/f_{cu}}{1 + 15\rho} = \frac{55 + 300 \times 16.658/40}{1 + 15 \times (4 \times 113 + 556)/39\,964.3}\text{N/mm}^2 = 130.54\ \text{N/mm}^2$$

第二批损失为

$$\sigma_{l\,II} = \sigma_{l4} + \sigma_{l5} = (32.55 + 130.54)\text{N/mm}^2 = 163.09\ \text{N/mm}^2$$

总损失

$$\sigma_l = \sigma_{l\,I} + \sigma_{l\,II} = (81.25 + 163.09)\text{N/mm}^2 = 244.34\ \text{N/mm}^2$$

③ 混凝土应力计算:

混凝土预压应力为

$$\sigma_{pc, II} = (\sigma_{con} - \sigma_l)A_p/A_n = [(1\ 302 - 244.34) \times 556/39\ 964.3]\ N/mm^2$$
$$= 14.71\ N/mm^2$$

荷载效应标准组合下引起的下弦杆截面拉应力为

$$\sigma_{ck} = N_k/A_0 = 600\ 000/43\ 300.3\ N/mm^2 = 13.857\ N/mm^2$$

④ 抗裂验算:

荷载效应标准组合下

$$\sigma_{ck} - \sigma_{pc, II} = (13.857 - 14.67)N/mm^2 = -0.813\ N/mm^2 < 0$$

满足严格要求不出现裂缝。

(3) 施工阶段混凝土应力验算

$$\sigma_{cc} = \sigma_{con}A_p/A_n = 1\ 302 \times 556/39\ 964.3\ N/mm^2 = 18.11\ N/mm^2$$
$$0.8f'_{ck} = 0.8 \times 26.8\ N/mm^2 = 21.4\ N/mm^2$$
$$\sigma_{cc} < 0.8f'_{ck}$$

满足要求。

10.5 预应力混凝土受弯构件的设计与计算

10.5.1 各阶段应力分析

预应力混凝土受弯构件从施加预应力到构件受荷载而破坏的整个受力过程和预应力轴心受拉构件相似,分为两个阶段:施工阶段和使用阶段,这两个阶段又有若干个受力过程,分别叙述如下。

1. 施工阶段

(1) 先张法预应力混凝土受弯构件

先张法预应力混凝土受弯构件在施工阶段的受力过程如下:首先在台座上张拉预应力钢筋,然后浇筑混凝土,待混凝土达到规定强度后,放松预应力钢筋,从而在混凝土中产生预压应力。放松预应力钢筋时,可以理解为在截面上施加一个与预应力钢筋合力 $N_{p0, I}$ 大小相等、方向相反的压力。根据受拉区和受压区预应力钢筋配置数量比例的不同,预应力张拉后截面上混凝土应力的分布可能出现图 10-16 所示的两种状态。其中,上下边缘纤维混凝土的应力分别用 $\sigma'_{pc, I}$ 和 $\sigma_{pc, I}$ 表示,$\sigma'_{pc, I}$ 可能是拉应力或压应力。这里,在受压区配置预应力钢筋往往是为了保证施工阶段的抗裂性能。在压应力不大、拉应力较小的情况下,混凝土基本保持线性,可按材料力学公式分析截面上的应力状态。

① 放松预应力钢筋前:在这一阶段,预应力钢筋的第一批预应力损失已经产生,预应力钢筋合力 $N_{p0, 1}$ 及其作用点至换算截面重心轴的偏心距 $e_{p0, 1}$ 可按下式计算:

$$N_{p0, 1} = (\sigma_{con} - \sigma_{l I})A_p + (\sigma'_{con} - \sigma'_{l I})A'_p \tag{10-68}$$

$$e_{p0, 1} = \frac{(\sigma_{con} - \sigma_{l I})A_p y_p - (\sigma'_{con} - \sigma'_{l I})A'_p y'_p}{N_{p0, 1}} \tag{10-69}$$

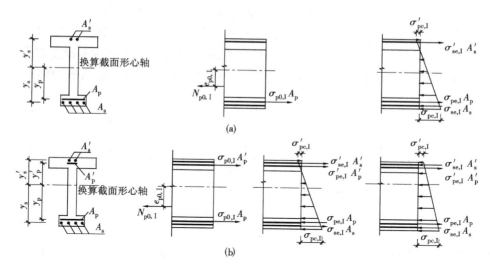

图 10-16　先张法预应力混凝土受弯构件在施工阶段的应力状态

(a) 仅在受拉区配置预应力钢筋　(b) 在受拉区和受压区都配置预应力钢筋

式中　y_p、y'_p ——受拉区及受压区的预应力钢筋 A_p 合力点和 A'_p 合力点至换算截面形心的
　　　　　　　　距离；

　　　σ_{lI}、σ'_{lI}——在预应力筋 A_p 和 A'_p 中产生的第一批预应力损失。

②放松预应力钢筋：这一阶段可以把预应力混凝土受弯构件视为承受 $N_{p0,I}$、偏心距为 $e_{p0,I}$ 的偏压构件。此时，截面上任意点的混凝土法向应力为

$$\sigma_{pc,I} = \frac{N_{p0,I}}{A_0} \pm \frac{N_{p0,I} e_{p0,I}}{I_0} y_0 \qquad (10\text{-}70)$$

式中　A_0——换算截面面积；

　　　I_0——换算截面惯性矩；

　　　y_0——所计算纤维至换算截面形心轴的距离。

这个阶段，预应力混凝土受弯构件和预应力混凝土轴心受拉构件相似，由于混凝土受到预压应力，预应力混凝土构件将会有一定的变形，相应地，预应力钢筋 A_p 和 A'_p 的应力 $\sigma_{pe,I}$ 和 $\sigma'_{pe,I}$ 以及非预应力钢筋 A_s 和 A'_s 的应力 σ_{se} 和 σ'_{se} 为

$$\sigma_{pe,I} = \sigma_{con} - \sigma_{lI} - \alpha_{Ep}\sigma_{pcI,P} \qquad (10\text{-}71)$$

$$\sigma'_{pe,I} = \sigma'_{con} - \sigma'_{lI} - \alpha_{Ep}\sigma'_{pcI,P} \qquad (10\text{-}72)$$

$$\sigma_{se} = -\alpha_{Es}\sigma_{pcI,s} \qquad (10\text{-}73)$$

$$\sigma'_{se} = -\alpha_{Es}\sigma'_{pcI,s} \qquad (10\text{-}74)$$

式中　$\sigma_{pcI,p}$、$\sigma'_{pcI,p}$——相应于预应力钢筋 A_p 合力点和 A'_p 合力点处的混凝土的预应力，可
　　　　　　　　　　按公式(10-70)计算，其中，y_0 分别取 y_p 和 y'_p；

　　　$\sigma_{pcI,s}$、$\sigma'_{pcI,s}$——相应于非预应力钢筋 A_s 和 A'_s 形心处的混凝土的预应力，可按公式
　　　　　　　　　　(10-70)计算，其中，y_0 分别取 y_s 和 y'_s；

　　　y_s、y'_s——非预应力钢筋 A_s 和 A'_s 重心至换算截面形心的距离；

α_{Es}、α_{Ep}——非预应力钢筋和预应力钢筋的弹性模量与混凝土弹性模量的比值。

③ 完成第二批预应力损失:计算截面的应力状态时,实际上是把预应力作为外荷载处理的,即先不考虑预应力和混凝土之间的相互影响,同时考虑混凝土收缩和徐变对非预应力钢筋 A_{s} 和 A'_{s} 的影响。这时,预应力钢筋合力 N_{p0} 及其作用点至换算截面形心轴的偏心距 e_{p0} 可按下式计算:

$$N_{\mathrm{p0}} = (\sigma_{\mathrm{con}} - \sigma_l)A_{\mathrm{p}} + (\sigma'_{\mathrm{con}} - \sigma'_l)A'_{\mathrm{p}} - \sigma_{l5}A_{\mathrm{s}} - \sigma'_{l5}A'_{\mathrm{s}} \tag{10-75}$$

$$e_{\mathrm{p0}} = \frac{(\sigma_{\mathrm{con}} - \sigma_l)A_{\mathrm{p}}y_{\mathrm{p}} - (\sigma'_{\mathrm{con}} - \sigma'_l)A'_{\mathrm{p}}y'_{\mathrm{p}} - \sigma_{l5}A_{\mathrm{s}}y_{\mathrm{s}} + \sigma'_{l5}A'_{\mathrm{s}}y'_{\mathrm{s}}}{N_{\mathrm{p0}}} \tag{10-76}$$

N_{p0} 作用下截面上任意点的混凝土法向应力为

$$\sigma_{\mathrm{pc}} = \frac{N_{\mathrm{p0}}}{A_0} \pm \frac{N_{\mathrm{p0}}e_{\mathrm{p0}}}{I_0}y_0 \tag{10-77}$$

相应地,预应力钢筋 A_{p} 和 A'_{p} 的应力 σ_{pe} 和 σ'_{pe} 以及非预应力筋 A_{s} 和 A'_{s} 的应力 σ_{se} 和 σ'_{se} 为

$$\sigma_{\mathrm{pe}} = \sigma_{\mathrm{con}} - \sigma_{l\mathrm{I}} - \alpha_{\mathrm{Ep}}\sigma_{\mathrm{pc,p}} \tag{10-78}$$

$$\sigma'_{\mathrm{pe}} = \sigma'_{\mathrm{con}} - \sigma'_{l\mathrm{I}} - \alpha_{\mathrm{Ep}}\sigma'_{\mathrm{pc,p}} \tag{10-79}$$

$$\sigma_{\mathrm{se}} = -\alpha_{\mathrm{Es}}\sigma_{\mathrm{pc,s}} - \sigma_{l5} \tag{10-80}$$

$$\sigma'_{\mathrm{se}} = -\alpha_{\mathrm{Es}}\sigma'_{\mathrm{pc,s}} - \sigma'_{l5} \tag{10-81}$$

式中　$\sigma_{l\mathrm{I}}$、$\sigma'_{l\mathrm{I}}$——在预应力钢筋 A_{p} 和 A'_{p} 中产生的全部预应力损失;

$\sigma_{\mathrm{pc,p}}$、$\sigma'_{\mathrm{pc,p}}$——相应于预应力钢筋 A_{p} 合力点和 A'_{p} 合力点处的混凝土的预应力,可按公式(10-77)计算,其中,y_0 分别取 y_{p} 和 y'_{p};

$\sigma_{\mathrm{pc,s}}$、$\sigma'_{\mathrm{pc,s}}$——相应于非预应力钢筋 A_{s} 截面形心和 A'_{s} 截面形心处的混凝土的预应力,可按公式(10-77)计算,其中,y_0 分别取 y_{s} 和 y'_{s}。

(2) 后张法预应力混凝土受弯构件

后张法预应力混凝土受弯构件在施工阶段的受力过程如下:首先绑扎钢筋、预留预应力筋孔道(对于无黏结预应力筋可以和普通钢筋一起架设),然后浇筑混凝土,待混凝土达到规定强度后,张拉预应力钢筋,从而在混凝土中产生预压应力。张拉预应力钢筋时,可以理解为在截面上施加一个与预应力钢筋合力 $N_{\mathrm{pe,I}}$ 大小相等、方向相反的压力。对于后张法预应力混凝土构件,在构件上张拉预应力钢筋的同时,混凝土已经受到弹性压缩。因此在计算预应力钢筋的应力时和先张法预应力混凝土构件有所不同;此外,在计算应力时,应采用净截面面积 A_{n},A_{n} 可以用下式计算:

$$A_{\mathrm{n}} = A_0 - \alpha_{\mathrm{Ep}}A_{\mathrm{p}} \tag{10-82}$$

后张法预应力混凝土构件和先张法预应力混凝土构件相似,也可以视为弹性材料,可按材料力学公式分析截面上的应力状态(图10-17)。

① 张拉预应力筋,完成第一批预应力损失:在这一阶段,预应力钢筋合力 $N_{\mathrm{pe,I}}$ 及其作用点至换算截面形心轴的偏心距 $e_{\mathrm{pn,I}}$、预应力钢筋 A_{p} 和 A'_{p} 的应力 $\sigma_{\mathrm{pe,I}}$ 和 $\sigma'_{\mathrm{pe,I}}$、非预应力钢筋 A_{s} 和 A'_{s} 的应力 $\sigma_{\mathrm{se,I}}$ 和 $\sigma'_{\mathrm{se,I}}$ 以及截面上混凝土的预压应力 $\sigma_{\mathrm{pc,I}}$ 和 $\sigma'_{\mathrm{pc,I}}$ 可按下列公

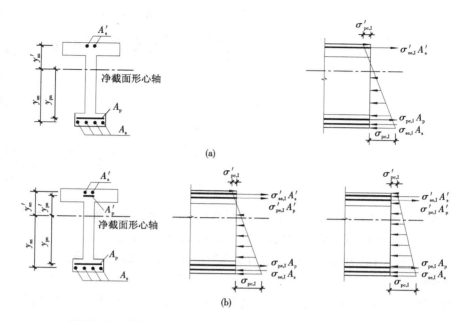

图 10-17　后张法预应力混凝土受弯构件在施工阶段的应力状态

式计算：

$$N_{pe, I} = \sigma_{pe, I} A_p + \sigma'_{pe, I} A'_p \tag{10-83}$$

$$e_{pn, I} = \frac{\sigma_{pe, I} A_p y_{pn} - \sigma'_{pe, I} A'_p y'_{pn}}{N_{pe, I}} \tag{10-84}$$

$$\sigma_{pe, I} = \sigma_{con} - \sigma_{l I} \tag{10-85}$$

$$\sigma'_{pe, I} = \sigma'_{con} - \sigma'_{l I} \tag{10-86}$$

$$\sigma_{se} = -\alpha_{Es} \sigma_{pc I, s} \tag{10-87}$$

$$\sigma'_{se} = -\alpha_{Es} \sigma'_{pc I, s} \tag{10-88}$$

$$\sigma_{pc, I} = \frac{N_{pe, I}}{A_n} \pm \frac{N_{pe, I} e_{pn, I}}{I_n} y_n \tag{10-89}$$

式中　y_{pn}、y'_{pn}　——受拉区及受压区的预应力钢筋 A_p 合力点和 A'_p 合力点至净截面形心
的距离；

　　　$\sigma_{l I}$、$\sigma'_{l I}$　——在预应力钢筋 A_p 和 A'_p 中产生的第一批预应力损失；

　　　I_n　——净截面惯性矩；

　　　y_n　——所计算纤维至净截面形心轴的距离；

　　　$\sigma_{pc I, s}$、$\sigma'_{pc I, s}$——相应于非预应力钢筋 A_s 形心和 A'_s 形心处的混凝土的预应力，可按
公式（10-89）计算，其中，y_n 分别取 y_{sn} 和 y'_{sn}；

　　　y_{sn}、y'_{sn}　——非预应力钢筋 A_s 形心和 A'_s 形心至净截面形心轴的距离。

② 完成第二批预应力损失：在这一阶段，预应力钢筋合力 N_{pe} 及其作用点至换算截面形
心轴的偏心距 e_{pn}、预应力钢筋 A_p 和 A'_p 的应力 σ_{pe} 和 σ'_{pe}、非预应力钢筋 A_s 和 A'_s 的应力 σ_{se}
和 σ'_{se} 以及截面上混凝土的预压应力 σ_{pc} 和 σ'_{pc} 可按下列公式计算：

$$N_{pe} = (\sigma_{con} - \sigma_l)A_p + (\sigma'_{con} - \sigma'_l)A'_p - \sigma_{l5}A_s - \sigma'_{l5}A'_s \tag{10-90}$$

$$e_{pn} = \frac{(\sigma_{con} - \sigma_l)A_p y_{pn} - (\sigma'_{con} - \sigma'_l)A'_p y'_{pn} - \sigma_{l5}A_s y_{sn} + \sigma'_{l5}A'_s y'_{sn}}{N_{pe}} \tag{10-91}$$

$$\sigma_{pe} = \sigma_{con} - \sigma_l \tag{10-92}$$

$$\sigma'_{pe} = \sigma'_{con} - \sigma'_l \tag{10-93}$$

$$\sigma_{se} = -\alpha_{Es}\sigma_{pc,s} - \sigma_{l5} \tag{10-94}$$

$$\sigma'_{se} = -\alpha_{Es}\sigma'_{pc,s} - \sigma'_{l5} \tag{10-95}$$

$$\sigma_{pc} = \frac{N_{pe}}{A_n} \pm \frac{N_{pe}e_{pn}}{I_n}y_n \tag{10-96}$$

式中 $\sigma_{pc,s}$、$\sigma'_{pc,s}$——相应于非预应力筋 A_s 截面形心和 A'_s 截面形心处的混凝土预应力，可按公式（10-96）计算，其中，y_0 分别取 y_{sn} 和 y'_{sn}。

在公式（10-96）中，右边第二项的应力为受压时取正号，受拉时取负号。

2. 使用阶段

在使用阶段，与预应力混凝土轴心受拉构件一样（见图 10-18），受力过程可以分为以下三个阶段。

（1）开裂前阶段

在开裂前，预应力混凝土受弯构件处于弹性阶段。预应力混凝土受弯构件在预压后的应力状态如图 10-18（b）所示。截面下边缘的预压应力如下。

先张法预应力混凝土构件：

$$\sigma_{pc} = \frac{N_{p0}}{A_0} + \frac{N_{p0}e_{p0}}{I_0}y_{max} \tag{10-97}$$

后张法预应力混凝土构件：

$$\sigma_{pc} = \frac{N_{pe}}{A_n} + \frac{N_{pe}e_{pn}}{I_n}y_{max,n} \tag{10-98}$$

式中 y_{max} ——截面下边缘至换算截面形心轴的距离；

$y_{max,n}$——截面下边缘至净截面形心轴的距离。

在荷载作用下，预应力混凝土受弯构件正截面产生的应力（图 10-18（c））可以按照材料力学公式计算，即

$$\sigma_i = \frac{My_0}{I_0} \tag{10-99}$$

式中 σ_i——截面上任一纤维由荷载产生的法向应力；

M——作用在截面上的弯矩；

y_0——所计算纤维至换算截面形心轴的距离；

I_0——换算截面惯性矩。

在荷载作用下，最大拉应力发生在截面下边缘，此处的法向应力为

$$\sigma_c = \frac{My_{max}}{I_0} \tag{10-100}$$

随着荷载的增大,由荷载产生的截面下边缘混凝土法向拉应力 σ_{c} 将逐渐抵消截面下边缘混凝土预压应力 σ_{pc}。当 $\sigma_{c} - \sigma_{pc} < 0$ 时,截面下边缘混凝土处于受压状态;当 $\sigma_{c} - \sigma_{pc} = 0$ 时,截面下边缘混凝土应力为零,与预应力混凝土轴心受拉构件相似,将这种状态称为截面下边缘的消压状态,这时,截面所承担的弯矩称为消压弯矩 M_{p0}(图 10-18(d)),按下式计算:

$$M_{p0} = \sigma_{pc} W_0 \tag{10-101}$$

式中　W_0——换算截面抗裂验算边缘的截面抵抗矩。

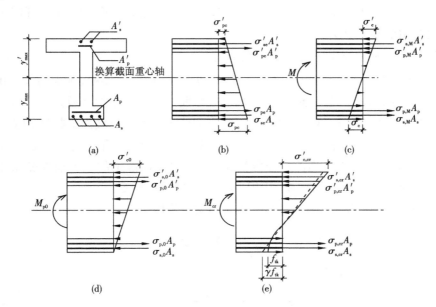

图 10-18　预应力混凝土受弯构件在荷载作用阶段的应力状态

对于轴心受拉构件,当轴向拉力增大到消压荷载 N_{p0} 时,整个截面的混凝土的应力全为零,即处于全截面消压状态。而对于受弯构件,当弯矩增大到 M_{p0} 时,只有截面下边缘的混凝土应力为零,截面上其他各点的应力都不等于零。

(2)加载至受拉区即将出现裂缝

随着荷载继续增大,当 $\sigma_{c} - \sigma_{pc} > 0$ 时,截面上部分混凝土已经出现拉应力,并且随着荷载的继续增大,截面下边缘的拉应力将不断增大。当最大拉应力达到混凝土轴心抗拉强度标准值时,即 $\sigma_{c} - \sigma_{pc} = f_{tk}$ 时,由于混凝土的塑性,构件尚不至于出现裂缝,此时的拉应力图形呈曲线分布,当按曲线拉应力分布图形考虑时构件截面所能抵抗的弯矩比下边缘应力为 f_{tk} 的三角形应力图形时所能抵抗的弯矩略大。为了方便计算,可将此曲线拉应力图形折算成下边缘为 γf_{tk} 的等效三角形应力图形(图 10-18(e))。因此,只有当 $\sigma_{c} - \sigma_{pc} = \gamma f_{tk}$ 时,截面才可能出现裂缝,即达到抗裂极限状态。这时,截面所承担的弯矩称为抗裂弯矩 M_{cr},由下式计算:

$$M_{cr} = (\sigma_{pc} + \gamma f_{tk}) W_0 = M_{p0} + \gamma f_{tk} W_0 \tag{10-102}$$

(3)开裂阶段

当弯矩超过抗裂弯矩后,受拉区出现垂直裂缝,截面上受拉区混凝土退出工作,全部拉力由受拉区钢筋承受。随着荷载的不断增大,裂缝逐渐向上延伸和开展。

（4）破坏阶段

对于配筋适当的受弯构件,随着荷载的继续增大,受拉区预应力钢筋和非预应力钢筋将先达到屈服强度,裂缝不断向上延伸,最终受压区混凝土被压坏,构件破坏。破坏时,截面上的应力状态与普通钢筋混凝土受弯构件相似。

10.5.2 使用阶段计算

对于预应力混凝土受弯构件,需进行荷载作用阶段承载力计算、裂缝计算和变形验算。

1. 极限状态的截面受力

（1）界限破坏时截面受压区高度 ξ_b 的计算

当受拉区预应力钢筋合力点处混凝土纤维的应力和应变为零时,预应力钢筋的应力为 σ_{p0},预拉应变为 $\varepsilon_{p0} = \sigma_{p0}/E_p$。当达到极限破坏,截面上的受拉钢筋和受压区混凝土分别达到其强度设计值和极限压应变时,预应力钢筋应力为 f_{py},相应地截面受拉区预应力钢筋的应力增量为 $f_{py} - \sigma_{p0}$,应变增量为 $(f_{py} - \sigma_{p0})/E_p$,受压区混凝土极限压应变为 ε_{cu}。与普通混凝土受压区相同,等效矩形应力图形受压区高度 x 与平截面假定的中和轴高度 x_c 的比值为 β_1。相对界限受压区高度 ξ_b 可按图 10-19 所示的几何关系确定。

对没有明显流幅的钢筋,ε_{py} 与条件屈服点有关（图 10-20）,有

$$\varepsilon_{py} = 0.002 + \frac{f_{py}}{E_p}$$

由图 10-19 的几何关系可推得

$$\xi_b = \frac{\beta_1}{1 + \dfrac{0.002}{\varepsilon_{cu}} + \dfrac{f_{py} - \sigma_{p0}}{E_p \varepsilon_{cu}}} \tag{10-103}$$

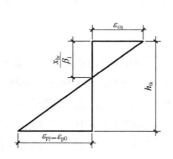

图 10-19 界限破坏时相对
受压区高度计算图形

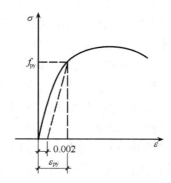

图 10-20 无明显屈服点的
钢筋应力应变曲线

当截面受拉区内配置有不同种类或不同预应力值的钢筋时,受弯构件的界限受压区高度应分别计算,并取其较小值。

破坏时,非预应力受拉钢筋 A_s 达到 f_y 的条件与普通混凝土构件相同,即

有屈服点的钢筋

$$\frac{x_{bj}}{h_{0j}} = \frac{\beta_1}{1 + \dfrac{f_y}{E_s \varepsilon_{cu}}} \quad (10\text{-}104)$$

无屈服点的钢筋

$$\frac{x_{bj}}{h_{0j}} = \frac{\beta_1}{1 + \dfrac{0.002}{\varepsilon_{cu}} + \dfrac{f_y}{E_s \varepsilon_{cu}}} \quad (10\text{-}105)$$

式中　x_{bj}——界限破坏时受压区混凝土等效矩形应力图形的高度;

　　　h_{0j}——受拉区非预应力钢筋 A_s 合力点至截面受压边缘的距离。

（2）受压区预应力钢筋的应力

配置在受压区的预应力钢筋 A'_p 在施工阶段已受有预拉应力 σ'_{pe},当与 A'_p 同一水平处的混凝土应力为零时,A'_p 的拉应力为 σ'_{p0},因而当受压边缘混凝土达到极限压应变 ε_{cu} 时,平截面应变分布图中,A'_p 水平处的混凝土应变(绝对值)为 $\dfrac{\sigma'_{p0}}{E_s} - \varepsilon'_p$ (ε'_p 以受拉为正),可推出预应力钢筋 A'_p 的应变 ε'_p 和受压区高度 x 的关系,从而得到应力 σ'_p,但这将使求解 x 的计算很烦琐。一般地,破坏时 A'_p 无论受拉或受压,均达不到屈服强度,因此规范近似取 $\sigma'_p = \sigma'_{p0} - f'_{py}$(与 x 无关),以简化计算。

2. 正截面受弯承载力计算

（1）矩形截面

① 基本公式:对于矩形截面,按照图 10-21 所示,根据平衡方程可得

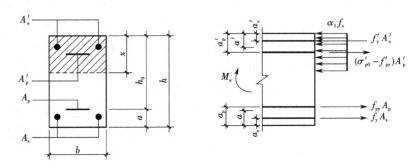

图 10-21　矩形截面预应力混凝土受弯构件正截面承载力的计算图形

$$\alpha_1 f_c b x = f_y A_s + f_{py} A_p + (\sigma'_{p0} - f'_{py}) A'_p - f'_y A'_s \quad (10\text{-}106)$$

$$M \leqslant \alpha_1 f_c b x (h_0 - x/2) + f'_y A'_s (h_0 - a'_s) - (\sigma'_{p0} - f'_{py}) A'_p (h_0 - a'_p) \quad (10\text{-}107)$$

此处 h_0 应是按受拉区预应力钢筋和非预应力钢筋合力点计算的截面有效高度。

② 受压区高度应该满足下列使用条件:

$$x \leqslant \xi_b h_0 \quad (10\text{-}108)$$

$$x \geqslant 2a' \quad (10\text{-}109)$$

式中　a'——受压区全部纵向钢筋合力点至受压区边缘的距离,当受压区未配置纵向预应

力钢筋或受压区纵向预应力钢筋应力$(\sigma'_{p0} - f'_{py})$为拉应力时,公式中的a'用a'_s替代。

如果不能满足上式的要求,则可以与普通混凝土受弯构件相似,忽略受压普通钢筋的作用,按下列公式计算:

$$M \leqslant f_{py} A_p (h - a_p - a'_s) + f_y A_s (h - a_s - a'_s) + \sigma'_p A'_p (a'_p - a'_s) \tag{10-110}$$

式中$\sigma'_p = \sigma'_{p0} - f'_{py}$,如果按公式(10-110)计算的正截面承载力比不考虑非预应力钢筋A'_s还小时,则按不考虑非预应力受压钢筋的情况计算。

（2）T形截面及I形截面

对于翼缘位于受拉区的倒T形截面受弯构件,可以采用矩形公式计算;对于翼缘位于受压区的T形截面及I形截面,应该按照下列公式计算:

① 第一类T形截面:当$x \leqslant h'_f$,即当$f_y A_s + f_{py} \leqslant \alpha_1 f_c b'_f h'_f + f'_y A'_s - (\sigma'_{p0} - f'_{py}) A'_p$时,可按照宽度为$b'_f$的矩形截面计算。

② 第二类T形截面:当$x > h'_f$,即当$f_y A_s + f_{py} A_p > \alpha_1 f_c b'_f h'_f + f'_y A'_s - (\sigma'_{p0} - f'_{py}) A'_p$时,可按照下列公式计算:

$$\alpha_1 f_c bx + \alpha_1 f_c (b'_f - b) h'_f = f_y A_s + f_{py} A_p + (\sigma'_{p0} - f'_{py}) A'_p - f'_y A'_s \tag{10-111}$$

$$M \leqslant \alpha_1 f_c bx (h_0 - x/2) + \alpha_1 f_c (b'_f - b) h'_f (h_0 - h'_f/2)$$
$$+ f'_y A'_s (h_0 - a'_s) - (\sigma'_{p0} - f'_{py}) A'_p (h_0 - a'_p) \tag{10-112}$$

混凝土受压区高度应该满足公式(10-108)及公式(10-109)的要求。

3. 斜截面承载力计算

预应力的预压作用延缓了斜裂缝的出现,限制了斜裂缝的发展,增加了混凝土剪压区的高度,提高了裂缝截面上混凝土的咬合能力,从而提高了预应力混凝土受弯构件的斜截面抗剪能力。预应力混凝土受弯构件斜截面抗剪能力提高的程度与预应力的大小及其合力作用点的位置有关。显而易见,预应力程度越高,抗剪能力提高越多。但是,预应力对抗剪能力的提高是有限度的,当换算截面形心处的混凝土预压应力σ_{pc}与混凝土抗压强度f_c之比超过$0.3 \sim 0.4$时,其斜截面抗剪承载能力反而有下降的趋势。

预应力混凝土受弯构件斜截面抗剪承载能力的计算,可以在普通混凝土受弯构件抗剪承载力计算公式的基础上考虑预应力的作用。由于预应力钢筋合力点至换算截面重心轴的偏心距e_{p0}一般变化不大(在$h/3.5 \sim h/2.5$之间),为了简化计算,忽略这一因素的影响,即只考虑预应力合力N_{p0}这一因素。根据试验资料,偏安全地取

$$V_p = 0.05 N_{p0} \tag{10-113}$$

式中　V_p——由预应力所提高的受弯构件斜截面抗剪承载力;

N_{p0}——计算截面上混凝土法向应力为零时纵向预应力钢筋及非预应力钢筋的合力。

当$N_{p0} > 0.3 f_c A_0$时,取$N_{p0} = 0.3 f_c A_0$,此处,A_0为构件的换算截面面积。

对预应力混凝土受弯构件,N_{p0}按下式计算:

$$N_{p0} = \sigma_{p0} A_p + \sigma'_{p0} A'_p - \sigma_{l5} A_s - \sigma'_{l5} A'_s \tag{10-114}$$

对于先张法预应力混凝土受弯构件,在计算预应力钢筋的预加力时,应该考虑预应力钢筋传递长度内有效预应力降低的影响。

对于仅配置箍筋的矩形、T 形和 I 形截面：

$$V \leqslant V_u = V_{cs} + V_p \tag{10-115}$$

对于配置箍筋、弯起钢筋和弯曲预应力钢筋的矩形、T 形和 I 形截面（图 10-22）：

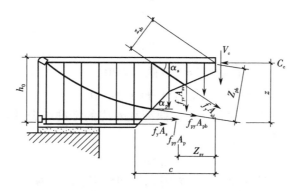

图 10-22　预应力混凝土受弯构件斜截面计算简图

$$V \leqslant V_u = V_{cs} + V_p + 0.8 f_y A_{sb} \sin \alpha_s + 0.8 f_{py} A_{pb} \sin \alpha_p \tag{10-116}$$

式中　A_{sb}、A_{pb}——同一计算截面内的非预应力弯起钢筋及预应力钢筋弯起钢筋的截面面积；

α_s、α_p——计算截面上非预应力弯起钢筋及预应力弯起钢筋的切线与构件纵向轴线的夹角；

V_p——由预压应力提高的斜截面抗剪承载力，计算 N_{p0} 时不考虑预应力弯起钢筋的作用。

上述斜截面受剪承载力计算公式的适用范围，可按照钢筋混凝土受弯构件采用。此外，在出现以下情况时，不考虑预压应力对抗剪承载力的提高：N_{p0} 引起的截面弯矩与荷载弯矩方向相同的构件、预应力混凝土连续梁、允许出现裂缝的预应力混凝土简支梁。

4. 预应力混凝土受弯构件裂缝验算

1）抗裂验算

（1）正截面抗裂验算

① 一级——严格要求不出现裂缝的构件：要求在荷载效应的标准组合作用下，抗裂验算边缘处于受压状态，即应该满足下式：

$$\sigma_{ck} - \sigma_{pc} \leqslant 0 \tag{10-117}$$

式中　σ_{ck}——荷载效应的标准组合作用下抗裂验算边缘的混凝土法向应力；

σ_{pc}——扣除全部预应力损失后在抗裂验算边缘的混凝土预压应力。

② 二级——一般要求不出现裂缝的构件。

a. 在荷载效应的标准组合作用下应符合下列要求：

$$\sigma_{ck} - \sigma_{pc} \leqslant f_{tk} \tag{10-118}$$

式中　f_{tk}——混凝土轴心抗拉强度标准值。

b. 在荷载效应的准永久组合作用下宜符合下列要求：

$$\sigma_{cq} - \sigma_{pc} \leqslant 0 \tag{10-119}$$

式中 σ_{cq}——荷载效应的准永久组合作用下抗裂验算边缘的混凝土法向应力。

σ_{ck}和σ_{cq}通过以下公式计算：

$$\sigma_{ck} = \frac{M_k}{W_0} \tag{10-120}$$

$$\sigma_{cq} = \frac{M_q}{W_0} \tag{10-121}$$

式中 M_k——按照荷载效应的标准组合计算的弯矩值；

M_q——按照荷载效应的准永久组合计算的弯矩值。

③ 三级——允许出现裂缝的构件。按照荷载效应的标准组合并考虑长期作用影响计算的最大裂缝宽度，应符合下式：

$$w_{max} \leqslant \omega_{lim} \tag{10-122}$$

式中 w_{max}——按荷载效应的标准组合，并考虑长期作用影响计算的构件最大裂缝宽度；

w_{lim}——裂缝宽度限值，根据环境类别按附表1.14选用。

（2）斜截面抗裂验算

对于斜截面抗裂验算，主要是验算截面上的混凝土主拉应力和主压应力。

① 混凝土主拉应力验算。

a. 一级——严格要求不出现裂缝的构件，应符合下列规定：

$$\sigma_{tp} \leqslant 0.85 f_{tk} \tag{10-123}$$

b. 二级——一般要求不出现裂缝的构件，应符合下列规定：

$$\sigma_{tp} \leqslant 0.95 f_{tk} \tag{10-124}$$

式中 σ_{tp}——混凝土主拉应力。

式中系数0.85、0.95为考虑张拉力的不确定性和构件质量变异影响的经验系数。

② 混凝土主压应力计算：对于严格要求不出现裂缝的构件和一般要求不出现裂缝的构件，在荷载标准组合作用下，斜截面上的混凝土的主压应力 σ_{cq} 应符合下列规定。

$$\sigma_{cq} \leqslant 0.6 f_{ck} \tag{10-125}$$

这主要是因为在平面应力状态下，当垂直于主拉应力方向的主压应力较大时，将使开裂时的主拉应力小于混凝土抗拉强度，因此，应该对混凝土主压应力做出限制。

2）裂缝宽度验算

对于使用阶段允许开裂的三级预应力混凝土受弯构件，应该进行裂缝宽度的计算。其裂缝宽度可仿照钢筋混凝土偏心受压构件的方法计算，同时考虑到在预应力损失中已计及混凝土收缩和徐变的影响，将裂缝宽度在长期作用影响下的增大系数 τ_1 由1.5改为1.2，则对于在使用阶段允许出现裂缝的预应力混凝土受弯构件，按荷载效应的标准组合并考虑长期作用影响计算的最大裂缝宽度 w_{max}，可按下列公式计算：

$$w_{max} = 1.7\psi \frac{\sigma_{sk}}{E_s}\left(1.9c + 0.08\frac{d_{eq}}{\rho_{te}}\right) \tag{10-126}$$

$$\psi = 1.1 - \frac{0.65 f_{tk}}{\rho_{te}\sigma_{sk}} \tag{10-127}$$

$$\sigma_{sk} = \frac{M_k - N_{p0}(z - e_p)}{(A_p + A_s)z} \tag{10-128}$$

$$d_{eq} = \frac{\sum n_i d_i^2}{\sum n_i v_i d_i} \tag{10-129}$$

$$\rho_{te} = \frac{A_p + A_s}{A_{te}} \tag{10-130}$$

$$z = \left[0.87 - 0.12(1 - \gamma_f') \left(\frac{h_0}{e} \right)^2 \right] h_0 \tag{10-131}$$

式中 σ_{sk}——受拉区纵向钢筋(包括预应力钢筋和非预应力钢筋)的等效应力(即受拉区纵向钢筋的应力增量);

z ——受拉区纵向预应力钢筋和非预应力钢筋合力点至受压区合力点的距离;

e_p ——混凝土法向预应力等于零时,全部纵向预应力钢筋和非预应力钢筋合力 N_{p0} 的作用点至受拉区纵向预应力钢筋和非预应力钢筋合力点的距离;

N_{p0}——相应于消压弯矩 M_{p0} 的预应力钢筋的合力,计算 N_{p0} 时,需考虑非预应力钢筋 A_s 和 A_s'。

必须指出,对于后张法超静定预应力混凝土结构中的受弯构件,在计算 σ_{sk} 时,还应考虑次弯矩 M_2 的影响。于是,公式(10-130)应改写为

$$\sigma_{sk} = \frac{M_k \pm M_2 - N_{p0}(z - e_p)}{(A_p + A_s)z} \tag{10-132}$$

式中 M_2——后张法超静定预应力混凝土结构中的受弯构件的次弯矩,当 M_2 与 M_k 方向相同时取正值,相反时取负值。

5. 预应力混凝土受弯构件的变形验算

预应力混凝土受弯构件的变形可由两部分叠加而得,一部分是由荷载产生的挠度,另一部分是由预加力产生的反拱。挠度或反拱均可根据构件刚度 B 按一般结构力学方法计算。因此首先应该根据荷载的大小确定构件刚度。

(1)刚度

预应力混凝土构件并非理想的弹性匀质体,而是表现出一定的非线性性能,随着时间的增长,还会发生徐变。对于受拉区,有时还可能出现裂缝。因此,《混凝土结构设计规范》规定,预应力混凝土受弯构件的刚度可按下述方法计算。

① 短期荷载作用下的刚度:在荷载效应的标准组合作用下,预应力混凝土受弯构件的短期刚度 B_s 可按下式计算:

$$B_s = \beta E_c I_0 \tag{10-133}$$

式中 β——刚度折减系数;

I_0——换算截面惯性矩。

a. 要求不出现裂缝的构件。对于在使用阶段不出现裂缝的构件,考虑到混凝土受拉区开裂前有一定的塑性变形,取 $\beta = 0.85$。

b. 允许出现裂缝的构件：对于在使用阶段已出现裂缝的构件，β 与 $\dfrac{M_{cr}}{M_k}$（此处，M_{cr} 为正截面开裂弯矩，M_k 为按荷载效应的标准组合计算的弯矩值）有关。

$$B_s = \frac{0.85}{\kappa_{cr} + (1 - \kappa_{cr})\omega} \tag{10-134}$$

$$\kappa_{cr} = \frac{M_{cr}}{M_k} \tag{10-135}$$

$$\omega = \left(1.0 + \frac{0.21}{\alpha_E \rho}\right)(1 + 0.45\gamma_f) - 0.7 \tag{10-136}$$

$$M_{cr} = (\sigma_{pc} + \gamma f_{tk})W_0 \tag{10-137}$$

式中　κ_{cr}——预应力混凝土受弯构件正截面的开裂弯矩 M_{cr} 与按荷载效应标准组合计算的弯矩 M_k 之间的比值，当 $\kappa_{cr} > 1.0$ 时，取 $\kappa_{cr} = 1.0$；

　　　　γ——混凝土构件的截面抵抗矩塑性影响系数。

混凝土构件的截面抵抗矩塑性影响系数 γ 可按下式计算：

$$\gamma = \left(0.7 + \frac{120}{h}\right)\gamma_m \tag{10-138}$$

式中　γ_m——混凝土构件的截面抵抗矩塑性影响系数基本值，可按正截面应变保持平面的假定，并取受拉混凝土应力图形为梯形、受拉边缘混凝土极限拉应变为 $2f_{tk}/E_c$ 确定，对于常用的截面形状，γ_m 值可近似按附表 1.18 取用；

　　　　h——截面高度（mm），当 $h < 400$ 时，取 $h = 400$，当 $h > 1\,600$ 时，取 $h = 1\,600$，对于圆形、环形截面，取 $h = 2r$，r 为圆形截面半径和环形截面的外环半径。

公式（10-134）仅适用于 $0.4 \leqslant M_{cr}/M_k \leqslant 1$ 的情况。

必须指出，对预压时预拉区出现裂缝的构件，B_s 应降低 10%。

② 部分荷载长期作用时的刚度：对于预应力混凝土受弯构件，不论其在使用阶段是否开裂，按荷载效应的标准组合，并考虑荷载长期作用影响的刚度 B 仍按普通混凝土构件的公式计算，但此时取荷载长期作用对挠度增大的影响系数 $\theta = 2.0$，则得

$$B = \frac{M_k}{M_q(\theta - 1) + M_k}B_s = \frac{M_k}{M_q + M_k}B_s \tag{10-139}$$

（2）在荷载作用下的挠度

在求得刚度 B 后，即可按一般结构力学方法计算构件的挠度。于是，在荷载效应标准组合作用下，并考虑荷载长期影响的构件挠度 Δ_0 可按下式计算：

$$\Delta_0 = \frac{\alpha M_k l_0^2}{B} \tag{10-140}$$

式中　α——挠度系数；

　　　　l_0——梁的计算跨度。

（3）预加力产生的反拱值

预应力的施加是为了产生向上的等效荷载，从而平衡部分甚至全部外荷载。向上的等效荷载将使预应力构件产生反拱。在施加预应力阶段，构件基本上按弹性工作。因此，当计

算短期反拱值(即刚施加预应力后的反拱值)时,截面刚度 B_s 可按弹性刚度 EI_0 确定,同时, 应按产生第一批预应力损失后的情况计算。于是,短期反拱值 Δ_{ps} 可按下式计算:

$$\Delta_{ps} = \frac{\alpha M_{p0,\,I}\, l_0^2}{B_s} \tag{10-141}$$

式中　$M_{p0,\,I}$——预应力扣除第一批预应力损失后在构件中产生的弯矩。

　　由于预加力的长期作用,混凝土产生徐变,梁的反拱值将增加。因此,计算长期反拱值时,截面刚度可取为 $B = 0.5 E_c I_0$,同时,应按产生第二批预应力损失后的情况计算。于是, 长期反拱值 Δ_p 可按下式计算:

$$\Delta_p = \frac{\alpha M_{p0}\, l_0^2}{B} \tag{10-142}$$

式中　M_{p0}——预应力扣除所有预应力损失后在构件中产生的弯矩。

10.5.3　施工阶段验算

　　预应力混凝土受弯构件在制作、运输、堆放和安装等施工阶段的受力状态往往和正常使用阶段不同。在制作时,构件受到预压力而处于偏心受压状态(图 10-23(a))。在运输、堆放和安装时,通常搁置点或吊点距梁端有一段距离,两端成为悬臂,这种受力状态与正常使用情况下在两端设支座有所不同,在自重作用下将在梁的悬臂部分产生负弯矩,其方向与偏心预压力产生的负弯矩相同(图 10-23(b))。因此,在构件某些截面上边缘(预拉区)的混凝土可能开裂,随时间的增长,裂缝宽度还会不断增大。在构件某些部分截面的下边缘(预压区),混凝土的压应力可能太大,也可能出现纵向裂缝。

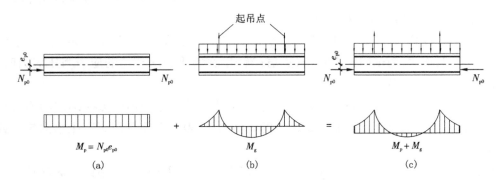

图 10-23　预应力混凝土受弯构件在吊装阶段的受力状态

　　由上述可见,预应力混凝土受弯构件在施工阶段的受力状态与正常使用阶段是不同的。因此,在设计时除必须进行正常使用阶段的承载力计算以及裂缝和变形验算以外,还应进行施工阶段的验算。

　　对制作、运输以及吊装等施工阶段,除进行承载力极限状态的验算外,还应符合下列规定:对制作、运输、安装等施工阶段,预拉区不允许出现裂缝的构件或预压时全截面受压的构件,在预加力、自重及施工荷载(必要时,应考虑动力系数)作用下,其截面边缘混凝土的法向应力应符合下列条件(对于先张法预应力混凝土构件采用图 10-24(a),对于后张法预应

力混凝土构件采用图 10-24(b)):

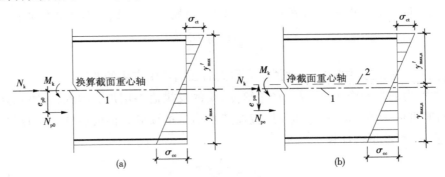

图 10-24　预应力混凝土受弯构件在施工阶段的应力状态
1—换算截面重心轴;2—净截面重心轴

$$\sigma_{ct} \leqslant f'_{tk} \qquad\qquad (10\text{-}143)$$

$$\sigma_{cc} \leqslant 0.8f'_{ck} \qquad\qquad (10\text{-}144)$$

式中　σ_{ct}、σ_{cc}——相应施工阶段计算截面边缘的混凝土拉应力及压应力;

f'_{tk}、f'_{ck}——与各施工阶段的混凝土立方体抗压强度 f'_{cu} 相应的轴心抗拉强度标准值、轴心抗压强度标准值。

σ_{ct}、σ_{cc} 可按下列公式计算:

$$\sigma_{cc} \text{ 或 } \sigma_{ct} = \sigma_{pc} + \frac{N_k}{A_0} + \frac{M_k}{W_0} \qquad\qquad (10\text{-}145)$$

式中　N_k、M_k——构件自重及施工荷载标准组合在计算截面产生的轴向力值、弯矩值;

W_0——验算边缘的换算截面弹性抵抗矩。

必须注意,在公式(10-145)中,当 σ_{pc} 为压应力时,取正值,为拉应力时,取负值;当 N_k 为轴向压力时,取正值,为轴向拉力时,取负值;当 M_k 在验算边缘产生的应力为压应力时,取正值,为拉应力时,取负值。

当符合公式(10-143)的条件时,一般可满足预拉区(即施加预应力时形成的截面拉应力区)不开裂的要求,当满足公式(10-144)的条件时,一般不会使预压区产生纵向裂缝或引起混凝土受压构件破坏。

对制作、运输及吊装等施工阶段预拉区允许出现裂缝而在预拉区不配置纵向预应力钢筋的构件,在预加力、自重和施工荷载作用下,其截面边缘混凝土的法向应力应符合下列条件:

$$\sigma_{ct} \leqslant 2.0f'_{tk} \qquad\qquad (10\text{-}146)$$

$$\sigma_{cc} \leqslant 0.8f'_{ck} \qquad\qquad (10\text{-}147)$$

截面边缘混凝土拉应力的限值与预拉区非预应力纵向钢筋的配筋率密切相关,按公式(10-146)进行验算的目的是限制预拉区的裂缝宽度和高度。当符合公式(10-146)的条件时,裂缝宽度可控制在 0.1 mm 以下,I 形和 T 形截面构件的裂缝高度一般不超过翼缘。

10.6　预应力混凝土构件的构造要求

预应力混凝土结构构件的构造要求,除应满足普通钢筋混凝土结构的有关规定外,尚应根据预应力张拉工艺、锚固措施、预应力钢筋种类的不同,采取相应的构造措施。

10.6.1　一般构造要求规定

1. 截面形式和尺寸

预应力混凝土构件应根据构件的受力特点选择几何特性良好、惯性矩较大的截面形式,对于预应力轴心受拉构件,通常采用正方形或矩形截面;对预应力受弯构件,可采用 T 形、I 形、箱形等截面,这是由于它们有较大的受压翼缘,节省了腹部混凝土,减轻了自重。此外,截面形式沿构件纵轴也可以变化,如跨中为 I 形,近支座处为了承受较大的剪力并能有足够的地方布置锚具,在两端做成矩形。

为了便于布置预应力钢筋以及保证施工阶段预压区的抗压强度,可在 T 形截面下边做一较窄的翼缘,其厚度可比上翼缘厚,宽度比上翼缘小,这样就成为上下不对称的 I 字形截面。

由于预应力构件的抗裂度和刚度较相应普通混凝土构件的大,其截面尺寸可比普通钢筋混凝土构件小些。对预应力受弯构件其截面高度一般为 $h = (1/30 \sim 1/15)l_0$,其中 l_0 为构件的计算跨度,大致相当于相同跨度的普通钢筋混凝土梁高的 70% 左右;翼缘宽度一般可取 $(1/3 \sim 1/2)h$,翼缘厚度可取 $(1/10 \sim 1/6)h$,腹板宽度尽可能薄些,根据构造要求和施工条件可取 $(1/10 \sim 1/8)h$。

决定截面尺寸时,除了从构件承载力、抗裂度和刚度、角度等出发,还需考虑施工的可行性。

2. 预应力钢筋的纵向布置

按照受力和施工工艺的需求,预应力钢筋在纵向上可以采用直线布置、曲线布置或折线布置等方式。

当荷载和跨度不大时,直线布置最简单,施工时用先张法或后张法均可。当跨度和荷载较大时,可采用曲线布置,施工时一般用后张法。在预应力混凝土屋面梁、吊车梁等构件中,为防止由于施加预应力而产生预拉区的裂缝和减少支座附近区段的主拉应力,以及防止施加预应力时在构件端部截面的中部产生纵向水平裂缝,在构件靠近支座部分,常将一部分预应力钢筋弯起,且预应力钢筋尽可能沿构件端部均匀布置。折线布置可用于有倾斜受拉边的梁或承受较大集中荷载的梁。

3. 非预应力钢筋的布置

预应力混凝土构件中,除配置预应力钢筋外,往往需要配置一定数量的非预应力钢筋,用来满足构造要求,承担施工阶段的荷载。

当受拉区施加预应力已能满足裂缝控制的要求时,若承载力计算所需受拉钢筋不足,可以采用非预应力钢筋提高其承载能力。

在预应力钢筋弯折处,根据等效荷载的概念,在此处混凝土将受到很大的集中力作用,所以应在此处加密箍筋或沿内侧布置非预应力钢筋网片,以加强此处混凝土的局部承压能力。

4.纵向钢筋的配筋率

《混凝土结构设计规范》规定,预应力混凝土受弯构件的纵向钢筋最小配筋率应符合下式要求:

$$M_u \geqslant M_{cr} \tag{10-148}$$

式中 M_u——按实际钢筋计算的构件正截面受弯承载力设计值;

M_{cr}——构件的正截面开裂弯矩值。

5.构件端部的构造钢筋

后张法预应力混凝土构件宜将一部分预应力钢筋在靠近支座处弯起,在构件端部均匀布置。当预应力钢筋需集中布置在端部截面的下部或集中布置在上部和下部时,应在构件端部 $0.2h$(h 为构件端部截面高度)范围设置竖向附加的焊接钢筋网、封闭式箍筋或其他形式的构造钢筋。其中竖向附加钢筋宜采用带肋钢筋,其截面面积应符合下列要求:

当 $e \leqslant 0.1h$ 时

$$A_{sv} \geqslant 0.3 \frac{N_p}{f_{yv}} \tag{10-149}$$

当 $0.1h < e \leqslant 0.2h$ 时

$$A_{sv} \geqslant 0.15 \frac{N_p}{f_{yv}} \tag{10-150}$$

当 $e > 0.2h$ 时,可根据实际情况适当配置构造钢筋。

式中 N_p——作用在构件端部截面形心线上部或下部预应力钢筋的合力;

e——截面形心线上部或下部预应力钢筋的合力点至邻近边缘的距离;

f_{yv}——竖向附加钢筋的抗拉强度设计值。

当端部截面上部或下部均有预应力钢筋时,竖向附加钢筋的总截面面积应按上部和下部的预应力合力分别计算的数值叠加采用。

10.6.2 先张法构件的构造要求

1.预应力钢筋(丝)的净距

预应力钢筋、钢丝的净距应根据浇筑混凝土、施加预应力及钢筋锚固等要求确定。对于先张法预应力混凝土构件应特别考虑钢筋和混凝土黏结锚固的可靠性。一般来讲,预应力钢筋的净距不应小于其公称直径的 1.5 倍,且应符合下列要求:热处理钢筋及钢丝不应小于15 mm;三股钢绞线不应小于 20 mm;七股钢绞线不应小于 25 mm。

2.钢丝的黏结和锚固措施

先张法预应力混凝土构件应保证钢筋与混凝土之间有可靠的黏结力,宜采用变形钢筋、刻痕钢丝、钢绞线等。当采用光面钢丝作为预应力配筋时,应根据钢丝强度、直径及构件的受力特点采取适当措施,保证钢丝在混凝土中可靠地锚固,防止钢丝滑动,并应考虑在预应力传递长度范围内抗裂性较低的不利影响。

3. 端部附加钢筋

在放松预应力钢筋时,端部有时会产生裂缝,为此,对预应力钢筋端部周围的混凝土应采取下列措施。

① 对单根预应力钢筋(如板肋的配筋),其端部宜设置长度不小于 150 mm 且不少于 4 圈的螺旋筋。当有可靠经验时,亦可利用支座垫板上的插筋代替螺旋筋,此时插筋数量不应小于 4 根,其长度不宜小于 120 mm。

② 对分散布置的多根预应力钢筋,在构件端部 $10d$(d 为钢筋直径)范围内,应设置 3 ~ 5 片钢筋网。

③ 对采用预应力钢丝配筋的薄板,在板端 100 mm 范围内应适当加密横向钢筋。

10.6.3　后张法构件的构造要求

1. 预留孔道

后张法预应力钢丝束、钢绞线束的预留孔道应符合下列规定:

① 对预制构件,孔道之间的水平间距不宜小于 50 mm;孔道至构件边缘的净间距不宜小于 30 mm,且不宜小于孔道直径的一半。

② 在框架梁中,预留孔道在竖直方向的净间距不应小于孔道外径,水平方向的净间距不应小于 1.5 倍孔道外径;从孔壁算起的混凝土保护层厚度,梁底不宜小于 50 mm,梁侧不宜小于 40 mm。

③ 预留孔道的内径应比预应力钢丝束或钢绞线外径及需穿过孔道的连接器外径大 10 ~ 15 mm。

④ 在构件两端及跨中应设置灌浆孔或排气孔,其孔距不宜大于 12 m。孔道灌浆要求密实,水泥砂浆强度等级不应低于 M20,其水灰比宜为 0.4 ~ 0.45,为减少收缩,宜掺入微膨胀外加剂。

⑤ 制作时凡需要预先起拱的构件,预留孔道宜随构件同时起拱。

2. 曲线预应力钢筋的曲率半径

后张法预应力混凝土构件中,曲线预应力钢丝束、钢绞线束的曲率半径不宜小于 4 m;对折线配筋的构件,在预应力钢筋弯折处的曲率半径可适当减小。

3. 锚具

后张法预应力钢筋的锚固应选用可靠的锚具,其制作方法和质量要求应符合国家现行有关标准的规定。

4. 端部混凝土的局部加强

构件端部尺寸,应考虑锚具的布置、张拉设备的尺寸和局部受压的要求,在必要时应适当加大。

在预应力钢筋锚具下及张拉设备的支承处,应设置预埋钢垫板,同时根据《混凝土结构设计规范》规定,采取设置附加横向钢筋网片或螺旋式钢筋等局部加强措施。

对外露金属锚具应采取涂刷油漆、砂浆封闭等防锈措施。

【本章小结】

① 钢筋混凝土构件存在的主要问题是正常使用阶段构件受拉区出现裂缝,即抗裂性能差,刚度小、变形大,不能充分利用高强钢材,适用范围受到一定限制等。预应力混凝土主要是改善了构件的抗裂性能,正常使用阶段可以做到混凝土不受拉或不开裂(裂缝控制等级为一级或二级),因而适用于有防水、抗渗要求的特殊环境以及大跨度、重荷载的结构。

② 在建筑结构及一般工程结构中,通常是通过张拉预应力钢筋给混凝土施加预压应力的。根据施工时张拉预应力钢筋与浇灌构件混凝土两者的先后次序不同,分为先张法和后张法两种。先张法依靠预应力钢筋与混凝土之间的黏结力传递预应力,在构件端部有一预应力传递长度;后张法依靠锚具传递预应力,端部处于局部受压的应力状态。

③ 预应力混凝土与普通钢筋混凝土相比要考虑更多问题,其中包括张拉控制应力取值应适当,必须采用高强钢筋和高强度等级的混凝土,使用锚、夹具,对施工技术要求更高等。

④ 预应力混凝土构件在外荷载作用后的使用阶段,两种极限状态的计算内容与钢筋混凝土构件类似;为了保证施工阶段构件的安全性,应进行相关的计算,对后张法构件还应计算构件端部的局部受压承载力。

⑤ 预应力钢筋的预应力损失的大小,关系到在构件中建立的混凝土有效预应力的水平,应了解产生各项预应力损失的原因,掌握损失的分析与计算方法以及减小各项损失的措施。认识各项损失沿构件长度方向的分布,从而对构件内有效预应力沿构件长度的分布有清楚的认识,由于损失的发生是有先有后的,为了求出特定时刻的混凝土预应力,应进行预应力损失的分阶段组合。

⑥ 对预应力混凝土轴心受拉构件受力全过程截面应力状态进行分析,得出几点重要结论,并推广应用于预应力混凝土受弯构件,使应力计算概念更加简单易记。如①施工阶段,先张法(或后张法)构件截面混凝土预应力的计算可比拟为,将一个预加力 N_p 作用在构件的换算截面 A_0(或净截面 A_n)上,然后按材料力学公式计算;②正常使用阶段,由荷载效应的标准组合或准永久组合产生的截面混凝土法向应力,也可按材料力学公式计算,且无论先、后张法,均采用构件的换算截面 A_0;③使用阶段,先张法和后张法构件特定时刻(如消压状态或即将开裂状态)的计算公式形式相同,即无论先、后张法,均采用构件的换算截面 A_0。

⑦ 对预应力混凝土轴心受拉和受弯构件,使用阶段两种极限状态的具体计算内容的理解,应对照相应的普通钢筋混凝土构件,注意预应力构件计算的特殊性,施加预应力对计算的影响。对于施工阶段(制作、运输、安装),需考虑此阶段构件内已存在预应力,为防止混凝土被压坏或产生影响使用的裂缝等,应进行有关的计算。

【思考题】

10-1   什么是先张法? 什么是后张法? 两种方法分别采用什么方式将预应力钢筋的拉力传递给混凝土?

10-2   什么是部分预应力? 部分预应力有什么好处?

10-3 什么是张拉控制应力？张拉控制应力定得太高或太低分别有什么坏处？

10-4 预应力损失有哪些种类？

10-5 预应力混凝土轴心受拉构件开裂前的应力状态是怎么样的？开裂后又是怎么样的？先张法和后张法构件分别有什么不同？

10-6 为什么预应力混凝土构件也需要验算裂缝宽度？

10-7 在后张法预应力混凝土构件的局部受压承载力计算过程中,局部受压面积验算和局部受压承载力计算分别起什么作用？

10-8 什么是消压弯矩？使用荷载引起的弯矩大于或小于消压弯矩时,混凝土截面上分别是什么应力状态？

10-9 预应力混凝土受弯构件在抗裂极限状态时的应力状态如何？

10-10 配置在预应力混凝土受弯构件截面受压区的预应力钢筋,一般起什么作用？在承载能力极限状态下处于什么样的应力状态？

【习题】

18 m 跨度预应力混凝土屋架下弦,截面尺寸为 150 mm × 200 mm。桁架端部构造见图 10-25。永久荷载标准值产生的轴向拉力 $N_{Gk} = 276$ kN,可变荷载标准值产生的轴向拉力 $N_{Qk} = 113$ kN,可变荷载的组合值系数 $\psi_c = 0.7$,可变荷载的准永久值系数 $\psi_q = 0.8$。一类使用环境。裂缝控制等级为二级。混凝土强度等级为 C40。预应力钢筋采用 1×7 标准型低松弛钢绞线,公称直径 $d = 12.7$(即 $\Phi^s 12.7$),非预应力钢筋为 4 $\underline{\Phi}$ 12 的 HRB335 级热轧钢筋,混凝土达 100% 设计强度时张拉预应力钢筋,采用后张法施工,一端张拉并超张拉。孔道直径 50 mm。充压橡皮管抽芯成型,OVM 锚具。要求进行屋架下弦的使用阶段承载力计算、裂缝控制验算以及施工阶段验算。

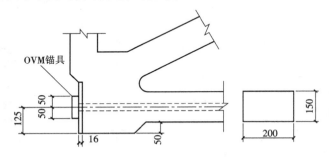

图 10-25 预应力混凝土屋架下弦端部

附　录

《混凝土结构设计规范》(GB 50010—2010)的附表如下。

附表1.1　普通钢筋强度标准值　　　　　　　　　　　　　　N/mm²

种类	符号	d/mm	f_{yk}	f_{stk}
HPB300	Φ	6～14	300	420
HRB335(20MnSi)	Φ	6～14	335	455
HRB400、HRBF400、RRB400	Φ	6～50	400	540
HRB500、HRBF500	Φ	6～50	500	630

注:①热轧钢筋直径 d 系指公称直径。

　　②当采用直径大于40 mm的钢筋时,应有可靠的工程经验。

附表1.2　预应力钢筋强度标准值　　　　　　　　　　　　　　N/mm²

种类		符号	直径/mm	屈服强度 f_{pyk}	抗拉强度 f_{ptk}	极限应变 ε_{su}/%
中强度预应力钢丝	光面螺旋肋	ϕ^{PM} ϕ^{HM}	5、7、9	620	800	
				780	970	
				980	1 270	
消除应力钢丝	光面螺旋肋	ϕ^{P} ϕ^{H}	5	—	1 570	
				—	1 860	
			7	—	1 570	
			9	—	1 470	
				—	1 570	
钢绞线	1×3 (三股)	ϕ^{S}	8.6、10.8、12.9	—	1 570	不小于3.5
				—	1 860	
				—	1 960	
	1×7 (七股)		9.5、12.7、15.2、17.8	—	1 720	
				—	1 860	
				—	1 960	
			21.6	—	1 860	
预应力螺纹钢筋	螺纹	ϕ^{T}	18、25、32、40、50	785	980	
				930	1 080	
				1 080	1 230	

注:① 钢绞线直径 d 系指钢绞线外接圆直径,即现行国家标准《预应力混凝土用钢绞线》(GB/T 5224)中的公称直径 D_g;钢丝和热处理钢筋的直径 d 均指公称直径。

　　② 消除应力光面钢丝直径 d 为4～9 mm,消除应力螺旋肋钢丝直径 d 为4～8 mm。

附表 1.3　普通钢筋强度设计值　　　　　　N/mm²

种类	符号	抗拉强度设计值 f_y	抗压强度计计值 f_y'
HPB300	Φ	270	270
HRB335(20MnSi)	Φ	300	300
HRB400、HRBF400、RRB400	Φ	360	360
HRB500	Φ^R	435	435

注:在钢筋混凝土结构中,轴心受拉和小偏心受拉构件的钢筋抗拉强度设计值大于 300 N/mm²时,仍应按 300 N/mm²取用。

附表 1.4　预应力钢筋强度设计值　　　　　　N/mm²

种类	f_{ptk}	f_{py}	f_{py}'
中强度预应力钢丝	800	510	410
	970	650	
	1 270	810	
消除应力钢丝	1 470	1 040	410
	1 570	1 110	
	1 860	1 320	
钢绞线	1 570	1 110	390
	1 720	1 220	
	1 860	1 320	
	1 960	1 390	
预应力螺纹钢筋	980	650	400
	1 080	770	
	1 230	900	

注:当预应力钢绞线、钢丝的强度标准值不符合附表 1.2 的规定时,其强度设计值应进行换算。

附表 1.5　钢筋弹性模量　　　　　　×10⁵ N/mm²

牌号或种类	E_s
HPB300	2.1
HRB335、HRB400、HRBF400、RRB400、HRB500、HRBF500、预应力螺纹钢丝	2.0
消除应力钢丝、中强度预应力钢丝	2.05
钢绞线	1.95

注:必要时钢绞线可采用实测的弹性模量。

附表 1.6　普通钢筋疲劳应力幅限值　　　　　　　　　　N/mm²

ρ_s^f	Δf_y^f	
	HRB335	HRB400
0	175	175
0.1	162	162
0.2	154	156
0.3	144	149
0.4	131	137
0.5	115	123
0.6	97	106
0.7	77	85
0.8	54	60
0.9	28	31

注：当纵向受拉钢筋采用闪光接触对焊连接时，其接头处的钢筋疲劳应力幅限值应按表中数值乘以系数
　　0.8 取用。

附表 1.7　预应力钢筋疲劳应力幅限值　　　　　　　　　　N/mm²

种类	ρ_p^f		
	0.7	0.8	0.9
消除应力钢丝	240	168	88
钢绞线	144	118	70

注：① 当 $\rho_p^f \geqslant 0.9$ 时，可不作预应力钢筋疲劳验算。
　　② 当有充分依据时，可对表中规定的疲劳应力幅限值作适当调整。

附表 1.8　混凝土强度标准值　　　　　　　　　　N/mm²

强度种类	混凝土强度等级													
	C15	C20	C25	C30	C35	C40	C45	C50	C55	C60	C65	C70	C75	C80
f_{ck}	10.0	13.4	16.7	20.1	23.4	26.8	29.6	32.4	35.5	38.5	41.5	44.5	47.4	50.2
f_{tk}	1.27	1.54	1.78	2.01	2.20	2.39	2.51	2.64	2.74	2.85	2.93	2.99	3.05	3.11

附表 1.9　混凝土强度设计值　　　　　　　　　　N/mm²

强度种类	混凝土强度等级													
	C15	C20	C25	C30	C35	C40	C45	C50	C55	C60	C65	C70	C75	C80
f_c	7.2	9.6	11.9	14.3	16.7	19.1	21.1	23.1	25.3	27.5	29.7	31.8	33.8	35.9

续表

强度种类	混凝土强度等级													
	C15	C20	C25	C30	C35	C40	C45	C50	C55	C60	C65	C70	C75	C80
f_t	0.91	1.10	1.27	1.43	1.57	1.71	1.80	1.89	1.96	2.04	2.09	2.14	2.18	2.22

注：① 计算现浇钢筋混凝土轴心受压及偏心受压构件时，如截面的长边或直径小于 300 mm，则表中混凝土的强度设计值应乘以系数 0.8；当构件质量（如混凝土成型、截面和轴线尺寸等）确有保证时，可不受此限制。

　　② 离心混凝土的强度设计值应按专门标准取用。

附表 1.10　　混凝土的弹性模量　　　　　　　　　　　　　　$\times 10^4$ N/mm²

混凝土强度等级	C15	C20	C25	C30	C35	C40	C45	C50	C55	C60	C65	C70	C75	C80
E_c	2.20	2.55	2.80	3.00	3.15	3.25	3.35	3.45	3.55	3.60	3.65	3.70	3.75	3.80

附表 1.11　　混凝土受压疲劳强度修正系数

ρ_c^f	$0 \leq \rho_c^f < 0.1$	$0.1 \leq \rho_c^f < 0.2$	$0.2 \leq \rho_c^f < 0.3$	$0.3 \leq \rho_c^f < 0.4$	$0.4 \leq \rho_c^f < 0.5$	$\rho_c^f \geq 0.5$
γ_ρ	0.68	0.74	0.80	0.86	0.93	1.0

附表 1.12　　混凝土的疲劳变形模量　　　　　　　　　　　　　$\times 10^4$ N/mm²

混凝土强度等级	C30	C35	C40	C45	C50	C55	C60	C65	C70	C75	C80
E_c^f	1.3	1.4	1.5	1.55	1.6	1.65	1.7	1.75	1.8	1.85	1.9

附表 1.13　　混凝土结构的环境类别

环境类别		条件
一		室内干燥环境；无侵蚀性静水浸没环境
二	a	室内潮湿环境；非严寒和非寒冷地区的露天环境、与无侵蚀性的水或土壤直接接触的环境；严寒和寒冷地区的冰冻线以下与无侵蚀性的水或土壤直接接触环境
	b	干湿交替环境；水位频繁变动环境；严寒和寒冷地区的露天环境、严寒和寒冷地区的冰冻线以下与无侵蚀性的水或土壤直接接触环境
三	a	受除冰盐影响环境；严寒和寒冷地区冬季水位变动区环境；海风环境
	b	盐渍土环境；受除冰盐作用环境；海岸环境
四		海水环境
五		受人为或自然的侵蚀性物质影响的环境

注：① 室内潮湿环境是指构件表面经常处于结露或湿润状态的环境；

　　② 严寒和寒冷地区的划分应符合国家现行标准《民用建筑热工设计规范》（GB 50176）的规定；

③ 海岸环境和海风环境宜根据当地情况,考虑主导风向及结构所处迎风、背风部位等因素的影响,有调查研究和工程经验确定;

④ 受除冰盐影响环境指受到除冰盐盐雾影响的环境;受除冰盐作用的环境指被除冰盐溶液溅射的环境及使用除冰盐地区的洗车房、停车楼等建筑;

⑤ 暴露的环境是指混凝土结构表面所处的环境。

附表 1.14　结构构件的裂缝控制等级及最大裂缝宽度限值

环境类别	钢筋混凝土结构		预应力混凝土结构	
	裂缝控制等级	w_{lim}/mm	裂缝控制等级	w_{lim}/mm
一	三级	0.3(0.4)	三级	0.2
二 a				0.1
二 b		0.2	二级	—
三			一级	—

注:① 表中的规定适用于采用热轧钢筋的混凝土构件和采用预应力钢丝、钢绞线及热处理钢筋的预应力混凝土构件;当采用其他类别的钢丝或钢筋时,其裂缝控制要求可按专门标准确定。

② 对处于年平均相对湿度小于 60% 地区一类环境下的受弯构件,其最大裂缝宽度限值可采用括号内的数值。

③ 在一类环境下,对钢筋混凝土屋架、托架及需做疲劳验算的吊车梁,其最大裂缝宽度限值应取 0.2 mm;对钢筋混凝土屋面梁和托梁,其最大裂缝宽度限值应取 0.3 mm。

④ 在一类环境下,对预应力混凝土屋面梁、托梁、单向板,应按二级裂缝控制等级进行验算;在一类和二类环境下,对需做疲劳验算的预应力混凝土吊车梁,应按一级裂缝控制等级进行验算。

⑤ 表中规定的预应力混凝土构件的裂缝控制等级和最大裂缝宽度限值仅适用于正截面的验算,预应力混凝土构件的斜截面裂缝控制验算应符合本书第 10 章的要求。

⑥ 对于烟囱、筒仓和处于液体压力下的结构构件,其裂缝控制要求应符合专门标准的有关规定。

⑦ 对于处于四、五类环境下的结构构件,其裂缝控制要求应符合专门标准的有关规定。

⑧ 表中的最大裂缝宽度限值用于验算荷载作用引起的最大裂缝宽度。

附表 1.15　受弯构件的挠度限值

构件类型	挠度限值
吊车梁:手动吊车	$l_0/500$
电动吊车	$l_0/600$
屋盖、楼盖及楼梯构件:	
当 $l_0 < 7$ m 时	$l_0/200(l_0/250)$
当 7 m $\leq l_0 \leq$ 9 m 时	$l_0/250(l_0/300)$
当 $l_0 > 9$ m 时	$l_0/300(l_0/400)$

注:① 表中 l_0 为构件的计算跨度。

② 表中括号内的数值适用于使用上对挠度有较高要求的构件。

③ 如果构件制作时预先起拱,且使用上也允许,则在验算挠度时,可将计算所得的挠度值减去起拱值;对预应力混凝土构件,尚可减去预加力所产生的反拱值。

④ 计算悬臂构件的挠度限值时,其计算跨度 l_0 按实际悬臂长度的 2 倍取用。

附表 1.16　纵向受力钢筋的混凝土保护层最小厚度　　　mm

环境类别		板、墙、壳	梁、柱、杆
一		15	20
二	a	20	25
	b	25	35
三	a	30	40
	b	40	50

注:① 混凝土强度等级不大于 C25 时,表中保护层厚度数值增加 5 mm;

② 钢筋混凝土基础宜设置混凝土垫层,基础中钢筋的混凝土保护层厚度应从垫层顶面算起,且不应小于 40 mm。

附件 1.17　钢筋混凝土结构构件中纵向受力钢筋的最小配筋百分率

受力类型			最小配筋百分率/%
受压构件	全部纵向钢筋	强度等级 500 MPa	0.50
		强度等级 400 MPa	0.55
		强度等级 300 MPa、335MPa	0.60
	一侧纵向钢筋		0.20
受弯构件、偏心受拉构件、轴心受拉构件一侧的受拉钢筋			0.2 和 $45f_t/f_y$ 中的较大值

注:① 受压构件全部纵向钢筋最小配筋百分率,当采用为 C60 及以上强度等级的混凝土时,应按表中规定增大 0.10;

② 板类受弯构件(不包括悬臂板)的受拉钢筋,当采用强度等级用 400 MPa、500 MPa 的钢筋时,其最小配筋率应允许采用 0.15 和 $45f_t/f_y$ 中的较大值;

③ 偏心受拉构件中的受压钢筋,应按受压构件一侧纵向钢筋考虑;

④ 受压构件的全部纵向钢筋和一侧纵向钢筋的配筋率以及轴心受拉构件和小偏心受拉构件一侧受拉钢筋的配筋率应按构件的全截面面积计算;

⑤ 受弯构件、大偏心受拉构件一侧受拉钢筋的配筋率应按全截面面积扣除受压翼缘面积 $(b_f'-b)h_f'$ 后的截面面积计算;

⑥ 当钢筋沿构件截面周边布置时,"一侧纵向钢筋"系指沿受力方向两个对边中的一边布置的纵向钢筋。

附表 1.18　截面抵抗矩塑性影响系数基本值 γ_m

项次	1	2	3		4		5
截面形状	矩形截面	翼缘位于受压区的T形截面	对称I形截面或箱形截面		翼缘位于受压区的T形截面		圆形和环形截面
			$b_f/b \leqslant 2$、h_f/h 为任意值	$b_f/b > 2$、$h_f/h < 0.2$	$b_f/b \leqslant 2$、h_f/h 为任意值	$b_f/b > 2$、$h_f/h < 0.2$	
γ_m	1.55	1.50	1.45	1.35	1.50	1.40	$1.6 - 0.24 r_1/r$

注:① 对 $b_f'>b_f$ 的 I 形截面,可按项次 2 与项次 3 之间的数值采用;对 $b_f'<b_f$ 的 I 形截面,可按项次 3 与项次

4 之间的数值采用。

② 对于箱形截面,b 系指各肋宽度的总和。

③ r_1 为环形截面的内环半径,对圆形截面取 r_1 为零。

附表 1.19　钢筋的公称直径公称截面面积及理论重量

公称直径 /mm	不同根数钢筋的公称截面面积/mm²									单根钢筋理论重量 /(kg/m)
	1	2	3	4	5	6	7	8	9	
6	28.3	57	85	113	142	170	198	226	255	0.222
8	50.3	101	151	201	252	302	352	402	453	0.395
10	78.5	157	236	314	393	471	550	628	707	0.617
12	113.1	226	339	452	565	678	791	904	1 017	0.888
14	153.9	308	461	615	769	923	1 077	1 231	1 385	1.21
16	201.1	402	603	804	1 005	1 206	1 407	1 608	1 809	1.58
18	254.5	509	763	1 017	1 272	1 527	1 781	2 036	2 290	2.00(2.11)
20	314.2	628	942	1 256	1 570	1 884	2 199	2 513	2 827	2.47
22	380.1	760	1 140	1 520	1 900	2 281	2 661	3 041	3 421	2.98
25	490.9	982	1 473	1 964	2 454	2 945	3 436	3 927	4 418	3.85(4.10)
28	615.8	1 232	1 847	2 463	3 079	3 695	4 310	4 926	5 542	4.83
32	804.3	1 609	2 413	3 217	4 021	4 826	5 630	6 434	7 238	6.31(6.65)
36	1 017.9	2 036	3 054	4 072	5 089	6 107	7 125	8 143	9 161	7.99
40	1 256.6	2 513	3 770	5 027	6 283	7 540	8 796	10 053	11 310	9.87(10.34)
50	1 963.5	3 928	5 892	7 856	9 820	11 784	13 748	15 712	17 676	15.42(16.28)

注:括号内为预应力螺纹钢筋的数值。

附表 1.20　每米板宽内的钢筋截面面积表

钢筋间距 /mm	当钢筋直径/(mm)为下列数值时的钢筋截面面积/mm²													
	3	4	5	6	6/8	8	8/10	10	10/12	12	12/14	14	14/16	16
70	101	180	280	404	561	719	920	1 121	1 369	1 616	1 907	2 199	2 536	2 872
75	94.2	168	262	377	524	671	859	1 047	1 277	1 508	1 780	2 052	2 367	2 681
80	88.4	157	245	354	491	629	805	981	1 198	1 414	1 669	1 924	2 218	2 513
85	83.2	148	231	333	462	592	758	924	1 127	1 331	1 571	1 811	2 088	2 365
90	78.5	140	218	314	437	559	716	872	1 064	1 257	1 484	1 710	1 972	2 234
95	74.5	132	207	298	414	529	678	826	1 008	1 190	1 405	1 620	1 868	2 116
100	70.5	126	196	283	393	503	644	785	958	1 131	1 335	1 539	1 775	2 011

续表

钢筋间距/mm	当钢筋直径/(mm)为下列数值时的钢筋截面面积/mm²													
	3	4	5	6	6/8	8	8/10	10	10/12	12	12/14	14	14/16	16
110	64.2	114	178	257	357	457	585	714	871	1 028	1 214	1 399	1 614	1 828
120	58.9	105	163	236	327	419	537	654	798	942	1 112	1 283	1 480	1 676
125	56.5	100	157	226	314	402	515	628	766	905	1 068	1 232	1 420	1 608
130	54.4	96.6	151	218	302	387	495	604	737	870	1 027	1 184	1 366	1 547
140	50.5	89.7	140	202	281	359	460	561	684	808	954	1 100	1 268	1 436
150	47.1	83.8	131	189	262	335	429	523	639	754	890	1 026	1 183	1 340
160	44.1	78.5	123	177	246	314	403	491	599	707	834	962	1 110	1 257
170	41.5	73.9	115	166	231	296	379	462	564	665	786	906	1 044	1 183
180	39.2	69.8	109	157	218	279	358	436	532	628	742	855	985	1 117
190	37.2	66.1	103	149	207	265	339	413	504	595	702	810	934	1 058
200	35.3	62.8	98.2	141	196	251	322	393	479	565	668	770	888	1 005
220	32.1	57.1	89.3	129	178	228	292	357	436	514	607	700	807	914
240	29.4	52.4	81.9	118	164	209	268	327	399	471	556	641	740	838
250	28.3	50.2	78.5	113	157	201	258	314	383	452	534	616	710	804
260	27.2	48.3	75.5	109	151	193	248	302	369	435	513	592	682	773
280	25.2	44.9	70.1	101	140	180	230	280	342	404	477	550	634	718
300	23.6	41.9	65.5	94.2	131	168	215	262	319	377	445	513	592	670
320	22.1	39.2	61.4	88	123	157	201	245	299	353	417	481	554	628

注:表中钢筋直径中的6/8,8/10,……系指两种直径的钢筋间隔放置。

附表1.21　钢绞线的公称直径、公称截面面积及理论重量

种类	公称直径/mm	公称截面面积/mm²	理论重量/(kg/m)
1×3	8.6	37.7	0.296
	10.8	58.9	0.462
	12.9	84.8	0.666
1×7 标准型	9.5	54.8	0.430
	12.7	98.7	0.775
	15.2	140	1.101
	17.8	191	1.500
	21.6	285	2.237

附表 1.22　钢丝的公称直径、公称截面面积及理论重量

公称直径/mm	公称截面面积/mm²	理论重量/(kg/m)
5.0	19.63	0.154
7.0	38.48	0.302
9.0	63.62	0.499

参考文献

[1] 中华人民共和国住房和城乡建设部. GB 50010—2010 混凝土结构设计规范(2015 年版)[S]. 北京:中国建筑工业出版社,2016.

[2] 中华人民共和国建设部. GB 50068—2001 建筑结构可靠度设计统一标准[S]. 北京:中国建筑工业出版社,2001.

[3] 中华人民共和国住房和城乡建设部. GB 50009—2012 建筑结构荷载规范[S]. 北京:中国建筑工业出版社,2012.

[4] 湖南大学,天津大学,同济大学. 混凝土结构(上册)[M]. 北京:中国建筑工业出版社,2012.

[5] 沈蒲生,梁兴文. 混凝土结构设计原理[M]. 北京:高等教育出版社,2012.

[6] 徐有邻,周氏. 混凝土结构设计规范理解与应用[M]. 北京:中国建筑工业出版社,2002.

[7] 蓝宗建. 混凝土结构与砌体结构[M]. 南京:东南大学出版社,2011.